MOEWIG HEUTE

Zum Buch

„Nach den gegenwärtigen Anzeichen ist die Welt darauf erpicht, senkrecht in die Hölle zu fahren, und sie wird dies wahrscheinlich auch tun" – so hat ein Wissenschaftsjournalist die Ziele einer Konferenz von Molekularbiologen umschrieben.
Wird es demnächst genetisch genormte, „verbesserte" Menschen geben, vielleicht mit vier Händen und Superintelligenz, oder Mischwesen aus Affe und Mensch?
Ungehemmt hat sich die Gentechnologie zu einem der bedeutendsten Wissenschaftszweige entwickelt. Kaum einer aber hat sich mit der Frage beschäftigt, ob ihre Methoden und Ergebnisse mit unseren moralischen Kategorien zu vereinbaren sind: Dürfen wir das, was wir im Begriff sind zu tun? Ist erst der biologisch genormte Mensch moralisch unvertretbar? Oder müssen die Bedenken nicht bereits bei genetisch neukonstruierten Pflanzen und Tieren einsetzen?
Reinhard Löw gibt unbequeme Antworten, die uns auf die Probleme einer Wissenschaftsdisziplin stoßen, die weitgehend unter Ausschluß der Öffentlichkeit arbeitet, deren Ergebnisse aber unser aller Leben unmittelbar berühren.

Zum Autor

Reinhard Löw ist Professor für Philosophie an der Universität München und Autor zahlreicher Publikationen u.a. zu Fragen von Ethik und Moral.

Reinhard Löw

Gen-manipulation
Die geklonte Natur

MOEWIG HEUTE

MOEWIG Band Nr. 3239
Verlag Arthur Moewig GmbH, Rastatt
Lektorat: Anne Kaiser

Titel der Originalausgabe: Leben aus dem Labor
Genehmigte Taschenbuchausgabe

Umschlagentwurf und -gestaltung: Werbeagentur Zeuner, Ettlingen
Verkaufspreis inkl gesetzl. Mehrwertsteuer
Auslieferung für Österreich:
Pressegroßvertrieb Salzburg, Niederalm 300, A-5081 Anif
Printed in Germany 1987
Druck und Bindung: Ebner Ulm
ISBN 3-8118-3239-5

Für Achim, Carola
Henning und Verena

Inhalt

Vorwort 9
Einleitung 11

Ethik und Biologie I
Moral und Ethik aus der Sicht der modernen Biologie 17

Die Wirklichkeit im wissenschaftlichen Weltbild 19

Das Mißlingen aller »biologischen Ethik« 33

Kritik des Fulgurationismus 34
Kritik des Biologismus 37
Kritik der Soziobiologie 45

Ethik und Biologie II
Die Biologie im Horizont der Philosophie 77

Biologiegeschichte und Philosophiegeschichte 78
Praktische Philosophie und Biologie 89
Innermoralische Probleme 97

Das neue Können in der Biologie 111

Der Umgang des Menschen mit der Natur 111
Klassische Biotechnologie 113
Grundlagen der Molekularbiologie –
Voraussetzungen der Gentechnologie 119
Gentechnologie 123

Genetik und Ethik 139

Untaugliche Argumente – pro und contra 139
Das kategorische Fundament 153
Güterabwägungen 157
Exkurs 191

Politische und rechtliche Aspekte der Gentechnologie 201

Forschungsförderung 202
Regelungen und Gesetze 208
Internationale Probleme 218

Nachwort 223

Appendix 225
Anmerkungen 227
Glossar 237
Anhang I: Deutsche Richtlinien 241
Anhang II: Empfehlung des Europarates 249

Vorwort

Dieses Buch entstand in nicht allzu langer Zeit. Sollte es daher bisweilen in der »Zierlichkeit der Ausdrucksweise« (I. Kant) hinter dem vom Publikum Erwarteten zurückgeblieben sein, so bitte ich, mir dies nachzusehen. Meine Absicht war es, dem an den ethischen Problemen der Gentechnologie interessierten Leser rechtzeitig (d. h. vor den Gesetzesberatungen) eine Argumentationshilfe an die Hand zu geben.

Vorworte sind immer ein Ort des Dankes, wenn er sich auch nur auf einige Personen beschränken kann. Meinem Bruder Dieter Löw und seiner Frau Marcella sowie meinem Freund Philipp Kreuzer danke ich vor allem dafür, daß sie mir in der Hektik des Lesens und Schreibens Inseln der Ruhe geboten haben, in Ortenburg wie in St. Moritz. Auch hat mir ihre Kritik sehr weitergeholfen. Der Familie von Bandemer danke ich für liebenswürdige Turbulenzen.

Herrn Dr. Norbert Binder vom Bundesministerium für Forschung und Technologie danke ich für seine seit Jahren freundliche Art, mich mit dem Diskussionsstand im Ministerium und in Gremien vertraut zu halten. Dem C. Bertelsmann Verlag danke ich dafür, daß das Manuskript seinen Weg von der ersten Zeile bis zur letzten Fahne problemlos nehmen konnte.

Reinhard Löw

München im Januar 1985

Einleitung

Zwei gegenläufige Tendenzen kennzeichnen das Verhältnis zwischen Mensch und Natur in den letzten Jahrzehnten. Auf der einen Seite hat der Fortschritt bei der Lösung naturwissenschaftlich-technischer Probleme ein Tempo erreicht, das in früheren Zeiten nicht einmal erahnt werden konnte. Vielfach erscheint das als möglich, was vor kurzem noch belächelte oder schaudererregende Utopie war. Auf der anderen Seite ist der Fortschrittsoptimismus, der mit jedem neuen Können die Verwirklichung des endgültigen Glücks der Menschheit näherkommen sah, einem Unbehagen an eben diesem Können gewichen. Das endgültige Überwinden aller Knappheit durch perfekte Beherrschung der Natur erscheint nach dem »ökologischen Schock« der siebziger Jahre nicht mehr als eine grundsätzlich erfüllbare Aufgabe, sondern als eine prinzipiell unerreichbare Utopie.

Die Einsicht in die Erschöpfbarkeit, ja in die konkret sich abzeichnende Erschöpfung unserer natürlichen Ressourcen war Anlaß, sich mit dem Verhältnis Mensch–Natur wieder zu beschäftigen. Dies ist zuerst in den Bereichen geschehen, wo die Zusammenhänge ebenso offensichtlich wie fatal sind: Probleme der ausgebeuteten und zerstörten Umwelt, von der Ausrottung bedrohte natürliche Arten, gesundheitsgefährdende Produktionsweisen, die Risiken der Atomkraft. Später hat sich das Unbehagen auf Gebiete ausgedehnt, die nicht mit dem »ökologischen Schock« verbunden sind, sondern auf denen sich ein zunächst großartig erscheinendes neues Können entwickelt hat: Computertechnik, neue Medien, Gentechnologie u. ä. Hier ist es schon viel schwieriger, die Vorbehalte in präzisen Argumenten festzuhalten oder auch zu entkräften. Gleichwohl sind die Widerstände so real wie diejenigen gegen offensichtlich negative Begleiterscheinungen der technischen Zivilisation. Wenn man sich bei einer nüchternen Diagnose des gegenwärtigen Zustandes der vom naturwissenschaftlich-technischen Zugriff ge(kenn)zeichneten Natur auch nur darauf einigte, daß dieser Zustand weder absolut gut noch absolut schlecht ist, so ergeben sich auf die Frage »Wie soll das weitergehen?« prinzipiell drei Antworten.

Die erste Antwort ist vor allem technokratisch: Tatsächlich aufgetretene Schäden müssen durch mehr und verbesserte Technik aufgefangen und künftige Schäden technisch vermieden werden; und die Erschöpfbarkeit natürlicher Ressourcen ist kein Grund zum Jammern, sondern ein Anlaß zur Bewährung des menschlichen Erfindungsgeistes.

Die zweite Antwort ist in der Tendenz technikfeindlich: Die in immer stärkerem Maß aufgetretenen Schäden gelten ihr nicht als Begleiterscheinung der technischen Zivilisation – sie machen deren Wesen aus. Mehr Technik bedeutet demnach immer mehr Schäden, und darum ist die Abkehr von dieser Form der Zivilisation geboten. Auch hier ist der Erfindergeist aufgerufen, aber zur Blockade des »Fortschritts« und zur Begründung eines alternativen Umgangs mit der Natur.

Die dritte Antwort gleicht der ersten insofern, als ihr das Wesen der Technik weder gut noch schlecht scheint. Sie beurteilt jedoch nicht nur einzelne Erfolge oder Mißerfolge, sondern ganze Entwicklungen. Wir gehen im folgenden von diesem Standpunkt aus, der den technischen Superoptimismus ebenso kritisiert wie die militante Technikfeindlichkeit.

Was aber haben diese Überlegungen mit der Gentechnologie zu tun und darüber hinaus noch mit Ethik, der philosophischen Lehre vom richtigen Leben? Der Zusammenhang ergibt sich zwangsläufig. Fast ein Jahrhundert liegt zwischen der Formulierung der Darwinschen Evolutionstheorie 1859 und der Aufklärung der Struktur des genetischen Codes durch Watson und Crick 1953. Keine drei Jahrzehnte hat es von da an gedauert, bis die Molekularbiologie in der Lage war, gewissermaßen selbst »Evolution« zu spielen, indem sie gegenüber der Natur gezielt veränderte Lebewesen herstellte.

Ein Vergleich zur friedlichen Nutzung der Kernkraft liegt nahe: Am Anfang steht ein riesiger Enthusiasmus; die besten Köpfe mühen sich bei Grundlagenforschung wie technischer Verwirklichung, und alle Mitglieder der Gesellschaft finanzieren über ihre Steuern das aufwendige Unternehmen. Dabei müssen Opfer in Kauf genommen werden, die zum Beispiel auf die anfängliche Unkenntnis der Strahlenbelastbarkeit des Menschen zurückzuführen sind (die als zulässig angenommene Dosis ist seit 1902 um den Faktor 14000 gesunken!).

Eine gewisse Ernüchterung tritt ein, wenn sich Probleme wie die der Atommüllendlagerung als schwer lösbar herausstellen. Eine Diskussion über die Risiken der Atomkraft beginnt. Ein fast katastrophaler Störfall wie der von Three Mile Island läßt die öffentliche Meinung schließlich umschlagen und die öffentliche Hand sich schließen. In Amerika kommt es praktisch zu einem Atomkraftstopp, und in Deutschland denkt ein ehemaliger Bundeskanzler darüber nach, ob die Kernkraftpolitik nicht die größte Fehlinvestition der Bundesrepublik verursacht haben könnte.

Auch in der Molekularbiologie ist der Enthusiasmus ausgebrochen, und wiederum sind es die besten Köpfe, die in privaten wie staatlichen Institutionen wohlunterstützt die Forschung vorantreiben. Jedoch sind bereits kritische Stimmen zu hören, und öffentliches Unbehagen ist entstanden, wenngleich von dramatischen Störfällen nicht berichtet werden kann. Soll man also abwarten, wie es weitergeht, ob der Vergleich mit der Atomkraft ein Ende findet und die Molekularbiologie auf der Siegesstraße weiterschreitet?

Das Abwarten erscheint aus einem spezifischen Grund unzulässig. Die rationale Argumentation gegen die Kernkraft steht und fällt mit der Risikofrage: Welches Risiko sind wir bereit, für unseren Energiekomfort auf uns zu nehmen, und welches Risiko dürfen wir vernünftigerweise kommenden Generationen zumuten?

In der Molekularbiologie dagegen ist die Frage nach dem Risiko inzwischen weitgehend in den Hintergrund getreten. Die Diskussion dreht sich hier vielmehr um das Problem: Dürfen wir alles das, was wir in diesem Bereich schon können oder demnächst können werden, tatsächlich auch machen, mit pflanzlichem, tierischem, ja menschlichem Leben? Sollten wir uns nicht eines alten griechischen Mythos entsinnen, der rächenden Göttin Nemesis, die den Menschen gerade dadurch strafte, daß sie ihm alle seine Könnens-Wünsche erfüllte? Ein merkwürdiger Mythos. Denn die Konsequenz ist für den Griechen daraus nicht, daß der Mensch nichts mehr wünschen sollte, sondern daß er vernünftig wünschen sollte. Weder der Macher noch der Verweigerer ist für die Antike das

Ideal, sondern »der mit sich selbst befreundete Mensch« (Aristoteles).

Was das freilich heißt, kann nur philosophische Reflexion ausfindig machen, und damit sind nicht etwa allein die »professionellen Philosophen« an den Universitäten angesprochen, sondern es gilt: Jeder Mensch philosophiert, der sich Gedanken macht über gutes oder schlechtes Handeln, über Richtigkeit und Vernünftigkeit im einzelnen wie über ein richtiges Leben im ganzen. Philosophische Überlegungen behaupten nicht einfach etwas und setzen es anderen Meinungen als Wahrheit dogmatisch entgegen. Sie wollen vielmehr Stärken und Schwächen der Meinungen herausfinden (besonders der eigenen), sie widerlegen, wenn das gelingt, andernfalls sich dem Besseren anschließen. Und dies alles nicht, um selbst recht zu behalten, sondern um der Wahrheit näher zu sein.

Da dieses Buch das anstehende Problem philosophisch durchdenken will, müssen wir uns zuerst mit dem Verhältnis von Ethik und Biologie auseinandersetzen. Dafür wird im ersten Kapitel Ethik aus der Sicht der modernen Biologie betrachtet, diese Sicht im zweiten Kapitel kritisiert und ihr im dritten entgegengehalten, wie sich die Biologie und ihre Resultate aus der Sicht der philosophischen Ethik ausnehmen. So ergibt sich ein Fundament, ohne das bei speziellen Problemen nicht stichhaltig ethisch argumentiert werden kann. Um uns dann in die Lage zu versetzen, das neue molekularbiologische Können zu beurteilen, müssen zunächst die Tatsachen vorgestellt werden. Dies geschieht im vierten Kapitel. Das fünfte Kapitel wertet die jeweiligen Fälle, wobei es die kontroverse Argumentationslage berücksichtigt. In ihm wird also das Können aus der Sicht der Ethik beurteilt. Das sechste Kapitel schließlich beschäftigt sich mit rechtlichen und politischen Konsequenzen der ethischen Beurteilung.

Es sei hier gesagt, daß Ethik und Politik nicht zusammenfallen: Zwar sollen Politiker moralische Menschen sein, aber das ersetzt nicht ihre politische Kompetenz. Umgekehrt führt eine Moralisierung der Politik nur dazu, daß bestimmte subjektive Privatmoralen an die Stelle geltenden Rechts gesetzt werden.

Würde heute ein Buch mit unserer Zielsetzung von einem Naturwissenschaftler geschrieben, so schilderte es vermutlich am Anfang die Entwicklung von Leben und Kultur, von den molekularbiologischen Voraussetzungen bis zum Menschen heute, danach folgte eine Reflexion über evolutionstheoretisch ausgewiesene Regeln der Moral und schließlich deren Anwendung auf die Gentechnologie. Warum dies nicht unser Weg sein kann, wird sich aber schon in den ersten beiden Kapiteln herausstellen.

Der Bundesforschungsminister hat 1984 richtig bemerkt,[1] daß für die Gesamtbeurteilung der Gentechnologie weder die naturwissenschaftliche Fachkompetenz ausreicht noch die moralische Fachkompetenz, wenn diese ohne Bezug zu den naturwissenschaftlichen Fakten ist: Für eine echte Entscheidungsfindung ist beides vonnöten, somit ein interdisziplinäres Gespräch, und dem soll dieses Buch dienen.

Wir begeben uns in das Spannungsfeld zwischen einer der faszinierendsten modernen Wissenschaften und ihrer alten Mutter, der Philosophie, mit der Aussicht, am Ende über beide mehr zu wissen, und das heißt auch über die älteste und wichtigste Frage: Was ist der Mensch?

Ethik und Biologie I
Moral und Ethik aus der Sicht der modernen Biologie

Vor einer konkreten moralisch-ethischen Beurteilung der verschiedenen molekulargenetischen Möglichkeiten müssen die Prinzipien vorgestellt und diskutiert werden, nach welchen eine solche Beurteilung erfolgen soll. Es ist nämlich nicht so, daß irgend jemand, zum Beispiel ein Philosoph oder ein Max-Planck-Instituts-Direktor, einen Königsweg der Einsicht in absolute Werte hätte, die alle dann unbesehen akzeptieren müßten. Sondern jeder, der den Anspruch der Beurteilung, als Rechtfertigung wie als Verurteilung, erhebt, hat zu zeigen, daß seine Prinzipien dazu taugen. Natürlich können sich diese Prinzipien nicht wieder durch andere Prinzipien rechtfertigen und so fort ins Unendliche. Sie müssen vielmehr durch sich selbst zeigen, daß sie zu Recht Prinzipien sind, und wenn dies nicht gelingt, müssen sie fallengelassen werden.

Bei dieser Behandlung von Moral und Begründungsprinzip können wir auch gleich eine wesentliche Begriffsbestimmung vorwegschicken: Unter Moral werden hier (wie gewöhnlich) die gelebten Regeln des Verhaltens einer Gesellschaft verstanden, unter Ethik die Begründung dieser Regeln, ganz gleich, ob dies eher volkstümlich oder philosophisch geleistet wird.

Nehmen wir zur Erläuterung ein Beispiel vorab (es wird später noch genau diskutiert). Ein Forscher stellt für die Beurteilung seiner molekulargenetischen Experimente folgende Regel auf:

Alles, was die Natur selbst macht, ist auch in der Forschung erlaubt. Was in der Natur aber nicht vorkommt, soll verboten sein.

Das bedeutet konkret, daß Befruchtungen von Mäuseeiern mit Menschensamen verboten sein sollen, künstlicher Austausch von Chromosomenabschnitten aber erlaubt würde.

Wie soll man dieses Prinzip beurteilen? Das ist auf zwei Weisen möglich. Einmal, indem man es auf andere Fälle als gerade die molekulargenetische Forschung anwendet und überdenkt, was dabei herauskommt. Zum anderen dadurch, daß man sich fragt, warum der Forscher gerade dies für ein Prinzip hält, und damit auch, womit es in Einklang steht und woraus es hervorgeht.

Der erste Weg ist in diesem Fall sehr einfach. Stellen wir uns nämlich vor, daß zwei Spaziergänger von einem herabfallenden Ziegelstein erschlagen werden. Das eine Mal hat ihn der Sturm herabgeweht, das andere Mal ein Mensch gezielt herabgeschleudert. Vor dem Richter rechtfertigt sich dieser Mensch, er habe nur gemacht, was ein von der Natur im Hochgebirge wohlerprobtes Verfahren – Steinschlag – zur Beseitigung lästiger Bergsteiger ist, und damit ist klar, daß das Prinzip »Die Natur macht das auch« als ethisches Prinzip nichts taugt; denn so wollen wir die Rechtfertigung ja wohl nicht gelten lassen.

Der zweite Weg der Prüfung des Prinzips versucht, seine reale (nicht die logische) Herkunftsgeschichte auszumachen. Und da ergibt sich, daß in dem Forscher, der es vertritt, eine vage Vorstellung vorhanden ist, daß das, was in der Natur vorkomme, also durch Jahrmillionen der Evolution sich bewährt habe, wohl auch ein Maßstab dafür sein könne, was Forscher heute tun dürfen und was sie unterlassen sollten. Aber auch dies ist ein Fehlschluß. Wenn nämlich die Natur oder die Evolution der Maßstab des Gerechtfertigten oder Unerlaubten wäre, dann entdeckten wir wiederum schnell Fälle, die diesen Maßstab ad absurdum führten. Denn auch Schmarotzertum, Vernichtung der eigenen Brut oder Auffressen des Gatten nach der Kopulation (bei Insekten und Spinnenarten) haben sich evolutionär »bewährt«, und doch hielten wir den Menschen, der sich so verhält, nicht für ethisch besonders hochstehend.

Es steht jedoch allen ethischen Beurteilungen noch eine ganz andere Auseinandersetzung bevor, ehe wir konkrete Prinzipien und Fälle diskutieren können, nämlich der Versuch von Vertretern der modernen Biologie, das Vorkommen von Moral und Ethik beim Menschen naturwissenschaftlich zu erklären. Wir müssen uns diesem Versuch aus zwei Gründen stellen. Einmal, weil manche dieser Autoren aus ihm selbst heraus eine Ethik entwickeln (z. B. eine »Ethik der Erkenntnis« oder eine »Ethik des Mit-der-Evolution-Seins«). Zum anderen, weil im Fall, daß diese naturwissenschaftliche Konstruktion von Moral und Ethik gelingen könnte oder gar schon gelungen sein sollte, alle bisherige Ethik als Begründung der Moral widerlegt wäre. Es stünde dann die Wahrheit der wissenschaftlichen Weltsicht – daß die Evolution der »Grund« von Moral ist – gegen die Illusion eines »Guten an sich«, einer »Idee des Guten«, die sich die Philosophen seit mehr als zweitausend Jahren gemacht hätten. Um darüber befinden zu können, müssen wir die Ethik in der Sicht der modernen Biologie behandeln.

Wenn hier von »moderner Biologie« die Rede ist, so ist das eigentlich fast untertrieben: Die vom Paradigma der Evolutionstheorie geprägte Biologie, eine Biologie der prinzipiellen Rückführbarkeit aller Lebensphänomene auf chemisch-physikalische, kybernetische, informations- und spieltheoretische Prozesse und Erscheinungen, ist zugleich die Weltsicht des gebildeten, aufgeklärten Bewußtseins außerhalb der Wissenschaften. Nicht von ungefähr haben populärwissenschaftliche Autoren wie R. Riedl, Hoimar v. Ditfurth oder Carsten Bresch großen Erfolg mit ihren Darstellungen des »großen Evolutionsprogramms« vom Urknall bis zum Menschen heute und über ihn hinaus. Dieselbe Weltsicht ist es auch, die uns täglich in den Zeitungen, in Rundfunk und Fernsehen, bei allen möglichen Diskussionen und Tagungen entgegentritt. Es ist zugleich diejenige, die den Unterricht unserer Kinder von der Volksschule bis zum Studienabschluß beherrscht. Da sie für den Leser dieses Buches als einigermaßen bekannt vorausgesetzt werden kann, beschränken wir uns hier auf einige Wesensmerkmale. An diese aber zu erinnern ist nicht überflüssig, denn aus ihnen folgt konsequenterweise die Abschaffung der Ethik, konkret für unseren Fall die Unmöglichkeit, durch ethisches Abwägen molekulargenetische Experimente zu rechtfertigen oder zu untersagen.

Doch zunächst die Skizze der Wirklichkeitssicht des »aufgeklärten Menschen« am Ende des 20. Jahrhunderts.

Die Wirklichkeit im wissenschaftlichen Weltbild

Seit Mitte des vorigen Jahrhunderts ist der Mensch in seinem wissenschaftlichen Verständnis der Wirklichkeit um jenen entscheidenden Schritt vorwärtsgekommen, der ihn allem Anschein nach eines jeden Rückgriffs auf »übernatürliche Ursachen« in der Natur enthebt. Der Enthusiasmus, mit dem Darwins Evolutionstheorie nach 1859 (dem Erscheinungsjahr seines Hauptwerks »Origins of Species«) aufgenommen wurde, ist bis heute ungebrochen: Hatte damals Ernst Haeckel gefordert, den Darwinismus anstelle des Religionsunterrichts schon an Volksschulen zu lehren, so heißt es heute beim Zoologen Simpson, alle Antworten von vor 1859 auf die Frage: »Was ist der Mensch?« könne man prinzipiell vergessen; und der Verhaltensforscher Richard Dawkins, von dem im folgenden noch öfter die Rede sein wird, läßt für den Fall, daß jemals höher entwickelte Lebewesen von einem fremden Stern die Erde besuchen sollten, diese als entscheidende Frage nach unserem Zivilisationsgrad sagen: »Haben Sie die Evolution schon entdeckt?«

Es hat freilich zwischen 1859 und heute höchst bedeutsame Verbesserungen, auch Präzisierungen der ursprünglichen Evolutionstheorie gegeben, und sie sind es vor allem, die dem doch bis in die Mitte unseres Jahrhunderts noch skeptisch betrachteten Evolutionsweltbild, erst als »Neo-Darwinismus«, jetzt als »Neue Synthese«, zum endgültigen Durchbruch verholfen haben. Wichtige solche Verbesserungen sind: die molekularchemische und -biologische Aufklärung der Vererbung und damit das Anbieten eines plausiblen Mechanismus für die Veränderung des Erbguts (Mutation), die Quantifizierung der Selektion in Form einer »Selektionsfunktion«, die annehmbare Hypothese eines Übergangs zwischen Anorganischem und Organischem, die experimentelle Erzeugung von Aminosäuren unter Bedingungen der gerade erkaltenden Erde, der molekularchemische Vergleich von Gensequenzen zur Befestigung oder Korrektur bisheriger Artenstammbäume, eine Vielzahl von Beobachtungen zur vergleichenden Verhaltensforschung, Populationsgenetik usf. Wenn man all dies zusammennimmt, ergibt sich eine Welt, in der alles, was jetzt ist, auf natürliche Weise geworden ist, hervorgegangen erst aus den lebendigen Formen der Ahnen, dann aus Zweigstellen natürlicher Arten, den ersten primitiven Lebensformen, dem Hyperzyklus als Übergang zu den anorganischen Bedingungen auf der Erde vor vier bis fünf Milliarden Jahren, schließlich dem Sonnensystem und am Anfang dem Urknall. Die ganze Entwicklung erscheint als ein »Spiel, bei dem am Anfang nichts festlag als Materie und Spielregeln« (Manfred Eigen) oder, weniger anschaulich ausgedrückt, nichts festlag als Energie und Naturgesetze. Gewöhnlich wird die Entwicklung der Welt aber nicht in dieser Weise rückwärtsblickend, re-konstruierend dargestellt, sondern konstruktiv, vom Urknall aus. Und so soll unsere Skizze auch abgefaßt sein, als »Augenzeugenbericht«.

Der Urknall (»big bang«), so anschaulich sein Name klingt, ist ein unvorstellbares Ereignis vor 15 bis 20 Milliarden Jahren gewesen, bei welchem ein Komplex unerhört verdichteter und heißer Materie beziehungsweise Energie (nach Einsteins $E = mc^2$) »platzte«, das heißt, sich in kürzester Zeit gewaltig ausdehnte und dabei abkühlte.

Nach dem Bericht des Astrophysikers Steven Weinberg[2] bilden sich aus dem 100 000 Millionen Grad heißen Weltall nach wenigen Sekunden die ersten Elementarteilchen bis hin zu den Elektronen, dem Wasserstoffkern, dem Heliumkern. Erst 200 000 Jahre später ist das Universum so weit abgekühlt, daß aus den Elektronen und Atomkernen ganze Atome werden können: Wasserstoff- und Heliumgasnebel entstehen. An bestimmten Stellen verdichten sich Gaswolken, und unter dem Einfluß der Schwerkraft ballen sie sich zu riesigen Kugeln zusammen; dabei wird eine Hitze entwickelt, die den Wasserstoff-Kernverschmelzungsprozeß in Gang bringt, Energie freisetzt und damit die ersten Sterne zum Leuchten bringt. Die zu Sternen kondensierten Gaswirbel beginnen ihrerseits – ohne daß man bis heute wüßte, warum –, sich um gemeinsame Mittelpunkte in Kugeln oder Spiralen zu drehen und Galaxien (wie die Milchstraße) zu bilden. Die Einzelbiographien von Sternen und Sternsystemen – man spricht überraschend anschaulich von Geburt und Leben, ja vom tragischen Tod gewisser Sterne – können sehr verschieden sein. Für unser Sonnensystem gilt, daß sich die Planeten vermutlich aus wirbelnder Sonnenmaterie gebildet haben (Kant-Laplacesche Hypothese) und vor etwa fünf Milliarden Jahren erkaltet sind.

Während für Darwin aber die Evolution erst beginnen konnte mit bereits vorhandenem Leben, hält man inzwischen auch das Rätsel der natürlichen Entstehung des Lebens zumindest für prinzipiell gelöst. Den Spekulationen, ob nun wirklich unter den Bedingungen der erkaltenden Erde Aminosäuren, Bausteine des Lebens, entstehen konnten oder ob diese nicht viel zu empfindlich wären für die Uratmosphäre, machte der amerikanische Student Miller 1953 ein Ende. In einem Experiment, das heute in jeder Schule wiederholt werden kann, zeigte er, daß Wasser und Uratmosphäre (Methan und Ammoniak) unter Blitzentladungen in der Retorte schon nach wenigen Tagen verschiedene Aminosäuren, auch komplexere Zusammensetzungen aus ihnen, entstehen lassen. Würde man, wie im 19. Jahrhundert Friedrich Engels, das Leben definieren als die »Daseinsweise der Eiweißkörper«, dann wäre mit dem Miller-Experiment die Frage nach der Entstehung des Lebens schon gelöst. Freilich erscheint uns heute diese Antwort zu billig. Bei einer Definition des Lebens, die neben der molekularen Systemstruktur auch dynamische Elemente berücksichtigt – Stoffwechsel, Fortpflanzung, Mutationsfähigkeit –, reicht dieses Experiment nicht aus. Und so vergingen noch fast zwanzig Jahre, bis der Nobelpreisträger und Biochemiker Manfred Eigen mit einer Theorie an die Öffentlichkeit getreten ist, die den Übergang von Anorganischem zu Organisch-Lebendigem plausibel erklärt: die Theorie des »Hyperzyklus«.

Uns interessieren hier nicht die Einzelheiten dieses mathematisch wie molekularchemisch genialen Entwurfs[3]. Es genügt zu wissen, daß sich mit genügend großer Wahrscheinlichkeit dartun läßt, wie sich aus den Einzelbausteinen der »Ursuppe« eine zyklische Anordnung entwickeln konnte, bei der nicht nur die einzelnen Bausteine in Form kleiner Zyklen sich selbst reproduzierten, sondern diese auch Enzyme herstellten, welche an der Selbstreproduktion des Nachbarn katalytisch beteiligt waren. Kommt es einmal zu einem Hyperzyklus in der »Ursuppe«, dann schlägt dieser alle nicht ganz so erfolgreichen Konkurrenten – andersartige Zusammenlagerungen und Verbindungen, die sich beispielsweise nur teilweise oder nur fehlerhaft reproduzieren können – in Windeseile dank hyperbolischen Wachstums aus dem Feld. So erklärt die Theorie zugleich, fast nebenbei, die Tatsache, daß es nur einen einzigen genetischen Code bei den Lebewesen dieser Erde gibt (eine der wesentlichen Voraussetzungen für die Gentechnologie!).

Für später ist es besonders wichtig festzuhalten, daß bei diesem Übergang nirgendwo Eingriffe einer übernatürlichen oder unerklärlichen Macht angenommen werden müssen. Die »Selbstorganisation der Materie« erfolgt gemäß den Gesetzen von Chemie und Physik, und sie ist mathematisch und systemtheoretisch zu rekonstruieren. Eines freilich leuchtet dabei nicht ganz ein: Wenn der Unterschied zwischen vor und nach dem Übergang nichtlebendig/lebendig nur in einer Neugruppierung chemischer Verbindungen besteht, warum wird dann dabei von »Leben« gesprochen. Ist es nicht nur eine vorläufige, nichtwissenschaftliche und eigentlich überflüssige Bezeichnung? Wir werden den Einwand später genauer untersuchen.

Jetzt aber im Eilschritt zu unserem Problem. Der Hyperzyklus, so erfolgreich er war, wurde durch etwas Besseres abgelöst, ein von äußeren Bedingungen nicht mehr so abhängiges Gebilde: die Urzelle mit einer sie nach außen begrenzenden, halbdurchlässigen Zellwand. Deren Reproduktion gelang so gut, daß Einzeller für etwa drei Milliarden Jahre die einzigen Lebewesen auf der Erde waren.

Nur zwei Fortschritte ergaben sich unter ihrer »Herrschaft«, diese aber haben sich als wesentlich erwiesen: einmal die Erfindung der Sexualität – damit die Möglichkeit der Mischung des Erbguts und das Entstehen neuer, besser angepaßter Arten – und zum anderen die Photosynthese. Sie ermöglichte es, die für Stoffwechsel und Fortpflanzung benötigte Energie unabhängig von den gerade vorhandenen organischen Verbindungen des äußeren Milieus zu gewinnen. In der Photosynthese erzeugt der (pflanzliche) Organismus mit Hilfe der Sonnenenergie aus den anorganischen Stoffen Wasser und Kohlendioxid die organischen Kohlehydrate und ihre Folgeprodukte, wobei zugleich Sauerstoff ausgeschieden wird.

Der dieserart größere Freiraum ließ im Jahrmillionenspiel der Evolution die ersten mehrzelligen Lebewesen auftauchen, bei denen einzelne Zellen Spezialfunktionen übernahmen. Der scharfe Konkurrenzdruck brachte für solche Spezialisierungen schnellen Fortschritt: Lichtempfindliche Zellen verbesserten sich zu Augen, bewegliche Teile zu Fortbewegungsorganen, verstärkte Haut zu Schutzorganen gegen Feinde, aber auch zu Angriffsorganen für Beute; schließlich entwickelten sich bestimmte Zellen, welche die aus den verschiedenen Außen- und Innenbereichen des Organismus einfließenden Informationen aufnahmen und weiterleiteten: die Nervenzellen. Ihre Koordination wurde zunehmend von einem Nervenknoten übernommen, der sich bis zum menschlichen Gehirn fortbildete.

Ein weiterer maßgeblicher Schritt ist die Entwicklung eines inneren Skeletts, getragen von und zentriert um eine Wirbelsäule, wie wir sie bei Fischen vor etwa 500 Millionen Jahren finden. Es war von großem Vorteil für die Stabilität des bereits hochkomplexen Körpers und zudem unabdingbare Voraussetzung für die Existenz von Landtieren. Diese nämlich entwickelten sich aus Fischen, die eine gewisse Zeit auch außerhalb des Wassers überleben konnten, deren einfache Lungen also die Kiemenatmung zu ergänzen vermochten. Noch heute gibt es Amphibien wie den Quastenflosser, die uns diesen Übergang plausibel erscheinen lassen.

Das von den Pflanzen bereits beherrschte Land war für die Amphibien, den heutigen Lurchen vergleichbar, eine enorme »ökologische Nische«, von Konkurrenten unberührt. So konnten sich die einzelnen Arten hinsichtlich der Leistungskraft ihrer Organe schnell ausdifferenzieren. Dies gilt vor allem für die Lunge, die Sinnesorgane, die Fang- und Freßwerkzeuge. Schließlich ergab sich eine weitere Entwicklung von größter Tragweite: Bestimmte Arten von Reptilien lernten, ihre Körpertemperatur konstant zu halten. Der Vorteil war enorm. Während die Aktionsgeschwindigkeit der Konkurrenten um Nahrung und Überleben von der Sonne, also von Tages- und Jahreszeit, diktiert wurde, konnten die Warmblüter (beziehungsweise ihre Vorformen) sich während der Starre der Kaltblüter an das Futter oder an diese selbst und ihre Brut heranmachen.

Wie bekannt, beherrschten in der Nachfolge der Amphibien die Saurier für 200 Millionen Jahre die Erde, bis vor etwa 70 Millionen Jahren, als sie aus bislang noch umstrittenen Gründen ausstarben. In ihrer Zeit hatte sich in einem Seitenzweig dieser Reptilien aber schon jener Fortschritt vollzogen, welcher der Erde für die Folgezeit eine andere Herrschaft bescherte: Die ersten Säugetiere brachten ihre Jungen nicht mehr als Eier, sondern lebend zur Welt, ernährten und umsorgten sie. Als die Saurier verschwanden, wurden spitzmausartige Wesen zum Ausgangspunkt der Weiterentwicklung, die aufs engste mit der Ausdifferenzierung des Gehirns verbunden war: Die Koordination der verschiedenen Sinnesleitungen ging auf das Vorderhirn über, das sich stetig vergrößerte und komplizierte.[4]

Wir halten kurz inne: Es mag sein, daß Evolutionstheoretiker für diesen oder jenen Schritt andere Übergangsformen, komplexere Mechanismen, abweichende Hypothesen vorbringen. Aber einig sind sie sich darin, daß alles mit »natürlichen Dingen« zugegangen ist. Daß es im Zusammenhang mit Großmutationen zu hohen Unwahrscheinlichkeiten des Auftretens neuer Formen kommt, gilt nicht als Einwand. In einem solchen Fall ist eben, wie Carl-Friedrich von Weizsäcker einmal gesagt hat, das richtige Modell der Erklärung noch nicht gefunden; es ist nicht »prinzipiell unmöglich«. Es bleibt dabei: Alles geschah und geschieht gemäß den Gesetzen von Chemie und Physik, wenn auch im Makrobereich der Organismen die Darwinschen und neodarwinistischen Erklärungsprinzipien Mutation, Selektion, Isolation, Anpassung usf. für die natürliche Erklärbarkeit ausreichen, also nicht auf Physik und Chemie zurückgegriffen werden muß.

Und das gilt auch für den letzten Abschnitt der Evolution, welcher der interessanteste ist, über den es demgemäß die meisten Hypothesen gibt: die Entwicklung der Säugetiere über affenähnliche Vorformen zum Menschen und zu dessen höchsten Erkenntniswie Kulturleistungen. Auch hier können wir uns kurz fassen, denn maßgeblich für unser Thema sind lediglich einige wenige Punkte. Der Konkurrenzdruck unter den schnell sich ausbreitenden Nagetieren trieb, metaphorisch gesprochen, einige davon auf die Bäume. Um dort überleben zu können, war eine Steigerung der Wahrnehmungs- und Koordinationsleistung der Organe von größter Bedeutung. So wanderten die Augen auf die Stirnseite des Gesichts und ermöglichten das räumliche Sehen, Greifhand und -fuß bildeten sich zum Springen und Klettern in großer Funktionalität. Immer mehr verschiedene Affenarten entstanden, die sich auf den noch zusammenhängenden, langsam auseinanderdriftenden Kontinenten verteilten.

Nun beginnt die Geschichte unserer Vorfahren. Vor etwa zehn bis zwanzig Millionen Jahren finden sich einige menschenaffenähnliche Wesen, die wahrscheinlich schon aufrecht stehen konnten und in sozial wohlorganisierten Gruppen lebten. Das Verlassen des Waldes und der aufrechte Gang sind Ecksteine der Entwicklung des Menschen. Die Hände werden frei, der Rundblick in Gras und Steppe ermöglicht dem Gehirn die Informationsverarbeitung über viel mehr Lebenswichtiges als zuvor. Die wenigen paläontologischen Funde dieser Frühzeit lassen erkennen, daß sich das Nebeneinander von affenartigen und menschenartigen Lebewesen und der Übergang zwischen ihnen in Ostafrika vollzog, unter günstigen lokalen und klimatischen Bedingungen. Das Hirnvolumen vergrößerte sich mit unterschiedlicher Geschwindigkeit. Es war der Homo habilis, eine der frühen Menschenarten, der als erster die »kritische Masse« des Gehirns erreichte (ca. 700 cm^2 Gehirn), womit die eigentliche Intelligenz beginnt.

Diese Intelligenz erlaubte es ihm, sich von vielen Umweltbedingungen freizumachen, auf welche seine Artverwandten spezialisiert waren: Seine ökologische Nische war gewissermaßen die gesamte Erde beziehungsweise ihr einigermaßen bewohnbarer Anteil. In einem langsamen Zug begann sich der Homo erectus, der aufrecht gehende Mensch, weite Teile der alten Welt zu erobern. Globale Klimaveränderungen wie die Eiszeit, die für alle zu gut Angepaßten, also zu hoch spezialisierten Arten, das evolutionäre »Aus« bedeuteten, stellten die erfolgreiche Bewährungsprobe dar für den weniger spezialisierten Menschen, das »nicht festgestellte Tier« (Friedrich Nietzsche). Ohne auf die Theorien der weiteren Differenzierung, von Erfolg und Aussterben der Neandertaler usf., genauer einzugehen, können wir festhalten: Vor etwa 50 000 Jahren, mit dem Auftauchen des Homo sapiens sapiens (des weisen, weisen Menschen), ist derjenige Mensch auf der Erde, von dem wir uns biologisch und körperlich nicht mehr unterscheiden. Die heutigen Menschenrassen sind nichts als Varianten jener Art, die wir heute auch als Cro-Magnon-Menschen bezeichnen, nach der Fundstelle in Frankreich, in deren Höhlen sich die ältesten uns bekannten künstlerischen Leistungen der Menschen befinden: die berühmten Höhlenzeichnungen aus der Zeit vor etwa 30 000 Jahren.

Die Entwicklungen dieser letzten 30 000 Jahre bis heute, einem winzigen Zeitabschnitt im Verhältnis zur großen Gesamtevolution, sind nicht weniger dramatisch als die der Jahrmillionen zuvor. Die Evolution der Sprache geht mit der Evolution des Sozialverhaltens, mit der Evolution der Erkenntnisfähigkeiten, der Evolution der Kultur Hand in Hand. Sozialverhalten, das sich im Tierreich bis zu den erstaunlichen und noch lange nicht in ihrer Komplexität begriffenen Ameisen- oder Bienenkulturen entwickelt hat, wird erstmals »ausdrücklich«, wird begründet und nicht nur durchgesetzt. Der Mensch erkennt seine Sterblichkeit; Totenkult und frühe große Göttermythen sind seine Antwort. Aus dem dumpfen Ich-Gefühl wird ein ausdrückliches Ich-Bewußtsein.

Und ein weiterer großer Schritt ereignet sich vor etwa 10 000 Jahren: der Übergang von der Jäger- und Sammlertraditon zu den Pflanzen- und Tierzüchtern, also zur Landwirtschaft. Der Mensch wird unabhängig von der Zufälligkeit seines Jagd- oder Sammelerfolgs, und dies führt zu einer ersten großen Vermehrung der Menschheit. Aus frühen, kleinen Siedlungen werden größere Dörfer und schließlich befestigte Städte. Aus Stadtkulturen entwickeln sich vor vielleicht 5000 bis 6000 Jahren im Vorderen Orient und in Ägypten die ersten Staaten. Die Erfindung der Schrift schließlich bedeutet nach der durch uns nur erschlossenen Naturgeschichte den Übergang zur geschriebenen Geschichte, in welcher unsere Vorfahren direkt zu uns sprechen.

Damit endet die Skizze jenes Evolutionsweltbildes vom Urknall bis zu uns, das den Hintergrund bildet, wenn wir nach dem Verhältnis von Biologie und Ethik fragen. Entscheidend in ihm ist, man kann es nicht oft genug wiederholen, daß alle Phänomene unserer jetzigen Wirklichkeit sich auf natürliche, naturwissenschaftlich erklärbare Weise im Verlauf der Evolution entwickelt haben. Und so auch Sozialverhalten, moralische Regeln und ihre Begründung, die Ethik. An diesem Punkt können wir scheinbar die Prinzipien der Evolution mit denen der Moral zusammenschließen.

Nichts ist während der Evolution entstanden, *damit* etwa ein besserer Lebenserfolg erzielt würde, sondern unter allem Entstandenen hat sich dasjenige erhalten, was zufällig am besten den äußeren Bedingungen angepaßt war und sich zugleich, ebenso zufällig, als flexibel genug erwies, um auf weitere Umweltänderungen durch Mit-Änderung, also Anpassung, zu reagieren. Es steckt also im Evolutionsweltbild nirgends so etwas wie »Teleologie«, das heißt Zielgerichtetheit auf eine Höherentwicklung von Lebewesen hin, sondern es kommt zu deren Anschein, weil das ziellos Bestangepaßte übrigbleibt. Und dies gilt auch für die Moral und ihre Prinzipien des Guten und der Pflicht. Soziale Verhaltensweisen und moralische Forderungen haben sich nicht etwa entwickelt, *damit* die ursprünglichen Gesellschaftsformen besser überleben konnten, sondern diejenigen menschlichen Gruppierungen haben besser überlebt, in denen diese Verhaltensweisen und Forderungen zufällig auftraten. Freilich spielten für diesen Zufall auch viele kausale Faktoren aus der jeweiligen evolutionären Vorgeschichte eine Rolle: Das ist der vererbte Anteil aus den sozialen Verhaltensformen des Tierreichs, wie sie die Verhaltensforschung in den letzten Jahrzehnten ermittelt hat. Aber die Entwicklung einer konkreten Moral geschieht nicht, *um* das Überleben noch zu verbessern, vielmehr findet erst eine Entwicklung statt, und dann dient sie dem Überleben, oder sie tut es nicht. Im letzteren Fall erhält sie sich schlechter oder gar nicht, im ersteren setzt sie sich durch. Daß es dabei einen gewissen Spielraum gibt, ist evolutionstheoretisch nichts Neues. Intraspezifische Selektion sorgt für eine breite Variation auch des nicht unmittelbar Überlebensdienlichen.

Die Grundthese kann man sich an einem Gedankenbeispiel leicht verdeutlichen. Nehmen wir zwei feindliche Stämme A und B in einer gemeinsamen Region, von denen keiner bereit ist, das zwischen ihnen umstrittene Gebiet zu räumen. Zur Moral von A gehört ein Unsterblichkeitsglaube, bei dem ein guter Gott den tapferen Krieger, der im Kampf mit dem Feind stirbt, im Jenseits mit ewigen Jagdgründen belohnt; zur Moral von B gehört, daß der Tod den Übergang in das Reich eines grausamen Totengottes bedeutet. Das Beispiel ist absichtlich extrem gezeichnet, damit die Beurteilungsprinzipien klarwerden. Zwar hat nun auch die Moral von B einen Selektionsvorteil gegenüber Stämmen, die gar nichts glauben, denn sie bekümmern sich um ihre Lebenssicherung mit mehr Elan als diese. Aber wenn es zum Kampf mit A kommt, sind sie im Selektionswert ihrer Moral unterlegen: Die Krieger von A sind tapfer und wagen den eigenen Tod, den die Krieger von B (offensichtlich Hobbesianer) letztlich unbedingt vermeiden wollen – und also lieber ihre Haut retten, als ihren Tod zu riskieren.[5]

Auch in diesem Gedankenbeispiel gilt, daß sich Moral und Glaube von A nicht etwa herausgebildet haben, *damit* sich A besser behauptet, sondern A behauptet sich besser, weil sich diese Moral und dieser Glaube herausgebildet haben. Es kann zwar sein, daß in den Frühstadien dieser Entwicklung bestimmte intelligente Mitglieder von A, Magier, Medizinmänner, Priester o. ä., diesen Vorteil erkannten und bewußt weiterbildeten (sogar ohne daß es nötig gewesen wäre, selbst daran zu glauben), aber der Ursprung dieses Vorteils verliert sich im Dunkel des Zufalls. Dabei gilt es keineswegs als Einwand, daß dieser Zufall sehr häufig gewesen sein muß, besitzen doch viele Kulturen einen Unsterblichkeitsglauben mit Belohnung oder Strafe im Jenseits. Das Argument läuft andersherum: Die Häufigkeit des Vorkommens ist ein Beleg für den Selektionswert dieses besonderen Glaubens, der fast alle denkbaren Konkurrenten aus dem Feld geschlagen hat wie der Hyperzyklus die seinigen aus der Ursuppe.

Wir müssen nun noch unterscheiden zwischen drei verschiedenen Arten von Vertretern des Evolutionsweltbildes, soweit es sich auf Moral und Ethik bezieht. Gemeinsam ist allen drei die Überzeugung, daß dieses Weltbild zutreffend ist, daß alle Phänomene unserer jetzigen Wirklichkeit tatsächlich rein natürlich entstanden und prinzipiell evolutionstheoretisch erklärbar sind. Doch von diesem gemeinsamen Fundament aus werden für das Verhältnis von Biologie und Moral drei ganz unterschiedliche Folgerungen gezogen.

Die erste nenne ich den *Fulgurationismus.* Seinen Vertretern gemäß ist mit dem menschlich-moralischen Verhalten eine wirklich neue, wenn auch naturwissenschaftlich erklärbare Stufe der Evolution aufgetreten; und zwar durch eine »Fulguration« (Konrad Lorenz), einen Zusammenschluß von Subsystemen zu einem integralen, neuen System mit Eigenschaften, die vorher den Teilsystemen auch nicht in Andeutungen zukamen. Moralität ist eine solche Eigenschaft, deren Vorform wir zwar im Tierreich schon beobachten können (Freundschaft, Mutterliebe etc.), die in ihrem Charakter der bewußten Verpflichtung aber erst beim Menschen auftritt. Gebote der Moral und ihre ethische Begründung drücken damit wirklich etwas Verpflichtendes aus.

Die zweite Konsequenz aus dem gemeinsamen Weltbild ist der *Biologismus.* Für seine Vertreter unterscheiden sich soziale Verhaltensformen von Tieren und Menschen ihrem moralischen Gehalt (im absoluten Sinn) nach nicht. Aber der Mensch ist in der Lage, dies einzusehen, das heißt, er kann die biologische Verankerung seiner Moralität erkennen und dementsprechend handeln. »Sinnvoll ist das, was mit der Evolution ist«, schreibt Carsten Bresch. Damit verliert die Moral ihren Charakter des absolut Verpflichtenden: Sie verpflichtet nur noch unter der Voraussetzung, daß man »mit der Evolution sein will«. Aber sie bleibt, unter dieser Voraussetzung, die doch jeder vernünftige Mensch machen müsse, Moral und somit verpflichtend, wenn auch nur ex hypothesi.

Die dritte Folgerung aus dem gemeinsamen Weltbild ist der Behaviorismus, der sich in seiner modernsten Variante auch *Soziobiologie* nennt. Für deren Verständnis von Ethik genügt die Wiederholung dessen, was wir oben als gemeinsames Fundament für alle drei Folgerungen festgehalten haben: Weil alles in der Evolution natürlich entstanden ist, auch Sozialverhalten, Moral und Ethik, gilt dies *auch* für den Fulgurationismus und den Biologismus, und das heißt, daß so etwas wie eine wirkliche moralische Verpflichtung nicht existiert. Moral kann durch Verhaltenstechnik ersetzt werden. Gut und Böse sind nicht nur relativ, sondern nichtexistent. Der letzte Schritt der Aufklärung über diese Wahrheit besteht in einer Gesellschaft »Jenseits von Freiheit und Würde« (so ein Buchtitel von Skinner), die uns endlich von Moral und Religion erlöst.

Es leuchtet auf den ersten Blick ein, daß innerhalb unseres Generalthemas »Biologie und Moral« diese drei Positionen zum Spezialthema Gentechnologie höchst unterschiedliche Empfehlungen vorbringen. Während der Fulgurationismus nicht nur die Achtung der Würde des Menschen, sondern auch die Ehrfurcht vor dem Leben fordert, kann der Biologismus in seinen ethischen Erwägungen konsequenterweise nur die Evolution als Maßstab heranziehen; das heißt, in ihrem Sinn ist es gut, die Evolution jetzt selbst in die Hand zu nehmen. Die Soziobiologie schließlich äußert sich ethisch überhaupt nicht zum Problem, wenn sie auch die Züchtung von bestimmten Eigenschaften und damit Menschen als wünschenswert ansehen kann hinsichtlich ihrer Funktionalität innerhalb der Gesellschaft.

Welche von diesen drei Positionen ist nun die wahre? Oder die moralischste? Welcher von ihnen sollen wir uns anvertrauen, wenn wir das gentechnologische Können konkret beurteilen wollen? Wir werden nicht umhin kommen, alle drei Positionen genau zu durchdenken. Auf den ersten Blick mag das wie ein Umweg erscheinen. Aber wie gesagt: Wenn wir uns über die philosophischen Grundlagen der ethischen Argumentation nicht klarwerden, sind auch alle konkreten Forderungen, Empfehlungen oder Verbote auf Sand gebaut: Sie stellen dann nichts als eine subjektive Meinung dar, der scheinbar objektive Argumente aus der Naturwissenschaft entgegengehalten werden können.

Der Fulgurationismus ist zwar mit Abstand nicht nur die sympathischste, sondern auch die moralischste Position, aber er verträgt sich nicht mit seinem Evolutionsfundament. Er enthält an zentraler Stelle einen logischen Fehler, so daß bei ihm am Ende das Gute gegen das Wahre steht.

Im Biologismus ist der logische Fehler krasser: Er findet sich im naturalistischen Fehlschluß, der das Wörtchen »gut« durch »selbst- und arterhaltend« beziehungsweise durch »mit der Evolution« ersetzt. Würde der Biologismus konsequent argumentieren, ginge er in die Soziobiologie über.

Die Soziobiologie ist zwar gewiß die unsympathischste, aber, jedenfalls auf dem Boden des allen gemeinsamen Evolutionsweltbildes, die einzig widerspruchsfreie Auffassung von Ethik. Um sie anzugreifen, müssen wir zum einen die Reichweite und die Wahrheit ihres Fundaments angreifen, zum anderen aber zeigen, daß die Soziobiologie gar nicht begriffen hat, was das »ethische Phänomen« darstellt, und ihre »Erklärung von Moral und Ethik« somit nur die Erklärung ihres eigenen Verständnisses (besser: Unverständnisses) von Moral und Ethik ist.

Das Mißlingen aller »biologischen Ethik«

Zwei Anliegen sind vorauszuschicken, wenn wir uns nun der Kritik dieses Moral- und Ethikverständnisses (in seinen drei Ausformungen) zuwenden.

Zum einen: Die meisten ethischen Erwägungen von seiten der Biologen oder der gebildeten Nichtwissenschaftler beruhen auf einer dieser drei Positionen, von denen keine philosophisch dazu tauglich ist. Die Überzeugung von der Richtigkeit dieses Weltbildes schließt konsequenterweise jede Form von Ethik aus – inkonsequent kann man natürlich sein, aber das ist kein besonderes philosophisches Ideal. Es muß also gezeigt werden, von welcher Basis aus man *nicht* über ethische Probleme der Gentechnologie sprechen kann, obwohl es dauernd geschieht.

Das zweite Anliegen ist die Feststellung, daß mit unserem Nachweis von Fehlern, Zirkelschlüssen, Mehrdeutigkeiten (Äquivokationen) in einer Ethikauffassung derjenige, der sie vertritt, keineswegs ein unmoralischer Mensch ist oder gar sein muß. Im Sinn des Sokrates ist er nur ein Irrender; man sollte versuchen, ihn der Wahrheit näherzubringen – das gebietet die Idee des Guten –, und wenn er selbst an ihr interessiert ist, dann ist er selbst Philosoph, also Liebhaber der Wahrheit und der Weisheit. Dies stellt klar, daß man sehr wohl das biologisch-evolutionäre Weltbild als zutreffend unterstellen und lehren *und* zugleich als Mutter oder Vater seine Kinder moralisch erziehen kann. Aber meine These ist, daß das zu einem gespaltenen Wirklichkeitsverständnis führt und darüber hinaus, daß es auch irgendwann schlechte Folgen für den einzelnen und sein Leben mit sich bringt, wenn er nicht »mit sich befreundet« ist.

Jetzt aber sollen die drei genannten Ethik-Auffassungen, die des Fulgurationismus, des Biologismus und der Soziobiologie nebst einiger Mischformen, erst einmal der philosophischen Kritik unterzogen werden.

Kritik des Fulgurationismus

Die für unser Problem zentrale These des Fulgurationismus besagt, daß zwar im Verlauf der Evolution vom Urknall bis zu uns alles mit natürlichen Dingen zugegangen ist, zu diesen »natürlichen Dingen« aber auch das Entstehen völlig neuer Eigenschaften von Systemen (Lebewesen gelten als »lebende Systeme«) durch Zusammenschluß kleinerer Einheiten, Subsystemen, gehören soll. Eine solche schlagartig auftretende und unvorhersehbare Entwicklung nennt Konrad Lorenz »Fulguration« (von lat. fulguratio: Blitzstrahl).[6] Die Dimension des Ethischen kann man sich als eine solche Fulguration vorstellen, bei der im Zusammenschluß von gesteigerten Erkenntnisleistungen, Sozialverhalten, religiöser Perspektive u. ä. die Dimension wirklich verpflichtender moralischer Gebote zustande kam. Zwar sind auch diese alle mehr oder weniger biologisch verankert, teilweise haben sie sich jedoch aus der Verankerung gelöst: Menschen können die Gebote einsehen und ihnen gemäß oder zuwiderhandeln. Die Dimension moralischen Sollens ist für den Fulgurationismus eine echte und nicht nur illusionäre Dimension. Sie ist auf natürliche Weise aus der Evolution hervorgegangen und hat sich von ihr teilweise abgelöst.

Bevor wir diese Ansicht der Kritik unterwerfen, müssen wir ihre offensichtliche Stärke (im Vergleich zu den anderen Positionen) hervorheben. Diese besteht darin, daß den Erfahrungen moralischer Pflicht und moralischen Sollens (das Gute zu tun, das Böse zu unterlassen) ein unhintergehbarer Charakter zugesprochen wird; sie werden als real anerkannt. In der Erfahrung eines sittlichen Sollens, manifest im Gewissen, besteht übrigens für Immanuel Kant das ganze Sittengesetz, in nicht mehr. Einem Menschen, der eine solche Erfahrung nicht gemacht hat, der noch nie gut gehandelt hat, ist sie durch keine noch so ausgefeilte theoretische Erwägung nahezubringen. Auch demjenigen, der so tut, als wisse er nicht, wovon beim moralischen Sollen die Rede ist, wird mit keinem theoretischen Beweis das Gegenteil zu demonstrieren sein. Damit ist dann freilich nicht im Umkehrschluß der Beweis von der Nichtexistenz des Moralischen gelungen – das wäre vergleichbar einem Blinden, der dem Sehenden die Nichtexistenz von Farben »beweist« –, sondern es ist nur demonstriert worden, daß es sich beim

Problem des Moralischen um die freie Anerkennung einer Dimension handelt, die auch ohne, ja gegen diese Anerkennung im Menschen präsent ist.

Soweit die Stärke der Fulgurationspositon: Sie erkennt die Sphäre des Moralischen beim Menschen als authentisch an, und wenn diese Sphäre auch moralanaloge Vorläufer im Tierreich hat, biologisch *auch* verankert ist, so ist sie beim Menschen doch sui generis durch seine Möglichkeit, sich *frei* zum Guten zu entscheiden. Der Überschritt vom Tier zum Menschen, vom Moralanalogen zur echten Moral ist dabei die Fulguration.

Dieser Überschritt markiert nun aber den logischen Stolperstein der Theorie. Denn wir erinnern uns: Das Evolutionsweltbild vom Urknall bis zum Menschen in seinen höchsten Erkenntnis- und Kulturleistungen gilt gleichzeitig als richtig, vor allem die natürliche Erklärbarkeit alles Geschehenen und Vorhandenen. Und das paßt nicht zusammen.

Wenn nämlich eine Fulguration, hier diejenige des Sollens (der Pflicht, der Moral), aus dem Sein (des Evolutionsgeschehens) vollständig »natürlich« erklärbar sein sollte, dann löst sich damit der verpflichtende Charakter des Sollens auf: Warum *sollte* ich mich an eine Regel halten, deren nur biologische Nützlichkeit ich durchschaut habe? Wenn ich mich daran halte, so ist das genauso ein Evolutionsereignis, wie wenn ich es nicht tue. Philosophisch gesprochen: Das Sollen durch »natürliche Erklärung« aus einem Sein entstehen zu lassen ist unmöglich. Aus puren Fakten folgt niemals ein Sollen.

Die andere Alternative ist, daß die Fulguration eben doch etwas natürlich Nichterklärbares hervorbringt, daß zwar diverse materielle und biologische Bedingungen des Sollens erklärbar sind, nicht aber dieses selbst. Konrad Lorenz spricht von einem »nichtrationalisierbaren Rest«.[7] Wenn dies zutrifft, dann sprengt die Fulguration das gesamte Evolutionsweltbild, welches dann an einer entscheidenden Stelle – bei *jedem* Auftreten von etwas wirklich Neuem, nicht nur des Sollens – mit seinen natürlichen Kausalerklärungen nicht auskommt, obwohl doch sämtliche Vorgänge in der Welt solchen Erklärungen zugänglich sein sollen. Man vergesse nicht: »Der Zusammenschluß von Subsystemen« ist selbst ein kausaler Vorgang! Gerhard Vollmer, ein Vertreter der »Evolutionären Erkenntnistheorie«, sieht das hier liegende Problem genau: Er hält zwar am Begriff Fulguration fest, meint damit aber nicht »*echte* Entwicklungssprünge«, sondern nur das zeitliche Neuauftreten von Systemeigenschaften[8], die sich aber sonst reduktionistisch und natürlich erklären lassen. Gegen ihn gelten daher auch die beim Abschnitt Soziobiologie gemachten Einwände gegen die Reichweite des gesamten Evolutionsweltbildes. Überdies muß er sich die heikle Frage gefallen lassen, für wen diese Eigenschaften »völlig neu« sind? Nur für den, der die Eigenschaften der Subsysteme nicht kennt (wobei es Willkür ist, einem solchen Subsystem nicht auch als Eigenschaft zuzugestehen, beim Zusammenschluß mit anderen etwas Neues zu ergeben)? Und glaubt Vollmer wirklich, Leben, Bewußtsein, Moral seien »System-Eigenschaften« wie Flüssigsein, Elektrizität oder Giftigkeit (denn so schreibt er in seinem Buch)?[9]

Als Fazit läßt sich festhalten, daß im Fulgurationismus auf der einen Seite die Anerkennung des Moralischen als echter Sphäre steht und auf der anderen Seite das Evolutionsweltbild für wahr gehalten wird, obwohl es in dessen Konsequenz liegt, daß ein echtes, verpflichtendes Gutes nicht existieren kann. Es steht das »Wahre« gegen das »Gute«, vom Evolutionsweltbild aus gesehen, und das »Gute« gegen das »Wahre«, vom Moralischen aus gesehen. Und das führt zu fatalen Konsequenzen, wenn diese Frontstellung konsequent durchdacht und durchlebt wird, nämlich zur Aufhebung des Wahren *und* des Guten.

Freilich, nicht jeder muß es gründlich durchdenken: Man kann ja auch lavieren wie Konrad Lorenz, der in seinem Buch »Das sogenannte Böse« die Wahrheit (von Evolution und Verhaltensforschung) gegen Gut und Böse ausspielt, die es eigentlich nicht »gibt«, und ein paar Jahre später im Buch »Die acht Todsünden der zivilisierten Menschheit« ganz genau und kategorisch zwischen Gut und Böse unterscheiden kann, obwohl damit nicht nur seine persönlichen Vorlieben oder Abneigungen gemeint sein sollen. Man kann auch, wie der Freiburger Biologe Hans Mohr, schreiben, daß es »unsere dualistische Überlieferung erlaubt, mit der Überzeugung zu leben, daß die Subjektivität ihrem Wesen nach fiktiv und ihrem Vermögen nach ohnmächtig ist, obgleich wir als moralische Wesen gleichzeitig an Freiheit, Verantwortung und

Kreativität glauben«.[10] Er gibt ohne weiteres zu, daß er inkonsequent ist, weil er mit den Konsequenzen aus dem theoretischen Ansatz nicht ernst macht. Aber er übersieht zweierlei dabei. Einmal, daß diese Haltung philosophisch gesehen eher Erbarmen als Argumente verdient. Sie ist nicht nur mit dem zitierten Ideal philosophischen Lebens als »Mit-sich-selbst-befreundet-sein« unverträglich, sondern sie bekennt diese Nichtübereinstimmung lauthals und mit fröhlicher Stimme. Und zum zweiten hat die Theorie eben doch moralische Konsequenzen, auch wenn ihr Vertreter es nicht wahrhaben will. Zum Beispiel, wenn er um einen Rat für die Kindererziehung gefragt wird. Soll er den als Wissenschaftler oder als Mensch geben? Und woran soll man sich halten, wenn er mit zwei entgegengesetzten Ratschlägen antwortet? Freilich kann er auch schweigen. Aber wie hält er es mit seinen eigenen Kindern: als Wissenschaftler oder als Mensch oder gemischt? Und wann als was? Und als letztes: Was sollen ihm seine Schüler glauben? Daß es theoretisch keine Freiheit, Verantwortlichkeit und Pflicht gibt oder daß es das praktisch alles doch gibt? Natürlich kann er bei einem durch solche Lehre entstehenden Unheil am Ende sagen, so sei es nicht gemeint gewesen, das war nur Theorie, an die man sich nicht halten dürfe. Ob das aber das Ideal von Lehre und (Universitäts-) Lehrer darstellt, darf bezweifelt werden.

Diese moderne »Zwei-Wahrheiten-Theorie« ist im übrigen so selten nicht, sondern im gebildeten Bewußtsein allgemein verbreitet.[11] Es handelt sich, ein wenig polemisch gesprochen, um die »nichtpathologische Schizophrenie des modernen Bewußtseins«, weniger medizinisch ausgedrückt: um den »ganz normalen Wahnsinn«.

Kritik des Biologismus

Im Gegensatz zum Fulgurationismus erkennt der Biologismus keine eigentümliche Dimension des Moralischen beim Menschen an, die sich von den rein biologischen Verhaltensmustern der Tiere wirklich emanzipiert hätte. Was sich beim Tier als »moralanalog« beschreiben läßt, hat sich beim Menschen nur noch weiter ausdifferenziert. Freiheit im Sinn einer autonomen sittlichen Selbstbestimmung gibt es beim Tier ebensowenig wie beim Menschen. Philosophische Ethik gilt als ein nachträglicher Überbau, der sich in Vorformen bei Magiern und Medizinmännern früherer Zeiten oder bei heutigen Primitiven findet und bei uns, biologisch höchst überflüssig, Eingang in die Universitäten gefunden hat. Soweit geht der Biologismus mit der Soziobiologie überein. Dann aber entnimmt er dem restlos natürlichen, den Menschen einschließenden Evolutionsgeschehen einen ethischen Imperativ, dem alle Menschen folgen *sollen:* Mit der Evolution sein!

Um nicht zu sehr im Abstrakten zu verbleiben, greifen wir als Beispiel für solchen Biologismus den deutschen Biologen Hans Krieg heraus.[12] Krieg stellt der philosophischen Ethik die »kausale Denkweise« der metaphysisch unbelasteten Naturwissenschaft entgegen. Wahre Ethik entspringe gerade der rationalen Aufklärung durch die kausale Denkweise, weil »Ethik eine Selbstverständlichkeit ist . . ., eine dem Menschen innewohnende Eigenschaft im durchaus biologischen Sinne, nicht ein ›Als ob‹ einer nicht bestehenden Willensfreiheit«.

Dann definiert Krieg das »Wesen der Ethik«, wie es ihm einzig richtig scheint, »nämlich im Sinne seiner vergleichend-psychologischen Funktion und stammesgeschichtlichen Entwicklung«. Hierbei ist die Evolution als »grundgesetzliche Geschehensnotwendigkeit« maßgeblich. Das psychische Verhalten der Säugetiere ist dem des Menschen so nahe verwandt, daß hier gar keine scharfe Grenze mehr zu ziehen ist. Und gegen Kant wendet sich Krieg mit Konrad Lorenz:

> »Unter einem guten, also ethisch vollwertigen Menschen (verstehen) wir einen solchen, bei dem nicht reine Vernunft, sondern Neigung, d. h. innerer gefühlsmäßiger Antrieb, das Verhalten bestimmt. Dies bedeutet aber, daß gerade das Urtümliche des Motivs, nämlich die Triebhaftigkeit, als hochwertig und zuverlässig erkannt wird, während das Vernunftgemäße, welches in seiner individuellen Variabilität und häufigen Inkonsequenz von einem scheinbaren freien Willen abhängt, bald so, bald so entscheiden kann, also wohl auch einmal primitiv egoistisch statt sozial.«

Das Wesen des sozialen Verhaltens besteht somit in »gesunder Triebhaftigkeit«, die »nicht Zügellosigkeit (ist), sondern strengstes Gesetz«. Und somit:

> »Jede Haltung, welche wir beim Menschen ethisch nennen, ist ausgerichtet nach dem biologischen Prinzip der Bewährung im Dienst der Arterhaltung . . . Die Selbstverständlichkeit richtigen Verhaltens ist ein biologisches Postulat . . . Jenes Verhalten, welches wir ethisch nennen, bedeutet nichts anderes als ein Sich-Fügen in das Gesetz, nach dem der Mensch im Laufe seiner Stammesentwicklung angetreten ist.«

Vergegenwärtigen wir uns kurz den Gedankengang Kriegs. Ausgehend von der durchgängigen kausalen Erklärbarkeit allen Evolutionsgeschehens und dem Vorkommen moralanaloger (Krieg schreibt bemerkenswerterweise »moralhomologer«!) Verhaltensweisen bei höheren Tieren schließt Krieg auf die kausale Erklärbarkeit des Vorkommens von Ethik beim Menschen. Diese kann nun ohne metaphysische Zuhilfenahme nur in dem einzigen Gebot bestehen, das biologisch sinnvoll erscheint: etwas zu tun »nach dem biologischen Prinzip der Bewährung im Dienste der Arterhaltung«. Es ist dies der nämliche Gedankengang, der sich beim frühen Konrad Lorenz findet (den Krieg auch zitiert), und ebenso bei Carsten Bresch, der am Ende eines seiner Bücher hymnisch feststellt:

> »Menschliche Existenz gewinnt Sinn durch Richtung – die Richtung der Evolution.
> *Sinnvoll* ist jedes Tun, das *mit* der Entwicklung ist, das Muster wachsen läßt und neue Bindungen schafft.
> Sinnvoll ist jedes Bemühen um Vermehrung von Information, um Verbreitung von Wissen, um Vertiefung von Gefühl.«[13]

Es ist dies derselbe Gedankengang wie bei Krieg, und er enthält wie jener vier krasse Fehler: einen empirischen und drei logische.

Auf den empirischen Fehler hat vor allem Wolfgang Wickler aufmerksam gemacht. Sein Buch »Die Biologie der 10 Gebote« trägt den bezeichnenden Untertitel: »Warum die Natur für uns kein

Vorbild ist«. Mit einer Fülle von Beobachtungen belegt der Autor, daß Verstöße gegen die Zehn Gebote, deren teilweise biologische Verankerung Mensch und Tier gemeinsam ist, im Tierreich nicht weniger häufig sind als beim Menschen: Elternmißachtung, Ehebruch, Diebstahl, Lüge usf. Es gibt zwar auch im Tierreich so etwas wie eine moralische Normalsituation, innerhalb deren die Rechte von Individuen, sogar wenn diese viel schwächer sind, nicht verletzt werden. Aber einer günstigen Gelegenheit pflegen dann Tiere so wenig zu widerstehen wie Menschen: Gelegenheit macht Diebe, macht Liebe ...

Mit Wicklers eigenen Folgerungen daraus werden wir uns gleich noch beschäftigen müssen. Sein hier vorgestellter Einwand bezieht sich im Grunde darauf, daß Krieg wie Bresch und andere Biologisten jedenfalls in der Annahme irren, alles, was sich im Tierreich evolutionär an Verhaltensweisen entwickelt habe, sei darum auch schon gut, also »ethisch vollwertig«. Denn schließlich ist Parasitismus oder das Auffressen der eigenen Kinder *auch* bei der Evolution herausgekommen. Freilich sind Krieg wie Bresch nicht so unklug, dies nicht zu bemerken. Krieg betont, daß die Triebhaftigkeit gesund sein müsse, daß man sich in das Abstammungsgesetz einfügen müsse, und Bresch schreibt, man solle mit der Evolution sein. Das legt natürlich sehr nahe, daß es auch kranke Triebhaftigkeit und ein Verhalten gegen Stammesgesetz und Evolution gebe. Nur können Krieg und Bresch das nicht öffentlich diskutieren, weil auf der anderen Seite ja noch die Behauptung steht, *alles* sei bei der Evolution natürlich herausgekommen. Aus dieser Behauptung folgt nämlich, daß es so etwas wie »gegen die Evolution sein« definitionsgemäß gar nicht geben kann. Und wenn Krieg eine gesunde Triebhaftigkeit von einer kranken (z. B. eines »Triebtäters«!) unterschieden wissen will: Woher nimmt er die Kriterien? Aus der Evolution können sie nicht stammen, sondern nur aus seiner eigenen *ethischen* Bewertung bestimmter Vorkommnisse in der Evolution, die ihn Schmarotzertum ablehnen und Mutterliebe begrüßen läßt.

Das Richtige an der biologistischen These Kriegs, ethische Verhaltensweisen entsprängen »gesunder Triebhaftigkeit«, ist die alte philosophische Einsicht des Aristoteles, daß Tugenden primär eine Haltung (ethos) seien und Erziehung, auch Selbsterziehung, dahin gehen solle, das moralische Verhalten zu einer selbstverständlichen Gewohnheit werden zu lassen. Denn der Mensch wäre überfordert, wenn er für jede noch so kleine gute Handlung den kategorischen Imperativ Kants bemühen müßte. Soweit das Richtige. Der Fehler Kriegs besteht zusammengefaßt darin, die »Gesundheit« der Triebhaftigkeit einer moralisch neutralen (oder, so Wickler, zwiespältigen) Evolution entnehmen zu wollen.

Wenn man nämlich den empirischen Einwand Wicklers logisch »auf den Begriff bringt«, so handelt es sich um die Erkenntnis, daß der Biologismus einem »naturalistischen Fehlschluß« unterliegt.[14] Damit ist gemeint, daß er einen *Definitionszusammenhang* herstellt zwischen dem Wörtchen »gut« (bei Krieg: »ethisch vollwertig«) und dem Begriff der biologischen Arterhaltung. Diese Definition hat zwei üble Konsequenzen. Einmal muß sie alle möglichen Erhaltungsweisen, zum Beispiel die skizzierten des Schmarotzertums, auch als gut bezeichnen, und das widerspricht, zumindest soweit es den Menschen betrifft, offensichtlich unserem Sprach- und Denkgebrauch. Denn dann wäre auch die rücksichtslose Unterdrückung der nichtmenschlichen Natur »gut« oder die nationalsozialistische Diktatur mit Rassismus und Imperialismus.

Die zweite fatale Konsequenz des naturalistischen Fehlschlusses besteht darin, daß er eine bestimmte Frage nicht stellen kann beziehungsweise unterdrücken muß: wozu denn die Arterhaltung gut sein solle? Mit genau dieser Frage wird die naturalistische Definition aus den Angeln gehoben, denn die Antwort besteht entweder in der Tautologie: Die Arterhaltung ist gut für die Arterhaltung, oder es beginnt eine *philosophische* Diskussion über die Frage, was unabhängig von Arterhaltung gut ist – und damit ist die naturalistische Definition widerlegt.[15]

Der zweite logische Fehler des Biologismus besteht in seiner vermeintlichen Entkoppelung von wahr und gut. Wie schon erwähnt wurde, ist für den Biologisten das evolutionäre Weltbild richtig und wahr. Alles, was existiert, ist natürlich zustande gekommen. Zugleich aber soll der Mensch sich »ethisch vollwertig« verhalten. Wie das? Zum einen sahen wir schon, daß – weil ja alles »natürlich« zustande gekommen ist – auch das ethisch Minderwertige *mit* der Evolution war und ist. Zum zweiten: Wie soll denn der Mensch solchen Aufforderungen folgen können ohne jede Willensfreiheit?

Entweder er tut es ohnedies, oder er unterläßt es, und beide Male ist es »mit der Evolution«.

Zum dritten aber haben Krieg wie Bresch oder andere Biologisten eines offensichtlich gar nicht bedacht: daß ja auch sie selbst nur »natürlich Herausgekommene« sind und deswegen ihr Imperativ, mit der Evolution zu sein, nichts weiter als ein natürliches Vorkommnis ist, Ausdruck der Determination der zwei natürlichen Systeme beziehungsweise Computer Krieg und Bresch. Nach ihrer eigenen Theorie kann ihren Aufforderungen nur ein Schicksal winken: Sie verhallen ungehört. Dieses Argument werden wir gleich bei der Soziobiologie noch um einen Grad verstärken. Hier halten wir inne bei der Einsicht, daß die Entkoppelung von wahr und gut dazu führt, daß das »wahre« Weltbild die Aufforderung zu ethischem Handeln, zum Guten, wie immer es auch gefaßt sein mag, zerstört.[16]

Der dritte logische Fehler des Biologismus ist von zentraler Bedeutung. Das Argument gegen ihn läßt sich genauso gegen den Fulgurationismus wie gegen die Soziobiologie anwenden: Es geht um das »moralanaloge Verhalten« im Tierreich.

Wir wählen als Ausgangspunkt das genannte Buch von Wolfgang Wickler. Ist es ihm eigentlich mit seinem Argument gegen das »Tierreich als Vorbild« gelungen, die These vom »moralanalogen Verhalten« dort zu entkräften? Nein, im Gegenteil (und er wollte es wohl auch gar nicht): Die Moralanalogie zeigt, daß Tiere genau wie Menschen sich auch gegen die »Moral« verhalten können, wenn die Umstände es erlauben oder erfordern. Die Übereinstimmung geht so weit, daß man zu fragen geneigt ist: Sind also die Tiere selbst frei zum Guten oder Bösen, will Wickler das Tierreich mit Verantwortung und Moral durchziehen? Gewiß nicht, das Umgekehrte ist richtig. Auch der Mensch verhält sich für ihn im Grunde nicht moralisch, sondern moralanalog. Damit gehört Wickler eigentlich zur Soziobiologie; wenn er hier erwähnt wird, so deswegen, weil er neben der rein negativen Schlußfolgerung – daß die Natur kein Vorbild ist – doch auch wieder Forderungen aufstellt, wenn es ihm geboten erscheint, etwa im Zusammenhang mit der Sexualethik. Wenn im Tierreich die Zweckentfremdung von Organen (Sexualorganen) regelmäßig vorkommt, dann, so Wickler, »kann dem Menschen solche Zweckentfremdung . . . nicht prinzipiell verboten sein. Sie sollte ihm sogar mit dem Urgebot: Macht euch die Erde untertan! vorgeschrieben sein«.[17]

Gegen eine solche Aufforderung sprechen nun nicht nur alle hier bereits erwähnten Argumente, sondern auch das in der Einleitung vorgebrachte, daß seine Berufung auf Natur, die Wickler sonst immer empirisch »widerlegt«, in Wirklichkeit nicht nur nichts rechtfertigen kann, sondern wie ein Zynismus aussieht.

Nun sehen wir uns aber das Problem der Moralanalogie im Tierreich näher an. Es herrscht Übereinstimmung im Evolutionsweltbild darüber, daß man im Tierreich moralanaloge Verhaltensweisen beobachten kann, daß sie biologische Funktionalität besitzen, daß sie natürlich erklärbar sind. Was in der früheren Naturforschung mit gutem Grund verpönt war, nämlich in die Natur allzu Menschliches hineinzutragen (der selbstlose Pelikan, der feige Hase, der stolze Adler usw.), ist nun biologisch hoffähig: die Freundschaft der Graugänse, die Mutterliebe der Affen, die Selbstlosigkeit des Schimpansen, der unter Einsatz seines Lebens ein Junges vor dem Ertrinken rettet. Würde ein solcher Affe im Sinn von Immanuel Kant erst einmal die Maxime seines Handelns gemäß dem kategorischen Imperativ auf die Verallgemeinerbarkeit überprüfen, wäre das Junge mittlerweile ertrunken (K. Lorenz).

So weit der Evolutionsbefund: Freundschaft, Elternliebe, Selbstlosigkeit – alles im Tierreich schon nachzuweisen. Doch hier findet sich ein entscheidender Denkfehler. Ganz vergessen wird nämlich das interpretative Moment bei der Beobachtung.

Damit ist folgendes gemeint: Die Behauptung lautet, man könne beispielsweise Mutterliebe sehen. Das ist falsch. Was wir sehen können, sind bestimmte Bewegungen und Vorgänge, *und sonst gar nichts.* Wir können diese Bewegungen als »Mutterliebe« interpretieren, aber dafür ist zweierlei Voraussetzung: Erstens müssen wir so etwas wie Mutterliebe aus unserem eigenen, menschlichen Erfahrungshorizont heraus kennen, müssen wissen, was das *im Unterschied* zu nur irgendwie gesehenen Bewegungen bedeutet. Und zweitens muß uns klar sein, daß wir diese eigene Erfahrung nun interpretativ übertragen auf den nichtmenschlichen Bereich. Das heißt: Von moralanalogem Verhalten im Tierreich können wir nur deswegen sprechen, weil uns aus der menschlichen Sphäre her das Moralische primär in der Erfahrung gegeben ist und wir hierzu

Analogien interpretativ aufsuchen können. Es ist nun aber völlig ausgeschlossen zu versuchen, die menschliche Moral durch das moralanaloge Verhalten im Tierreich zu erklären. Das ist, als ob ein Sohn seinen Vater zeugen wollte. Die ganze Überredungskraft der »evolutionären Entwicklung der Moral« steht und fällt damit, daß man diese Voraussetzung nicht kennt. Wird an sie erinnert, dann ergibt sich, daß die These von der Moralanalogie nie mehr sein kann als die Feststellung, daß wir mit vernünftigem Grund bestimmte tierische Verhaltensweisen analog zu menschlich-sozialem Verhalten *interpretieren.*[18] Das Umgekehrte ist hingegen logisch unmöglich.

So dürfen wir das Umsorgen der Küken durch die Mutterhenne ruhig als Mutterliebe bezeichnen. Was aber folgt daraus, daß Konrad Lorenz zeigen konnte, daß diese »Liebe« bei der Glucke an das Gehör gebunden ist, daß sie sich überhaupt nicht um die Küken kümmert, wenn diese unter einer Glasglocke sind, daß es sich also um eine »bedingte« Verhaltensweise handelt? Doch keineswegs, daß es auch beim Menschen in dieser Weise bedingt ist, nur etwas komplizierter, sondern daß die Analogie der Übertragung vom Menschen auf das Tier Grenzen hat!

Das Tier hat in seiner Umwelt eine eingeschränkte Erfahrung; sein Verhalten ist gerade nicht »moralisch«, und deswegen machen wir jener Glucke auch keinen Vorwurf, machen sie nicht verantwortlich. Die Menschenmutter würden wir hingegen für verantwortungslos halten, wenn sie sich beispielsweise Stöpsel in die Ohren stopfte, um ihr Kind nicht mehr zu hören. Und damit kommen wir zum Fazit unserer Kritik an der These vom moralanalogen Verhalten. Der nicht aufzuhebende Unterschied zwischen Mensch und Tier hinsichtlich solchen Verhaltens besteht in der Dimension von Freiheit und Verantwortlichkeit, die bei jeder solchen interpretativen Übertragung ausgeblendet wird und darum auch niemals hinterher durch Rekonstruktion wieder in den Gang evolutionärer Erklärungen hereinkommen kann. Dieses spezielle Argument läßt sich ganz allgemein in einer Evolutionskritik formulieren.

Kritik der Soziobiologie

Die Soziobiologie, eine Disziplin, die sehr viel älter als ihr Name ist, ist in meiner Interpretation die einzige, die konsequent vom evolutionären Weltbild aus argumentiert. Deswegen möchte ich ihren beiden gegenwärtigen Hauptvertretern, Edward O. Wilson und Richard Dawkins, vorab jenen Dank aussprechen, den Sokrates dem Kallikles zollt (im Dialog »Gorgias«): Sie sagen wenigstens, was sie denken, sie halten ihre Überzeugungen nicht zurück, obwohl vielleicht eine unaufgeklärte Menge darüber empört sein könnte. Sie vertreten die Wahrheit des Evolutionsweltbildes, gleichgültig, was daraus folgt, in der richtigen Überzeugung, daß das Wahre auch dann nicht unterdrückt werden darf, wenn daraus für seine Vertreter selbst oder für andere unangenehme Folgen erwachsen könnten.

Wie sieht nun die Wahrheit der Soziobiologie aus? Orientieren wir uns an dem bekannten Buch von Dawkins »Das egoistische Gen«. Die für die Evolution des Lebendigen entscheidende Ebene ist mit den ersten reproduktions- und mutationsfähigen Ur-Einzellern erreicht. Was ist an ihnen das Wesentliche? Das Genom, die Gesamtheit der molekularbiologischen Erbanlagen, das, was bis heute den Aufbau aller Lebewesen bestimmt. Die ebenso überraschende wie konsequente These von Dawkins lautet, daß diese Ebene der Gene bis zum Menschen hin die für alles Leben allein maßgebliche ist. Nur auf ihr greift der Mechanismus der Evolution: die Mutation mit anschließender Selektion auf Organismenebene.

Während aber bei primitiven Organismen die Selektion direkt auf Leben und Tod, Fressen und Gefressenwerden zielte, haben sich im Lauf der Evolution bestimmte Gene erst bessere Schutzschichten um sich herum oder bessere Freßwerkzeuge geschaffen, dann auch Fortbewegungsmittel für Flucht und Verfolgung. Das, was wir heute einen Organismus nennen, ein Stiefmütterchen, eine Schlange, ein Mensch, das sind in Wirklichkeit »Überlebensmaschinen«, die sich das jeweilige Erbgut gebaut haben, um sich selbst besser vermehren zu können.

Freilich ist dieses »um . . . zu« metaphorische Redeweise. Natürlich sind Gene keine Subjekte, denen es »um« das bessere Überleben, den besseren Fortpflanzungserfolg geht, sondern umgekehrt: Weil wir gemäß der über Milliarden von Jahren hindurch wirksamen Auslese nur immer die Treffer beim Evolutionsroulette sehen und nicht die gigantische Anzahl von Nieten, deswegen erscheint uns das erfolgreiche Genom als eines, dem es »um« sein besseres Fortkommen ging. Die Evolution hat diese Strukturen faktisch herausgebildet; sie haben sich erhalten, weil sie die erfolgreicheren waren, und einer der wesentlichen Gründe dafür, daß die Lebewesen genetisch so vielfältig ausgestattet sind, ist der Bau dieser Überlebensmaschinen, die wir fälschlich für das Eigentliche am Lebewesen halten.

Evolutionär gesehen lassen sich ein paar besonders wichtige Schritte unterscheiden. Einmal das erst lockere Zusammenleben mehrerer Einzeller, die sich nicht gleich gegenseitig auffressen, sondern zusammen stärker als jeder einzelne Einzeller sind; sie haben also besseren Erfolg beim Nahrungs- und Daseinskampf. Obwohl sie beim Zusammenschluß erst etwas von ihrem »egoistischen Erfolgsstreben« (das ist natürlich nur eine Metapher!) aufgeben, bekommt jeder der Einzeller am Ende wegen des Zusammenschlusses mehr heraus, als er hineingesteckt hat. Aus dem lockeren Verband der Zellen entwickelt sich allmählich der hochspezialisierte Organismus, in welchem zwar alle Zellen noch das komplette Erbgut der Keimzelle besitzen, davon aber für spezielle Funktionen (z. B. Verdauung, Wahrnehmung, Oberflächenschutz, Temperaturregelung) nur einen kleinen Teil aktivieren. Wenn hier eine Zelle doch »egoistisch« ist, plötzlich wieder nur sich fortpflanzen will und »blind« ist gegenüber dem Gesamtnutzen des Organismus als Überlebensmaschine, dann kommt es zu jenen Wucherungen, die wir Krebs nennen.

Zu dieser bedeutsamen Spezialisierung von Zellen unter Bildung hochfunktioneller Organe kam als weiterer wesentlicher Vorteil im Verlauf der Evolution die Sexualität hinzu, die für eine Vermischung von Erbanlagen sorgte. Zwar bedeutet diese nicht notwendig immer eine Verbesserung gegenüber den Ausgangsgenen, aber sie erweitert die potentielle Bandbreite für Verbesserungen, und das zählt schließlich für die Selektion auf lange Sicht. Um nun nicht nur *über* Dawkins zu reden, möge er selbst zu Wort kommen:

»Die Überlebensmaschinen begannen als passive Gefäße für die Gene, wobei sie diese mit kaum mehr versorgten als mit Wänden zum Schutz vor der chemischen Kriegführung ihrer Rivalen und den Gefahren zufälligen Molekülbeschusses. Zu Beginn ›ernährten‹ sie sich von organischen Molekülen, die in der Suppe unbegrenzt verfügbar waren. Dieses leichte Leben nahm ein Ende, als die organische Nahrung in der Suppe, die allmählich unter dem energetischen Einfluß jahrhundertelanger Sonneneinstrahlung entstanden war, gänzlich aufgebraucht war. Eine Hauptgruppe der Überlebensmaschinen, heute als Pflanzen bezeichnet, begann das Sonnenlicht direkt dazu zu verwenden, um in eigener Regie aus einfachen Molekülen komplexere Moleküle aufzubauen, indem sie den Synthesevorgang des Urmeeres mit sehr viel größerer Geschwindigkeit nachvollzog. Ein anderer Zweig, heute unter dem Namen Tiere bekannt, ›entdeckte‹, wie er die chemische Arbeit der Pflanzen ausnutzen konnte, indem er entweder die Pflanzen selbst oder andere Tiere verzehrte.« (Das egoistische Gen, Berlin 1978, S. 55)

Dawkins untersucht im weiteren, ob diese lebenden Körper Individuen seien oder Kolonien von Genen. Seine Auffassung ist, daß der Körper sich subjektiv wie eine Einheit fühlt und nicht wie eine Kolonie.

»Das ist zu erwarten. Die Selektion begünstigt Gene, die mit anderen zusammenarbeiten. In der hitzigen Auseinandersetzung um knappe Ressourcen, in dem schonungslosen Kampf darum, andere Überlebensmaschinen zu fressen um zu verhindern, selbst gefressen zu werden, muß es eine Belohnung für die zentrale Koordination innerhalb des gemeinschaftlichen Körpers gegeben haben, nicht für Anarchie. Heutzutage ist die verwickelte, sich wechselseitig beeinflussende gemeinsame Evolution von Genen in einem derartigen Maße fortgeschritten, daß die gemeinschaftliche Natur einer individuellen Überlebensmaschine wirklich nicht mehr zu erkennen ist.« (S. 56)

Von der Sicht der Kolonie aus läßt sich das Individuum definieren: Es ist eine eigennützige Maschine, die so programmiert ist, daß sie immer das tut, was für ihre Gene als Gesamtheit am besten ist (S. 79). Natürlich ist auch das wieder an zwei Stellen metaphorisch: »Eigennützig« darf nicht im Sinn eines wirklichen »Strebens nach eigenem Nutzen« verstanden werden, und der Relativsatz ». . . die so programmiert ist« meint natürlich nicht, daß da ein (womöglich göttlicher!) Programmierer einen Programmierzweck gehabt hätte. Es handelt sich um das natürlich und evolutionär entstandene Programm. Alles dabei Entstandene ist rückbezogen auf Selektionsvorteile, auch etwa die Subjektivität, wie wir sahen, die eine nützliche Arbeitshypothese mit einem Selektionsvorteil durch ihre zentrale Koordinationsfunktion ist. Alles darüber hinaus ist Illusion.

Dawkins könnte hier auch ontogenetisch argumentieren, also mit Bezug auf die individuelle Entwicklung eines Einzellebewesens. Das für den Aufbau des späteren kompletten Menschen entscheidende Geschehen ist die Zeugung, die Verbindung von Spermium und Eizelle. Von da an steht das komplette Erbmaterial in der befruchteten Eizelle fest, für alle übrigen Körperzellen ist sie identisch. Diese Verbindung ist eine Angelegenheit der Chemie, wie auch alle weiteren Teilungen, Spezialisierungen der Zellen, Bildung der Organe usf. Wo soll da nun Subjektivität herkommen als eigenständige Dimension? Weil sie beim chemischen Zusammenbau der Überlebensmaschine Mensch nirgendwo auftritt, gibt es sie nicht, so Dawkins, außer eben als Subjektivitätsillusion mit Überlebensvorteil.

Das Problem, das einer so schlüssigen Theorie erwächst und dem sich das Buch von Dawkins stellt, besteht darin, dasjenige tierische und menschliche Verhalten zu erklären, das auf den ersten Blick nicht »egoistisch« ist, sondern altruistisch bis hin zur Selbstlosigkeit. Die Erklärung beginnt und endet natürlich auf der Ebene der Gene:

> »Dadurch, daß die Gene diktieren, auf welche Weise die Überlebensmaschinen und ihre Nervensysteme gebaut werden, üben sie die entscheidende Macht über das Verhalten aus. . . Die Gene entscheiden im wesentlichen die Taktik, die der Körper anzuwenden hat, das Gehirn ist das ausführende Organ. Doch in dem Maße, wie das Gehirn einen immer höheren Entwicklungsstand erreichte, übernahm es einen ständig größeren Teil der ei-

gentlich taktischen Entscheidungen, wobei es Kunstgriffe wie Lernen und Simulieren anwandte. Der logische Schluß dieses Trends, der bisher noch bei keiner Art erreicht worden ist, wäre der, daß die Gene der Überlebensmaschine lediglich eine einzige umfassende taktische Anweisung geben: Tu das, was auch immer es sein mag, von dem du meinst, daß es für unseren Fortbestand am besten ist.

Die Vergleiche mit Computern und Menschen, die Entscheidungen treffen, sind ja alle schön und gut, aber wir müssen auf den Boden der Realität zurückkehren und uns daran erinnern, daß die Evolution in Wirklichkeit Schritt für Schritt durch das unterschiedliche Überleben von Genen im Genpool stattfindet. Damit sich ein Verhaltensmuster – uneigennützig oder eigennützig – entwickelt, ist es daher erforderlich, daß ein Gen ›für‹ dieses Verhalten im Genpool erfolgreicher überlebt als ein rivalisierendes Gen ›für‹ irgendein anderes Verhalten. Mit dem Ausdruck Gen für altruistisches Verhalten ist jedes Gen gemeint, das die Entwicklung von Nervensystemen so beeinflußt, daß sie sich mit größerer Wahrscheinlichkeit selbstlos verhalten.« (S. 72)

Hier kommt es zu einer wesentlichen Erweiterung des Gedankens vom (radikal) egoistischen Gen: Nicht nur um es selbst allein geht es beim Überleben, sondern in Abstufung auch um das Überleben möglichst ähnlicher Gene, im weiteren Sinn der Art (daher auch: Artegoismus, besonders ausgeprägt beim Menschen), im engeren Sinn der Familie und des Stammes, des Volkes, der Rasse usf. Hier greift nun der molekulare Ansatz besonders wirkungsvoll, denn die Verwandtschaftsgrade lassen sich in ihm quantitativ darstellen.

Eineiige Zwillinge haben eine identische genetische Ausstattung, somit auch den Verwandtschaftsgrad 1 (wie die gesamten Zellen eines Individuums). Geschwister untereinander sowie Eltern zu Kind und umgekehrt haben nur noch den Verwandtschaftsgrad ½, Großeltern zu Enkeln oder Neffe zu Onkel oder Halbgeschwister haben den Verwandtschaftsgrad ¼, der Vetter ersten Grades ⅛, der Vetter dritten Grades 1/128. Bei letzterem freilich geht die Verwandtschaft kaum mehr über das hinaus, was die gesamte Population ohnedies miteinander gemeinsam hat. Man wird deswegen auch kaum mehr für ihn tun als für diese. Dagegen lassen sich hinsichtlich der höheren Grade, im Großfamilienverband, genaue Berechnungen anstellen. Es folgt ein schönes Beispiel von Dawkins:

> »Ich bin ein Tier, das eine Stelle mit 8 Pilzen gefunden hat. Nachdem ich ihren Nährwert zur Kenntnis genommen und etwas für das geringe Risiko abgezogen habe, daß sie giftig sein können, würde ich sagen, daß jeder von ihnen + 6 Einheiten wert ist. Die Pilze sind so groß, daß ich nur drei von ihnen essen könnte. Soll ich jemand anderem meinen Fund mitteilen, indem ich einen ›Futterruf‹ ausstoße? Wer ist in Hörweite? Mein Bruder B (seine Verwandtschaft zu mir ist ½), mein Vetter C (Verwandtschaft zu mir ⅛) und D (keine besondere Beziehung). Der Nettovorteil für mich, wenn ich meinen Fund verschweige, ist + 6 für jeden der drei Pilze, die ich esse, das heißt, insgesamt + 18. Mein Nettovorteil, wenn ich den Futterruf ausstoße, verlangt etwas Rechenarbeit. Die 8 Pilze werden zu gleichen Teilen unter uns vieren aufgeteilt. Die Prämie für mich aus den zweien, die ich selber esse, ist die ganzen + 6 Einheiten pro Pilz, das heißt, insgesamt + 12. Doch wegen unserer gemeinsamen Gene bekomme ich auch eine Prämie, wenn mein Bruder und mein Vetter jeder ihre zwei Pilze essen. Die tatsächliche Punktzahl beläuft sich auf (1 × 12) + (½ × 12) + (⅛ × 12) + (0 × 12) = + 19½. Der entsprechende Nettovorteil für das egoistische Verhalten war plus 18. Es ist eine knappe Angelegenheit, aber nichtsdestoweniger ist das Urteil eindeutig: Ich sollte den Futterruf ausstoßen; mein Altruismus würde in diesem Fall meinen egoistischen Genen zugute kommen.« (S. 116)

Doch ist dies vergleichsweise harmlos. Bei einem Verhalten wie Mutterliebe ist zuerst die Definition der Mutter vonnöten: »Ich betrachte eine Mutter als Maschine, die so programmiert ist, daß sie alles in ihrer Macht stehende tut, um Kopien der in ihr enthaltenen Gene zu vererben« (S. 145). Für die Frage, ob eine Mutter, genetisch gesehen, ein Lieblingskind haben sollte, muß zuerst noch der Elternaufwand definiert werden:

»Der Elternaufwand ist definiert als ›jede beliebige Investition seitens des Elters in einen einzelnen Nachkommen, welche die Überlebenschancen dieses Nachkommen auf Kosten der Fähigkeit des Elters, in andere Nachkommen zu investieren, vergrößert‹ ... Wenn ein Kind einen Teil der Milch seiner Mutter verbraucht, so wird die Menge der verbrauchten Milch weder in Litern noch in Kalorien gemessen, sondern in Einheiten des Verlusts für andere Kinder derselben Mutter. Wenn beispielsweise eine Mutter zwei Babies hat, X und Y, und X einen halben Liter Milch trinkt, so wird ein Großteil des Elternaufwandes, den dieser halbe Liter Milch verkörpert, in Einheiten der größer gewordenen Wahrscheinlichkeit gemessen, daß Y stirbt, weil es diesen halben Liter nicht getrunken hat.« (S. 146)

Daraus folgt, daß es genetisch keinen Grund gibt, warum eine Mutter Lieblingskinder haben sollte. Sondern:

»Ihre optimale Strategie ist die *gleichmäßige* Investition in die größte Anzahl von Kindern, die sie bis zu dem Alter aufziehen kann, in dem diese selber wieder Kinder bekommen. Doch haben wir bereits gesehen, daß einige Individuen ein geringeres Lebensversicherungsrisiko sind als andere. Ein zu klein geratenes, verkümmertes Junges beherbergt genauso viele Gene seiner Mutter wie seine besser gediehenen Geschwister aus dem Wurf. Aber seine Lebenserwartung ist geringer ... Je nach den Umständen kann es sich für eine Mutter lohnen, wenn sie sich weigert, einen Kümmerling zu füttern, und statt dessen seinen gesamten Anteil an Elternaufwand an seine Brüder und Schwestern verfüttert. In der Tat kann es sich sogar für sie auszahlen, dieses Junge selbst an seine Geschwister zu verfüttern oder es selber zu verzehren und zur Milchproduktion zu verwenden. Schweine verschlingen gelegentlich ihre Jungen ...« (S. 147)

Das ist eine klare Sprache. Und auch die Kinder kommen nicht zu kurz:

»Die Gene in den Körpern von Kindern werden aufgrund ihrer Fähigkeit selektiert, Elternkörper zu überlisten; Gene in Eltern-

körpern werden umgekehrt aufgrund ihrer Fähigkeit selektiert, die Jungen zu überlisten.« (S. 161) »Es ist für einen Elter vorteilhaft, wenn er weiß, wann ein Baby glücklich ist, und es ist eine gute Sache für ein Baby, seinen Eltern mitteilen zu können, wann es glücklich ist. Signale wie Schnurren und Lächeln mögen selektiert worden sein, weil sie es den Eltern möglich machen zu erkennen, welche ihrer Handlungen für ihre Kinder am wohltuendsten ist. Der Anblick ihres lächelnden Kindes oder das Geräusch ihres schnurrenden Kätzchens ist für eine Menschen- beziehungsweise Katzenmutter in demselben Sinne lohnend, wie ein voller Magen als Belohnung für eine Ratte im Labyrinthversuch lohnend ist. Wenn es jedoch erst einmal so ist, daß ein süßes Lächeln oder ein lautes Schnurren lohnend ist, dann kann das Kind das Lächeln oder das Kätzchen das Schnurren dafür einsetzen, den Elter zu manipulieren, um mehr als seinen gerechten Anteil am Elternaufwand zu erhalten.« (S. 163)
»Ein Kind sollte sich keine Gelegenheit zum Betrügen ... Lügen, Täuschen, Ausbeuten ... entgehen lassen.«

Aber Dawkins meint natürlich nicht, daß »sollte« hier in einem Sinne von moralischem oder wünschenswertem Sollen gemeint ist, sondern:

»Ich sage lediglich, daß die natürliche Auslese dazu tendieren wird, Kinder zu begünstigen, die so handeln, und daß wir daher, wenn wir frei lebende Populationen beobachten, im engsten Familienkreis Betrug und Eigennutz erwarten müssen ... Wenn für den Menschen eine Moral daraus zu ziehen ist, dann die, daß wir unsere Kinder zur Selbstlosigkeit *erziehen* müssen, denn wir können nicht damit rechnen, daß Selbstlosigkeit zu ihrer biologischen Natur gehört.« (S. 164)

Beim letzten Zitat fehlt im Grunde nur die Antwort auf die Frage, *warum* wir das tun sollten. Denn wenn dies unter dem Blickwinkel unserer eigenen Gene (in den Kindern) getan werden sollte, so verschlechtern wir doch deren Chancen, wenn wir das Kind »erziehen«, das heißt zähmen. Die oberste Maxime ist in Wirklichkeit: Man darf sich nicht erwischen lassen, und die ruht auf raffiniertem, nicht primitivem Egoismus, der sicher auch erst gelehrt sein will.

Bevor wir unsere Gedanken zur soziobiologischen Sichtweise von ethischem, kulturellem, religiösem Verhalten zusammenfassen, muß ausdrücklich darauf hingewiesen werden, daß Dawkins hier *keinen* naturalistischen Fehlschluß begeht. Er sagt nicht, daß es *gut* wäre, etwas für das bessere Überleben seiner Gene zu tun. Er sagt nur, daß dies faktisch getan wird, wobei jeder Irrtum, jede Handlung, die faktisch zu einer (individuellen) Verschlechterung führt, auch unter der Perspektive der Gene gesehen werden muß. Obwohl ein Selbstmord der Gene Ende darstellt, ist es für den Genpool der Population besser, der Depressive bringt sich rechtzeitig um, bevor er sich fortpflanzt. Obwohl auch individuelle Kosten-Nutzen-Rechnungen möglich sind, müssen sie auf den Gesamtnutzen bezogen werden, und der kann sogar in bestimmten Fällen im Aussterben einer Art bestehen.

Der Mensch wäre hier kein Sonderfall. Und insofern er sich zur größten Naturkatastrophe aller Zeiten entwickelt hat, wäre seine Selbstausrottung, zum Beispiel durch einen Atomkrieg, aus dem Blickwinkel der Natur, der Evolution und der langen Zeiträume höchst wünschenswert. Leider ist nicht einmal Dawkins so konsequent, wie wir gleich sehen werden. Bis hierher hat er sich allerdings noch keiner logischen Verfehlung schuldig gemacht. Wenden wir uns aber jetzt noch seiner Auffassung von Ethik und Religion zu:

> »Beim Menschen sind langes Erinnerungsvermögen und die Fähigkeit, Individuen zu erkennen, gut entwickelt. Wir müßten daher erwarten können, daß der gegenseitige Altruismus bei der Entwicklung des Menschen eine bedeutende Rolle gespielt hat. Trivers geht sogar so weit, daß er die Vermutung äußert, viele unserer charakteristischen psychologischen Merkmale – Neid, Schuldgefühle, Dankbarkeit, Sympathie usw. – seien von der natürlichen Auslese geformt worden, damit der Mensch besser betrügen, Betrügereien entdecken sowie besser vermeiden kann, für einen Betrüger gehalten zu werden. Von besonderem Interesse sind die ›raffinierten Betrüger‹, bei denen es so aussieht, als revanchierten sie sich, die aber durchweg etwas weniger zurück-

zahlen als sie erhalten. Es ist sogar möglich, daß sich das vergrößerte Gehirn des Menschen und seine Veranlagung für mathematisches Denken als ein Mechanismus immer ausgefalleneren Betrügens und immer scharfsinnigeren Erkennens von Betrug bei anderen herausgebildet hat. Geld ist ein formales Symbol für den verzögerten gegenseitigen Altruismus.« (S. 220)

Das ist die tapfere neue Welt, die die Soziobiologie für uns bereithält. Jedes ethische Verhalten ist auf den sogenannten Altruismus zurückzuführen, auf die Regel des »Kratzt du mir den Rücken, kratze ich dir den Rücken«. Dieser Altruismus ist aber immer ein verkappter Egoismus, selbst wenn es dem Individuum nicht bewußt sein sollte. Denn immer ist es der »raffinierte Egoismus« der Gene, der Umwege in Kauf nimmt, um letztlich seinen Vorteil zu haben. Jede Form von Ethik, also jede Begründung von Verhalten als gerechtfertigt, als richtig, als gut, ist ein täuschendes Spiel, das die Gene auf der seichten Oberfläche des Bewußtseins mit uns spielen.

Mutter Teresa etwa, die in Kalkutta den Sterbenden hilft, ist für Edward O. Wilson nur verständlich, wenn sie sich dabei ihren himmlischen Lohn ausrechnet. Und er muß sie bedauern: Denn so etwas ist natürlich barer Unsinn. Warum – das zeigt uns wieder der bessere Theoretiker Dawkins. Geistige Phänomene sind bei ihm Gegenstand einer Ausdehnung seiner genetischen Überlegungen in Form einer Theorie der *Meme.*

Ein Mem ist die »Einheit der Information«, das immaterielle Analogon zum materiellen Gen. Beide sind »Replikatoren«, das heißt, sie können sich fortpflanzen, nur Meme, deren »Ursuppe« die Anfangsgründe der menschlichen Kultur, Sprache, Religion, Kunst sind, Meme also konnten dies noch sehr viel effektiver als Gene, so daß ihre Evolution ungleich schneller voranschritt. Beispiele für Meme sind »Melodien, Gedanken, Schlagworte, Kleidermode, die Art, Töpfe zu machen und Bögen zu bauen« (S. 227). Meme »vermehren« sich, indem sie von Gehirn zu Gehirn überspringen, »mit Hilfe eines Prozesses, den man in einem allgemeinen Sinn als Imitation bezeichnen kann«. Die Verbreitung des Mems geschieht analog der Art und Weise, wie ein Parasit oder ein Virus Wirtszellen befällt und sich dabei vermehrt.

Dawkins' Wahl der Beispiele ist sehr erhellend. Erst zitiert er einen Kollegen: »Das Mem für z. B. ... ›den Glauben an das Leben nach dem Tod‹ ist tatsächlich physikalisch verwirklicht – Millionen von Malen besteht es als eine bestimmte Struktur in menschlichen Nervensystemen auf der ganzen Welt.« Dann wird allgemein die Idee »Gott« untersucht. Wie pflanzt sie sich fort? Durch das gesprochene und geschriebene Wort, unterstützt von großer (?!) Musik und großer Kunst. Warum überlebt das Wort so gut im »Mempool« (analog dem »Genpool«)?

> »Der Überlebenswert des Gott-Mems im Mempool ergibt sich aus seiner großen psychologischen Anziehungskraft. Es liefert eine auf den ersten Blick einleuchtende Antwort auf unergründliche und beunruhigende Fragen über das Dasein. Die Arme des ewigen Gottes geben uns in unserer Unzulänglichkeit Halt, und wie die Placebo-Pille des Arztes sind sie deswegen nicht weniger wirksam, daß sie nur in der Vorstellung bestehen... Gott existiert, wenn auch nur in der Gestalt eines Mems, das in der von der menschlichen Kultur geschaffenen Umwelt ... eine hohe Ansteckungsfähigkeit besitzt.« (S. 228)

Nun verstehen wir, warum sich Biologen, auch weltberühmte Darwinisten wie Stephen Jay Gould, von Dawkins lieber distanzieren in derlei »weltanschaulichen Fragen«. Dawkins macht mit der von Haeckel diagnostizierten, durch die Naturwissenschaft forcierten »metaphysischen Wohnungsnot Gottes« Schluß, indem er mit Gott Schluß macht. Er ist in der Tat als einziger konsequent. Denn während unter denen, die das Evolutionsweltbild vertreten, sehr viele für Gott einfach eine Ausnahme machen, also trotzdem an ihn glauben, oder andere gerade deswegen an ihn glauben, *weil* dieser Glaube einen Überlebensvorteil hat, ist Gott für die Soziobiologie ein wissenschaftlich erklärbarer Überlebensvorteil – gewesen, wenn man das einmal eingesehen hat. Zwar wird die dumme Masse weiter an ihn glauben, so Wilson in seinem Buch »On Human Nature« resignierend, so daß man leider Religion wohl nie werde ausrotten können; aber bei der Theologie, der Wissenschaft von Gott, wird es klappen, genauer: Sie wird sich in eine Unterabteilung der Soziobiologie verwandeln.

Ein letztes Wort zur Ethik. Begriffe wie »das Gute« oder »die Gerechtigkeit« sind natürlich auch Meme, und zwar sehr wirksame. Sonst entspricht ihnen aber gar nichts. Sie sind Ideologie, und Marx wie Nietzsche haben daher recht, obwohl der eine Gerechtigkeit als die Ideologie der Herrschenden (Marx) und der andere als die Ideologie der Schwachen (Nietzsche) bestimmte. Sie haben beide recht, weil es einmal dies und einmal das sein kann. Rückbezogen ist Ethik aber allemal auf das Überleben der Gene, ihrer Überlebensmaschinen-Gruppen und -Stämme, und dieses vollzieht sich letztlich in blinden chemischen Reaktionen seit der Ursuppe, ohne Ende, Sinn und Ziel.

Soweit der konsequente Dawkins. Das ist die traurige Wahrheit, mit der wir leben müssen, und sie ist so beklemmend, daß es sogar ihm zuviel wird:

> »Wir sind als Genmaschinen gebaut und werden als Memmaschinen erzogen, aber wir haben die Macht, uns unseren Schöpfern entgegenzustellen. Wir allein – einzig und allein auf der Erde – können uns gegen die Tyrannei der egoistischen Replikatoren auflehnen.« (S. 237)

Über diesen Satz, den einzigen, den ich Dawkins als inkonsequent vorwerfe, werden seine Gene und Meme geschmunzelt haben. Sie haben ihm dies vielleicht nach oben durchgefunkt, damit sich sein Buch besser verkauft, damit sich seine Gene besser vermehren, denn sonst würde man es allzu leicht in die Ecke von Fatalismus oder Nihilismus stellen. Die Überlebensmaschine Dr. Dawkins soll die Illusion dieses Sklaven- und Roboteraufstandes gegen seine Gene ruhig haben: Um so sicherer wird sie ihnen gehorchen, ist doch die Illusion der Freiheit, des »Dagegen-sein-Könnens«, eines der besonders erfolgreichen Meme gewesen.

Brechen wir hier die Darstellung der Soziobiologie ab. Unsere Themenfrage, Ethik im Zusammenhang der Biologie und speziell der Gentechnologie, ist aufs äußerste gefährdet, da die Ethik hier restlos in Biologie aufgeht und ethische Argumente nicht nur biologisch »verankert« sind (Wickler), sondern restlos biologisch erklärbar. Fachphilosophisch gesprochen: Nicht nur die Entwicklung der

Normen, ihre Genesis, wird erklärt, sondern auch die Entwicklung der *Geltung* dieser Normen.

Konrad Lorenz trennt die Normen und ihre Geltung durch eine Fulguration, so daß erstere zwar evolutionäre Vorstufen haben, in ihrer Geltung aber eine wirklich neue Dimension des Ethischen eröffnen. Und für die Biologisten ist die Geltung der Normen durch deren Entwicklung nur eine faktische, keine absolut gebotene, an die man sich aber dennoch halten *sollte* (naturalistischer Fehlschluß). Demnach eliminiert die Soziobiologie den Geltungs- und Verpflichtungscharakter der Normen, indem sie diese genetisiert beziehungsweise Normen und ihre Geltung auf deren evolutionäre Entwicklung reduziert.

Wer also Strafen androht für die Übertretung solcher Normen, tut das nur, weil er, genauer: seine Gen/Mem-Überlebensmaschine, dies für gut hält, und er tut es auch nur, wenn er stark genug ist, diese Strafe durchzusetzen. Alles Recht ist das Recht des Stärkeren. Und der Glücklichste ist der, der erfolgreich schlecht ist, der also, welcher der Ungerechteste ist und dabei wie der Gerechteste erscheint. – Beides freilich nur »scheint«, das »ist« bezieht sich nur auf die Ideologie der Schwachen.

Damit sind wir wieder bei Kallikles und seiner traurigen Wahrheit. Es wird zu zeigen sein, daß diese Sicht der Wirklichkeit nur traurig ist, keineswegs aber wahr.

Es gibt nun das häufig zu hörende Gegenargument: »Dieser Dawkins ist ein einsamer Verrückter, Ich kenne niemand, der solche Thesen ernsthaft vertritt.«[19] Und damit sei diese Sache erledigt. Nur ist das ganz unphilosophisch, und darüber hinaus ist es auch gefährlich. Es kommt nämlich hinsichtlich der Wahrheit einer Theorie nicht darauf an, ob ein Herr X persönlich niemanden kennt, der diese vertritt, sondern es kommt darauf an, was man jemandem entgegnen soll, der sie doch vertritt. Man muß ihn ausdrücklich widerlegen, nicht billig abtun: »Ein trockenes Versichern ist so gut wie ein anderes«, schreibt Hegel. Und wenn tatsächlich niemand die Wahrheit der Soziobiologie verträte, so müßte der Philosoph sie doch untersuchen, weil sie vom evolutionistischen Weltbild aus die einzig schlüssige und konsequente ist. Wie wir noch sehen werden, kehrt im speziellen Fall der ethischen Beurteilung der Gentechnologie das Argument – »Ich kenne keinen Biologen, der so etwas wie Experimente an menschlichen Embryonen machen würde« – mit ermüdender Regelmäßigkeit wieder.

Aber es ist, wie gesagt, absolut belanglos, ob ein Herr X jemanden kennt oder nicht, sondern es interessiert nur, wie das *Argument* aussieht, mit dem man jemandem das Handwerk legen könnte, der genau dies doch tut. Zumal das Kennen auch eine Sache des Wissens und des Wissen*wollens* ist, wie Zeitungsberichte zeigen, in denen dann ein Forscher von seinen schönen Experimenten mit menschlichen Keimen berichtet.

Doch konzentrieren wir uns jetzt auf drei Schwachpunkte in der Soziobiologie und ihrer Auffassung von der Wirklichkeit: erstens auf ihre Selbstaufhebung, zweitens auf ihre Sicht des ethischen Phänomens und drittens auf ihren falschen kosmologischen Ausgangspunkt.[20]

Selbstaufhebung

Das erste Argument gegen die traurige »Wahrheit« der Soziobiologie ist recht einfach. Gesetzt nämlich, diese Theorie wäre wahr: Wie nimmt sie sich selbst in ihrer eigenen Sicht aus? Zunächst einmal ist auch die Theorie ein Vorkommnis in der Evolution, genauer: in der Evolution der Meme. Sie stellt eine Kombination von Memen wie »Naturgesetz«, »Materie«, »Mutation«, »Selektion«, usf. dar, die man als strikten materialistischen Evolutionismus bezeichnen kann. Sie ist zugleich das Produkt einer besonderen englischen Überlebensmaschine vom Typ »Richard Dawkins«, deren egoistische Gene ihren Selektionsvorteil unter anderem im Aufstellen und Publizieren dieser Theorie »suchen«. Sie *tun* es, und im Rückblick wird sich zeigen, ob es ein Überlebensvorteil war oder nicht. Um die Chance dafür zu erhöhen (»um« . . . »zu«), hat die Maschine die Theorie in Verbindung mit dem Mem »Wahrheit« gebracht: Sie schreibt, es sei *»wirklich«* so, wie sie es schreibt. Das macht gewöhnlich Eindruck, wenn es auch gemäß der Theorie absolut sinnlos ist. Denn als Theorie ist sie wie jede andere, noch so absurde Theorie: Evolutionsprodukt einer besonderen Maschine. Sie kann zwar »Wahrheitsansprüche« stellen wie jede andere Theorie auch, aber das ist nur ein weiterer Trick der Gene. Von Wahrheit in einem Sinn, der über Durchsetzungserfolg hinaus etwas bedeutet, ist prinzipiell nicht die Rede. Zwar kann Dawkins mit einem anderen Wissenschaftler sogar über solche Probleme diskutieren. Aber es ist dann der Versuch zweier Computer, einander wechselseitig ihre Programme aufzuzwingen. Sich hier durchsetzen hat etwas mit Gewalt, mit dem »Recht auf Wahrheit durch den Stärkeren« zu tun. Aber nichts mit Wahrheit. Im selben Moment, in dem die Soziobiologie »wahr« wäre, würde sie sich den Boden unter den Füßen wegziehen. Nicht nur Religion, Ethik, Kultur wären spezielle Anwendungsgegenstände der Soziobiologie, sondern sie selbst würde zu einer ihrer eigenen Unterabteilungen. Wenn die Bücher der Soziobiologen »die Wahrheit« enthielten, dann müßten wir sie als Selektionsstrategie ihrer Autorengene lesen. Und somit: Die »Wahrheit« der Soziobiologie besteht darin, daß es für sie überhaupt keine Wahrheit geben kann, einschließlich dieser. Sie ist ein einziges, ungeheuerliches Paradox, dessen Kern in dem Satz besteht: »Jetzt lüge ich!«

Fazit: Der Wahrheitsanspruch der Soziobiologie hebt sich selbst auf. Sie kann in ihrem eigenen Verständnis nicht wahr sein, sondern sie ist nur der wissenschaftlich angestrichene Ausdruck eines ebenso paradoxen wie radikalen theoretischen Nihilismus.

Das ethische Phänomen

Man könnte sagen: Dieser paradoxe Nihilismus, dessen Wahrheit in der eigenen Unwahrheit besteht, ist gerade das Äußerste, wohin wir redlicherweise gelangen können. Es liegt nur an der Schwäche von menschlicher Sprache und menschlichem Denken, daß das, was wirklich ist, letztlich nie adäquat ausgedrückt werden kann.

Diesem Satz begegnen wir zuerst einmal mit einer Reflexion auf das ethische Phänomen. Dawkins wie Wilson (und auch mancher der davor genannten Denker) sehen das Wesen des ethischen Phänomens im Altruismus, den es, obwohl scheinbar mit dem Evolutionsweltbild unverträglich, zu erklären gilt. Die Lösung des Problems erfolgt dadurch, daß der Gruppenselektionsvorteil »ähnlicher«[21] Gene herangezogen wird, so daß am Ende aller Altruismus in Wahrheit als der höhere Egoismus erscheint, höher insofern, als es nicht mehr um die Gene des einzelnen, sondern die einer größeren Allgemeinheit bis hin zur Art geht. Es ist eigentlich logisch, daß man diesen Altruismus bis hinunter in den Bereich der Chemie verfolgt: daß nicht nur im Hyperzyklus die einzelnen Aminosäuren etwas »füreinander« tun, sondern schon Kohlenstoff, Sauerstoff, Wasserstoff und Stickstoff bei der Bildung der Aminosäure. Ich nehme an, Dawkins vollzieht diesen Schritt nicht, weil allzu klar würde, daß der Begriff »Egoismus« bei den Genen dann seinen provokativen Einschlag verlöre. Konsequenterweise gibt es nämlich weder Altruismus noch Egoismus in dieser Theorie. Es gibt überhaupt nichts, außer in Anführungszeichen.

Aber hier muß dann unsere Gegenfrage lauten: Mit welchem Recht identifizieren die Soziobiologen und ihre Verwandten das ethische Phänomen mit dem Altruismus? Offensichtlich mit dem »Recht des Nichtwissens«. Denn das ethische Phänomen besteht zunächst einmal in der bewußten Erfahrung konkreter Pflicht – daß etwas hier und jetzt von mir zu tun ist. Hans Jonas nennt als paradigmatischen Fall einen schreienden Säugling an einem offenen Fenster. Für den Physiker ist das ein »Schall aussendendes Materieagglomerat am Rande seiner im übrigen abgeblendeten Wirklichkeit«, im weiteren dann vielleicht ein Problem der Fallgesetze. Aber: »Sieh hin und du weißt!« Und wenn ein Affe dasselbe tut? Er tut nicht dasselbe, denn für ihn ist es nicht bewußte Pflicht, er würde auch nicht für Unterlassung haftbar gemacht.

»Das wäre moralisch seine Pflicht gewesen« ist eine Feststellung, die in vollem Wortsinn nur auf Menschen, nicht auf Tiere geprägt werden kann. Der Irrtum bei der Identifikation des ethischen Phänomens mit dem Altruismus besteht (wie bei der oben dargestellten falschen Rückübertragung der Mutterliebe) darin, daß man sich erst im Tierreich umschaut und bei kleinen Kindern und ihrem Krämerladen, was es dort wohl an ethischen Vorformen gibt, die man dann als Ausgangspunkt für eine »wissenschaftliche Rekonstruktion der Ethik« benutzen könnte. Nur fällt mit dieser Vorentscheidung das *Wesen* des sittlichen Phänomens durch das definitorische Raster: die Erfahrung der Präsenz eines von mir Gesollten, angezeigt in meinem Gewissen! Das Gegenargument, das sei doch nur eine Sache der Erziehung, es ließen sich ohne weiteres Fälle zeigen, wo Gewissensbildung ausbleibe – dieses Argument hat einen kurzen Atem. Genauso ist es eine Sache des Computers, zum Funktionieren elektrischen Strom zu benötigen. Aber wenn wir den Strom ausschalten, ist nicht die Existenzmöglichkeit des Computers widerlegt. Denn natürlich gehört zur Bildung eines wachen Gewissens Erziehung, Aufmerksamkeit, Zuwendung, Nachdenken wie zum Funktionieren des Computers der elektrische Strom. Aber solche Bedingungen »erklären« nicht das durch sie Bedingte.

Daß es »moralanaloge« Vorformen gibt, die wir ins Tierreich übertragen und bei Kindern bemerken, ist daran geknüpft, daß wir selbst erfahren haben, was Sittlichkeit, was »gut handeln« heißt, *bevor* wir solche Übertragungen vornehmen. Vor der Moralanalogie steht die Moral. Die Konstruktion der Moral aus der Moralanalogie ist, wie gesagt, ein logischer Salto mortale, ein Ziehversuch Münchhausens an seinem Schopf. Ein unbedingt gebietendes Gewissen, dessen Charakteristik nicht dadurch beseitigt ist, daß jemand ihm nicht folgt, ist in seinem Gebiet nicht durch genetische Bedingungen zu relativieren und zu eliminieren. Die Soziobiologen haben zwar richtig gesehen, daß aus einem rein faktischen Programm von Evolution niemals ein Sollen konstruiert werden kann. Aber daraus folgt nicht, daß es kein Sollen gibt, sondern es folgt daraus, daß das faktische Programm mitsamt der Soziobiologie falsch ist. Das ethische Phänomen ist eines, das jede Rekonstruktion sprengt, welche nur das materiell Faktische zur Erklärung zuläßt. Das Problem der Ethik ist nicht die theoretische Erklärung des Altruismus, sondern die Erziehung zur Aufmerksamkeit auf das Gute hin. Der Soziobiologie gelingt also nicht die biologische Erklärung von Ethik, sondern die nominaldefinitorische Elimination einer Karikatur. Wie in der theoretischen Selbstaufhebung zeigt sie in der praktisch-philosophischen Auffassung des Guten nur eines präzise: ihre eigene Unbildung.

Kosmologie

Im folgenden, letzten Abschnitt der Kritik beschäftigen wir uns mit dem gesamten Evolutionsweltbild. Da der Fulgurationismus unhaltbar, der Biologismus inkonsequent, die Soziobiologie unwahr ist, müssen bei einer einheitlichen Auffassung der Wirklichkeit dem Evolutionsweltbild Grenzen gezogen werden. Auch hier ist das erste Argument relativ einfach. Es geht um den Ausgangspunkt für die Auffassung und Erklärung der gegenwärtigen Wirklichkeit.

Für das Evolutionsweltbild ist die Antwort klar: Der Ausgangspunkt ist der Urknall, dazu Materie und Energie, Naturgesetze und komplexere »Spielregeln«. Aber es ist ein gewöhnlicher Irrtum, daß dies der Ausgangspunkt ist. Vielmehr ist der Ausgangspunkt für jede Erklärung, einschließlich der evolutionären Erklärung der jetzigen Wirklichkeit, *diese Wirklichkeit selbst.* Dies ist entscheidend. Bevor mit dem Erklären, dem evolutionären Genetisieren und Rekonstruieren der Wirklichkeit begonnen werden kann, muß man sich darüber verständigen, was alles zu dieser Wirklichkeit gehört und was nicht. Die Diagnose des »das ist jetzt vorhanden« steht logisch vor dem evolutionären Erklären, und mehr noch: Dieses Erklären ist selbst ein Teil der jetzigen Wirklichkeit. Wir können uns das zunächst an einem einfachen Beispiel klarmachen, an dem Problem, ob Tiere Schmerzen haben. Jeder von uns würde zunächst wohl ja sagen. Aber dann führt uns der Philosoph Descartes mit vielen guten Argumenten vor, daß Tiere nichts als Maschinen sind, die Gott so geschaffen hat, daß sie uns gegenüber den Anschein erwecken, als hätten sie Schmerzen. »Tiere schreien ohne Schmerz, flüchten ohne Furcht, und rein maschinenmäßig vermeiden sie alles, was sie zu vernichten droht«, schreibt ein Schüler von Descartes, Malebranche. Unser Soziobiologe müßte dem zustimmen. Da Subjektivität nur eine Arbeitshypothese ist, ist Empfindung, Innerlichkeit im Grunde selektionspositive Illusion. Wo sollte so etwas bei Genen und ihrem rein materiellen Überbau auch herkommen?

Wer hier darauf beharren möchte, daß er es *sehen* könne, daß Tiere Schmerzen haben, wird nur ein mitleidiges Lächeln von seiten des Aufgeklärten empfangen. Und der hätte sogar recht: *Sehen* können wir höchstens Grimassen, und hören können wir irgendein Geschrei. Wir interpretieren das dann nur anthropomorph als »Schmerzen«. Für den echten Wissenschaftler, so Descartes, kommt es sogar darauf an, diese Übertragungen zu unterlassen, um dem Erkenntnisstreben nicht weichlich Hindernisse in den Weg zu legen. Und genau so handelten die an Descartes geschulten Biologen im frühen 18. Jahrhundert, der Zeit der grausamsten Vivisektionen, des Einspritzens von heißem Blei in die Arterien und Organe lebender Tiere, um das Gefäßsystem nach dem Erkalten des Bleis studieren zu können. Übrigens ist das Problem fremder Schmerzen selbst beim Menschen nicht im strengen Sinn zu lösen. Wir können auch von Grimassen getäuscht werden. Aber bei all diesen Schwierigkeiten gibt es doch einen Fixpunkt: meine eigenen Schmerzen. Der konsequente Materialist müßte sagen: Die sind auch eingebildet. Aber was soll dieser Satz für einen Sinn haben? Selbst eingebildete Schmerzen sind doch Schmerzen! Die Gewißheit meiner eigenen Zahnschmerzen ist durch keine noch so scharfsinnige Theorie von deren Nichtexistenz zu beeindrucken.

Und von dieser Ausgangslage meiner konkreten Wirklichkeitserfahrung kann ich Schritt für Schritt jene absurde Theorie des Descartes, Tiere hätten keine Schmerzen, widerlegen. Dessen Weg war der, von der Geometrie und der Materie aus die Tiere zu »konstruieren«. Sein Schluß war: Es kommen nirgendwo Schmerzen vor, also gibt es sie nicht. Das ist ein richtiger Schluß, leider aber aus der falschen Prämisse, nämlich daß Geometrie und Materie die richtigen Ausgangspunkte seien. Sondern: Erst wissen wir von uns selbst her, was Schmerzen sind. Dann ist es der einzig vernünftige Schluß, das Phänomen beim Mitmenschen als ebenso gewiß zu erachten. Ich kann ihn ja ebenso fragen wie er mich. Der Einwand, daß ich getäuscht, belogen werden kann, ist kein Gegenargument, *sondern er setzt voraus,* daß die Übertragung im Normalfall richtig und vernünftig ist.

Im weiteren Nachdenken über das Schmerzphänomen entdecke ich, daß der Schmerz keineswegs an ein ausgebildetes Bewußtsein gebunden ist: Kleine Kinder oder Geisteskranke können genauso Schmerzen haben. Und deswegen ist die Übertragung der Annahme von Schmerzempfindung auf andere organische Wesen genauso vernünftig wie die Übertragung auf Mitmenschen. Es ist dies übrigens auch das einzige hieb- und stichfeste Argument für den Tierschutz.

Nun können wir die Begründung »Ich kann den Schmerz doch *sehen*« wieder in ihr volles Recht einsetzen. Es ist nämlich in der Tat die Frage des fremden Schmerzes eine Frage des Sehens und der Anerkennung des Gesehenen. Zum strengen Beweis ist dieses Verfahren nicht fähig, aber auch gar nicht bedürftig. Die Tatsache, daß man durch langes Theoretisieren zu einer gegenteiligen Meinung kommen kann, verkennt, daß hier wiederum eine Abstraktion gegen die konkrete Ausgangslage ausgespielt wird – daß Schmerzen durch Vorspiegelung von Schmerzen erklärt werden sollen. Der einzige Beweis, der mit solchem Theoretisieren gelingen kann, ist, daß Theoretisieren für das Problem der Schmerzen völlig lösungsuntauglich ist.

Das genannte Beispiel illustriert an einem konkreten Problem, inwiefern die Erklärung von Phänomenen auch ein Problem der Verständigung über die Ausgangslage ist. Wir haben gesehen, daß der konsequente Soziobiologe Ethik, Religion, Kunst u. ä. als Illusionen entlarvt. Er kann sie nicht innerhalb seines Systems konstruieren, also gibt es sie nicht. Das erste stimmt, nur das zweite ist falsch. Er kann sie in der Tat nicht konstruieren. Aber da die Wirklichkeit von Sittlichkeit, Religion, Kunstschönheit realer ist als die von sekundären Rekonstruktionen, ist die Rekonstruktion gescheitert und nicht das in Frage stehende Phänomen wegerklärt.

Das kann man sich anhand dessen, was »Erfahrung« bedeutet, gut klarmachen. Der Erfahrungsbegriff der Naturwissenschaften ist seit der frühen Neuzeit durch drei wesentliche Merkmale gekennzeichnet: durch die Reproduzierbarkeit, die Quantifizierbarkeit und durch die Prognosefähigkeit. Was also für den Naturwissenschaftler »Empirie« bedeutet, muß diesen drei Kriterien genügen. So gehört zum »freien Fall« seit Galilei, daß seine Gesetze zu jeder Zeit und überall im Prinzip reproduziert werden konnten, daß sie sich quantitativ darstellen ließen und daß Prognosen bei konkreten Experimenten erfolgreich waren. Dieser Erfahrungsbegriff entspricht einem gewiß berechtigten und außerdem äußerst erfolgreichen Ansatz; falsch wird er, wenn man ihn für den einzigen hält, vor welchem sich alle anderen Erfahrungsbegriffe, der religiöse, der ästhetische, der moralische usf., zu rechtfertigen hätten. Damit werden dann nur wieder jene Karikaturen von Religion, Kunst, Moral rekonstruiert, von denen hier schon die Rede war.

Erfahrung ist keineswegs per definitionem »naturwissenschaftliche Erfahrung«, sondern »Erfahrung« ist jener Oberbegriff, der unter sich naturwissenschaftliche, ästhetische, religiöse, moralische usf. Erfahrungen begreift. Wenn man *eine* davon herausnimmt und deren besondere Kriterien hervorhebt, muß man sich darüber klar sein, daß es sich von da an um einen *abstrakten* Erfahrungsbegriff handelt, mit dem man alle übrigen Bereiche nie mehr adäquat in den Blick bekommt.

Das Evolutionsweltbild entspricht nun genau dieser Absolutsetzung des abstrakten, naturwissenschaftlichen Erfahrungsbegriffs. Doch ist der Ausgangspunkt für die Genetisierung aller menschlichen Erfahrung eben nicht »die Evolution«, sondern die jetzige konkrete Erfahrung. Erfahrung von Sinn, von Einmaligkeit, von Größe, Schönheit, Liebe sind nicht nur nicht weniger »real« als die naturwissenschaftliche Erfahrung, sondern sie verleihen umgekehrt dieser erst eine Dimension, die sie von sich selbst her nicht hat. Wenn ein großer Naturwissenschaftler mit gutem Recht von seiner Erfahrung, Berufung, Verantwortung spricht, dann meint er »Erfahrung« ja bestimmt nicht im Sinn von Quantifizierbarkeit oder gesetzmäßiger Reproduzierbarkeit. Weil »Naturwissenschaft betreiben« selbst menschliche Handlung mit hoher Würde und hohem Anspruch ist, gehört ihr auch ein Ehrenplatz in der menschlichen Kultur. Nur wenn sie darangeht, alle anderen Ehrenplätze zu zerstören, sind Klarstellungen vonnöten.

Ausgangspunkt aller, auch der entwicklungstheoretischen Interpretation von Wirklichkeit ist diese Wirklichkeit selbst. Diese Einsicht erlaubt uns nun auch, einige Probleme, Scheinprobleme, aufzulösen, beispielsweise das Problem der Entstehung des Lebens. Engels hat programmatisch definiert: Leben ist die Daseinsweise der Eiweißkörper. Abgesehen davon, daß bei solcher Definitionslage mein Frühstücksquark lebt, wäre damit das Rätsel der »Entstehung des Lebens« gelöst mit dem Miller-Experiment und den Aminosäuren in der Ursuppe. Wenn man Leben definiert durch Fähigkeit eines Systems zu Reproduktion, Mutation, Selektion, also durch die Fähigkeit zur »Evolution durch natürliche Auslese« (Thomas v. Randow), dann ist das Problem durch Manfred Eigens Hyperzyklustheorie gelöst. Wenn man Leben definiert als das »Haben eines genetischen Programms« (Ernst Mayr), dann ist das Problem gelöst durch die zusätzliche Annahme der darwinistischen Evolutionstheorie.

Das führt nun zur ersten Einsicht, daß das Problem der Entstehung des Lebendigen hinsichtlich seiner Lösung davon abhängt, wie man Leben definiert. Sehen wir uns das in einer Graphik an:

Definition des Lebens	Lösung des Entstehungs-Problems
– Daseinsweise der Eiweiß-Körper (Engels)	– Ursuppen-Experiment (Miller)
– Evolutionsfähigkeit (Randow)	– Hyperzyklustheorie (Eigen)
– System mit genetischem Programm (Mayr)	– Hyperzyklus plus »neue Synthese«
– Seele-Haben (Aristoteles)	– ?
– Perzeption plus hartnäkkige Zielverfolgung (Leibniz)	– ?

Man sieht, daß es auch Definitionen des Lebens gibt, die sich der naturwissenschaftlichen Betrachtungsweise entziehen: alle, die auf Kennzeichen wie Subjektivität, Innerlichkeit, Streben, Wahrnehmung, Seele beharren. Derlei kommt im Evolutionsweltbild nicht vor. Woraus Dawkins konsequent schließt, daß es das nicht gibt.

Gemäß unseres Satzes über die Ausgangslage aller Wirklichkeitsinterpretation wird hierbei freilich wieder eines übersehen: daß das Definieren von Leben sehr wohl einen *festen* Ausgangspunkt besitzt, nämlich den aktiven wie passiven Selbstvollzug unseres je eigenen Lebens! Es ist nicht so, daß Biologen mehrheitlich darüber zu entscheiden haben, was unter »Leben« zu verstehen sei, damit hinterher das Problem seiner Entstehung aus der Materie gelöst werden kann. Nein, erst *leben* wir jeder selbst; dann können wir uns Gedanken machen, was zum menschlichen Leben alles dazugehört, das organisch-vegetative Leben, das sensibel-fühlende, das Denken, das moralische und religiöse Leben, die Naturwissenschaft usf. Danach können wir diesen Lebenserfahrungs-Ausgangspunkt auf andere Bereiche übertragen, wobei wir einige Abstriche an der Fülle des von uns erfahrenen Lebens machen müssen: Wenn wir zum Tier übergehen, abstrahieren wir vom moralischen Handeln (als ausdrücklich und bewußt Moralischem), von Naturwissenschaft, von bewußtem Denken usf. Beim Tier behalten wir dagegen die vegetative Selbsterhaltung, die Fortpflanzung, die Selbstdarstellung, die Wahrnehmung, das Gefühl, die Beweglichkeit bei, und dabei überragen die hierher gehörigen Leistungen im Tierreich die menschlichen bisweilen bei weitem. Das gilt auch für die Pflanzen, bei denen allerdings noch einiges Weitere fehlt (soweit wir wissen).

Aristoteles übertrug sogar auf die Bewegung von Steinen noch ein Kennzeichen des Lebendigen, ihr Streben in der Bewegung: Steine »streben« beim Hinunterfallen nach dem »natürlichen Ort der Schwere«, dem Erdmittelpunkt, so daß es für sie eine »erzwungene Bewegung« ist, wenn man sie nach oben wirft. Wie gut die Gründe dafür sind, steht auf einem anderen Blatt, man kann es jedenfalls so sehen.

Entscheidend für unser Argument ist nun allerdings, daß diese absteigende Reihe der Übertragung die Kennzeichen von Lebendigsein aus dem konkreten Selbstvollzug des Lebens entnimmt. Dies ist der einzig gangbare logisch-phänomenologische Weg. Umgekehrt den Selbstvollzug menschlichen Lebens, ausgehend von den Steinen, von Methan, Ammoniak, Wasser und Blitzentladungen, verstehen zu wollen, ist erneut das hoffnungslose Unterfangen des Münchhausens im Sumpf. Deswegen ist das Problem der Entstehung des Lebens auch überhaupt keines, das in heutigem Sinn naturwissenschaftlich »lösbar« wäre. Die Dimension der Innerlichkeit und Subjektivität, ihr bewußter Vollzug im Denken und Handeln ist zwar an manche materiellen Bedingungen geknüpft, sie ist aber sonst als bedingte von ihnen nicht einzuholen oder durch sie gar zu erklären – sie ist ihnen inkommensurabel.

Schon wenn ich von Bedingungen und Bedingtem spreche, habe ich zwei Seiten eines konkreten Ganzen auseinandergehalten, des organischen Lebensvollzugs, von welchem aus ich zu diesem Ganzen nie mehr komme. Der Naturwissenschaftler kann sagen, daß meine Nervenleitung an elektrochemische Vorgänge in kleinen organischen Fasern geknüpft ist oder das Denken an die Sauerstoffversorgung durch den Blutkreislauf. Aber im Selbstvollzug des Lebens sind das nicht irgendwelche Fasern oder irgendein Blut, sondern es sind *meine* Fasern und *mein* Blut. »Mein«, das bedeutet nicht, daß es irgendein geheimnisvolles »Ich« gibt, das dann Besitzansprüche gegenüber Objekten geltend macht, sondern es bedeutet, daß »Ich« gar nichts anderes ist als die Einheit all dieses »Meinen«.

Erst in einer die Philosophie übersteigenden Perspektive kann man dann auch noch sehen, daß ich mich mir nicht selbst verdanke und daß der Hinweis auf die Eltern nur in einen endlosen Regreß hineinführt. Im Religiösen erfahre ich mich als ein Geschenkter, ein von Gott Angesprochener, der Seine Liebe erwidern kann und soll. »Keiner von uns lebt sich selbst, keiner stirbt sich selbst.« (Römer 14,7) Zwar gehört auch diese Einbettung ins Göttliche zur Fülle der Erfahrung menschlichen Lebens; wir wollen dies hier aber nicht weiter vertiefen, weil es unser Argument zur Ausgangslage nicht unmittelbar betrifft.

Nochmals sei die Ausgangslage allen Nachdenkens *über* und Erklärens *von* Phänomenen der Wirklichkeit betont: Es ist diese Wirklichkeit selbst, wie wir sie erfahren. Wir müssen uns jetzt zum Schluß des Kapitels noch mit zwei Dingen auseinandersetzen: mit dieser Erfahrung und ihrer inneren Struktur als einer Anerkennungshandlung.

Mit der hier mehrfach angesprochenen primären Wirklichkeitserfahrung ist all das gemeint, was wir ohne allen interpretatorischen Ballast direkt erfahren: daß uns ein Essen schmeckt, daß ein anderer Mensch sich freut oder leidet, daß wir eine Blume schön finden, uns eine Bruckner-Symphonie in Hochstimmung und die Tagesschau mit Nachrichten aus Nahost in Düsterkeit versetzt, Mitleid, ja Gewissensbisse erzeugt. Diese Unmittelbarkeit von Empfindungen und Regungen hat den Vorteil, daß sie als einzige für unsere eigene Person den Titel objektiv verdient, obwohl sie so häufig im Gegensatz dazu subjektiv genannt wird. Aber wenn mir der Schweinebraten schmeckt, dann ist das ein wahrer Satz und jeder andere demgegenüber abstrakt. Damit mag es in bezug auf Schweinebraten sein Bewenden haben, wie auch allgemeiner mit den sinnlichen Genüssen der gröberen Art.

Anders ist es schon bei der Kunst, bei der Schönheit. Hier erhebt das Geschmacksurteil einen höheren Anspruch. Wenn ich sage, die Blume ist schön, dann meine ich damit, daß auch andere dem zustimmen können müßten. Kant nennt den Status solcher Geschmacksurteile gegenüber Kunst wie Natur den der »Zumutbarkeit«. Allerdings ist die Zumutbarkeit an eine Voraussetzung geknüpft. Denn wenn jemand nach der Schönheit einer Strawinsky-Sonate gefragt wird, der noch nie so etwas gehört hat, der kein Interesse für klassische Musik besitzt, und er sie dann entsetzlich findet, dann werden wir seinem Urteil nicht denselben Rang zubilligen wie dem eines Menschen, der sich lange mit klassischer Musik beschäftigt hat, der die Sonate vielleicht sogar selbst spielen kann. Demnach bedürfen Phänomene der Kunst (und nicht nur diese) der Erziehung auf sie hin, der Aufmerksamkeit, der Übung.

Nicht nur, wenn es darum geht, etwas hervorzubringen, gilt der Satz des Spinoza: Alles Große ist ebenso selten wie schwer; dies gilt auch für die adäquate Aufnahme, Nachempfindung des Großen. Ein guter Dirigent kann aus der Partitur eines ihm selbst ganz neuen Stückes schon beim ersten Lesen die Musik »hören«, was dem gewöhnlich Sterblichen versperrt bleibt. Ähnliche Aufmerksamkeit erfordern im Grunde alle Phänomene, die sich auf die Sinnerfahrung im Leben, in seinen Einzelheiten, in seinem Ganzen, beziehen. Deswegen ist es auch absurd zu sagen: Mein Kind soll jetzt keinen Religionsunterricht bekommen, um sich dann mit 18 Jahren wirklich frei entscheiden zu können. Das bedeutet nämlich, daß sich der 18jährige Mensch gerade *nicht* frei entscheiden kann, weil er gar nicht aus Erfahrung kennt, worin die Seite der Religion besteht, sondern umgekehrt die religiöse Wirklichkeit von der Seite des Areligiösen aus beurteilen muß. Genauso klug könnte man sagen: Ich behandle mein Kind ohne alle Liebe, so daß es sich mit 18 Jahren dann für oder gegen die Liebe entscheiden kann. So absurd das ist, so genoß im umgekehrten Falle die Theorie der »non-frustration children« – Kinder, die mit dem Realitätsprinzip im Sinne Freuds während ihrer Erziehungszeit nicht konfrontiert wurden – einige Jahre hohes pädagogisches Ansehen in den USA. Wie nicht anders zu erwarten, sind aus diesen »nichtfrustrierten Kindern« fast ausnahmslos hochneurotische, um den Sinn ihres Lebens betrogene Erwachsene hervorgegangen.

Allgemein gesagt: Unter solchen Voraussetzungen wäre derjenige der Freieste, der absolut nichts weiß und kennt. Im Gegensatz dazu ist richtig, daß gerade derjenige der Freieste sein kann, der sich mit seiner ganzen Person beim Risiko seines Lebens in den Dienst einer guten Sache stellt, der, wie Luther sagen kann: »Hier stehe ich, ich kann nicht anders!«

Erziehung, Aufmerksamkeit, Übung sind nötig, um Phänomene zu erfahren, die in sich selbst sinnvoll sind. Diese Einsicht ist wichtig, denn was anderes sollte man einem sagen, dem die Rose nicht schön, klassische Musik nicht groß, Gott nicht gütig erscheint? Schau sie dir noch mal an, hör noch einmal hin, vielleicht hör erst andere Musik, die dich auf dies schwierige Werk hinführt, und: Geh in die Kirche, rede mit denen, die an Gott glauben, und die du (trotzdem) magst, und nicht nur mit denen, die dich in deinem (Vor-)Urteil bestärken. Wenn du wirklich wissen willst, wie es um solche Erfahrung von Sinn steht, dann mußt du dich aufrichtig um sie bemühen, das tun, was solche dir empfehlen, die weiter darin sind als du selbst. Wenn du aber beispielsweise sagst: Böll brauche ich nicht zu lesen, meine Meinung über ihn habe ich schon – dann bist du nicht nur einer, der über Böll nicht wirklich mitreden will, sondern einer, der seine spezielle Dummheit darüber hinaus öffentlich zur Schau stellt.

Das Fazit dieses kleinen Ausflugs läßt sich in einem Zitat von Immanuel Kant zusammenfassen:

> »Der Mensch kann nur Mensch werden durch Erziehung. Er ist nichts, als was die Erziehung aus ihm macht. Es ist zu bemerken, daß der Mensch nur durch Menschen erzogen wird, durch Menschen, die ebenfalls erzogen sind.« (Über Pädagogik, A 8)

Alle jene Erfahrung der Wirklichkeit, die über unser organisches Leben hinausgeht, bedarf zu ihrem Wirklichwerden der Erziehung, der Aufmerksamkeit, der Zuwendung. Was oben über das moralische Phänomen gesagt wurde, gilt für das ästhetische, das religiöse Phänomen ebenso wie für das zwischenmenschliche Leben, für Liebe, für Freundschaft. Demjenigen, der das nicht zugibt, der nicht derlei empfindet, ist damit kein Beweis gegen die Phänomene gelungen, sondern er hat nur Kunde davon gegeben, daß er in dieser Hinsicht, aus welchen Gründen auch immer, ein Defizit hat. Alles Schlechte, schreibt der Philosoph Robert Spaemann, stammt aus der Nichterfahrung des Guten.

Über diese Erfahrung des Guten, des Schönen nicht minder, ist überdies – und das bringt uns zu ihrer inneren Struktur – die Anerkennung ihrer Authentizität vonnöten. Damit meine ich folgendes: Der erste Schritt für das Machen zum Beispiel der ästhetischen Erfahrung ist die Erziehung auf sie hin, der zweite Schritt ist die Erfahrung (z. B. der Schönheit einer Sonate) selbst. Der dritte ist die Überprüfung, ob es sich um eine »wirkliche« Erfahrung handelt und nicht bloß um eine Illusion – denn auch die gibt es, das Sektenwesen der Gegenwart ist ein deutliches Indiz dafür. Hier müssen weitere Informationen in die Erfahrung einbezogen werden, und das kann auch schon im Bereich des organischen Genießens der Fall sein: Wenn ich höre, daß in dem gerade verspeisten Gulasch versehentlich Schweinedärme mitgekocht worden sind. Dieser Fall ist zwar grauslich (womit nichts gegen Schweine gesagt sein soll), sonst aber harmlos. Weniger harmlos ist es im Fall der Tierschmerzen. Ich glaube, sie zwar zu sehen, werde aber von Cartesianern so lange überredet, bis ich das für einen Irrtum halte, und mit einiger Gewöhnung kann ich dann mit den Vivisektionen anfangen. Nietzsche hat das sogar als den ersten Satz der wahren Wissenschaft aufgestellt (gegen den »ungläubigen Thomas«): »Sehen und doch nicht glauben.« Und der französische Staatsmann Talleyrand hat es für die Praxis in den freundlichen Imperativ gekleidet: »Mißtraue stets deinen ersten Regungen – sie sind fast immer gut.«

So frivol das klingt, so gab es doch auch schon Zeiten, in denen eine große Propagandamaschinerie mit viel »naturwissenschaftlichen« Beweisen und durchaus nicht ganz ohne Erfolg zu zeigen versuchte, daß Juden oder andere fremde Volksgruppen keine wirklichen Menschen seien, daß die Primärerfahrung des Mitleides und der menschlichen Solidarität mit ihnen hier unangebracht, ein Irrtum sei. Diese Propaganda hatte mehr Erfolg bei denen, die sich nur auf »wissenschaftliche« Beweise verließen, als bei denen, die sich auf ihr Gefühl und ihre Menschlichkeit beriefen.

Nun ist auch klar, warum das hier zu erörtern ist. Es ist genau dies der Punkt, wo sich die Frage der Zulässigkeit von Experimenten mit menschlichen Embryonen entscheidet. Die Befürworter werden sagen: Das sind doch nur komplexe organische Verbindungen; die Gegenseite: Das sind Menschen in einem frühen Stadium, die aber auch schon empfinden und fühlen. Wollte man in solch einer Frage nur die »wissenschaftliche« Argumentation gelten lassen, vielleicht die chemische, und den Gegnern vorwerfen, sie könnten ihre These nicht streng beweisen, dann ließe sich natürlich im Fall eines erwachsenen Menschen ebenso argumentieren, denn der besteht zunächst ja auch einmal aus Wasser, Kohlenstoff, Sauerstoff usw. Und daher scheint es nicht eine Frage des Beweisens zu sein, ob und zu welchem Zeitpunkt ein Mensch ein Mensch ist, sondern des Anerkennens. Anerkennung bedeutet Handlung; sie steht unter moralischen Kriterien. Entscheidend für die Anerkennung ist, daß sie nicht subjektiv oder beliebig erfolgt, daß also nicht das Anerkannte erst durch die Anerkennung zu dem wird, was es ist. Ein Tier als schmerzfühlendes Subjekt anzuerkennen heißt anerkennen, daß es dies *auch ohne Anerkennung ist.* Und für unseren Fall des menschlichen Embryos: Der ist ein Mensch, auch wenn man seinem Menschsein die Anerkennung verweigert.

Abschließend weise ich nochmals auf die Stärke des Fulgurationismus hin. Denn was sich bei seinen Fulgurationen vollzieht, ist genau dies: Anerkennung, daß wirklich Neues, Qualitäten, Lebewesen, Kultur, Moral, entstanden ist und daß sich daraus Änderungen für die Gesetze unseres praktischen Umgangs mit diesen neuentstandenen Dingen ergeben müssen. In dieser praktischen Sicht hat der Fulgurationismus recht. Nur folgt daraus, daß dann der theoretische Ansatz zur Erklärung solchen Neuentstehens falsch ist.

Zusammenfassung

Der lange »Umweg« zu unserem speziellen Thema, der zwei Kapitel lang die biologische Sicht der Ethik und eine philosophische Kritik daran vorstellte, ist beschritten. Warum der große Aufwand? Warum sind wir nicht gleich medias in res vorgedrungen? Es sind gegenwärtig ganz selbstverständlich vor allem Biologen, die sich über ethische Probleme ihrer eigenen Forschung Gedanken machen, diese publizieren und in Ethikkommissionen ihrer Fakultäten oder bei Ministerien vertreten. Sie sind zunächst die Betroffenen, denn um ihr Arbeitsgebiet handelt es sich, das in bestimmten Fällen in die Diskussion geraten ist.

Ich glaube nicht fehlzugehen, wenn ich annehme, daß normalerweise ein solcher Biologe das Evolutionsweltbild für wahr hält, und wenn er Kriterien wie Menschenwürde, Achtung gezeugten, aber ungeborenen Lebens als Grenzen seiner Forschung anerkennt, so tut er dies nicht aufgrund langer philosophischer Erwägungen, sondern weil er bestimmte schon existierende rechtliche Regelungen akzeptieren will, weil er der Überzeugung ist, bestimmte Dinge sollte man nicht tun, vielleicht auch, weil er ein gläubiger Mensch ist.

Alles, was in diesem Buch versucht wird, dient eigentlich nur dazu, diese eher diffusen Argumente und Überzeugungen ans (philosophische) Licht zu holen, ausdrücklich zu begreifen und vor allem gegen diejenigen zu kontrastieren, die solche Überzeugungen nicht haben. Wenn man also der Meinung ist, biologische Experimente mit menschlichen Embryonen seien schlecht und sollten unterbleiben, so ist das richtig und reicht völlig aus als Meinung, die das eigene Handeln bestimmt. Was sagt man aber dem, der gegenteiliger Meinung ist, der die entsprechenden Experimente macht? Man muß versuchen, ihn vom Schlechten in diesem Handeln zu überzeugen, und zwar mit guten Gründen. Wir müssen gewappnet sein gegen seine Argumente, die sich darauf beziehen könnten, daß solche Experimente der besseren Gesundheit von Folgegenerationen dienen oder daß es sich bei den Embryonen ja nur um Wesen einer Intelligenzstufe höherer Amöben handle, wie Dawkins (S. 11) wörtlich schreibt. Vielleicht will er auch nur mit der Evolution sein, indem er sie in die eigene Hand nimmt, und außerdem seien Gut und Böse ohnedies nur immer die Vorurteile einer bestimmten Kulturstufe, die geändert werden müssen, wenn der Fortschritt dies erfordere usw. Das, lieber Leser, will erst einmal entkräftet sein!

Es wurde der bisherige Umweg gewählt, um die Berufung auf die *Wahrheit* des Evolutionsweltbildes und somit die Erklärung der Moral als Fulguration, als Anpassungsleistung oder als Illusion (Soziobiologie), um diese Berufung ein für allemal zu unterbinden. Wer überhaupt bereit ist, über Gut und Böse, über moralisch richtig oder falsch in Fragen der naturwissenschaftlichen Forschung zu diskutieren, der muß sich darüber klar sein, daß er sich in ein philosophisches, nicht aber in ein biologisches Gespräch einläßt. Moral kommt in der Biologie nicht vor, und Moralanalogien sind menschliche Übertragungen, deren Reichweite klar begrenzt ist und die an der entscheidenden Stelle, bei der Frage der konkreten Verantwortlichkeit, ohnedies nicht greifen.

Aus der Tatsache, daß innerhalb der Biologie Moral nicht vorkommt, folgt nun aber nicht, daß es Moral nicht gibt, sondern daß die Biologie an ihrem Anfang von Moral abstrahiert, diese Abstraktion aber in allen ihren Anwendungen unter moralischen Kriterien steht.

Ich sagte oben: Wer sich überhaupt auf eine solche Diskussion einläßt, der wird sie als eine philosophische führen müssen. Aber was ist mit dem, der sich gar nicht auf eine Diskussion einläßt? Der das Richtige schon weiß und es gar nicht erst der Diskussion aussetzen will, sei es nun in unserem Sinn richtig oder im soziobiologischen? Freilich, einen solchen Menschen erreicht dieses Buch kaum. Höchstens insofern, als irgendwann einmal klare Gesetze, so im Fall der Embryonenexperimente, zu machen sind und diese Gesetze *mit Gründen* durchgesetzt werden. Wer sich von Argumenten nicht behindern lassen will, dem kann man am Ende nur mit Gesetzen kommen. Deswegen ist es auch für jede Seite besser, sie rückt mit ihren stärksten Argumenten heraus, damit die Gesetze möglichst gerecht werden. Die Gefahr, daß irgendeine Privatmeinung sich durchsetzt, und sei sie die einer Mehrheit des Bundestages, ist zu groß, als daß nicht vorher das Für und Wider solcher Gesetze von den Betroffenen abgewogen werden sollte.

Die Betroffenen sind zunächst die Biologen, hieß es. Was wollen denn da die Philosophen? Sie wollen zweierlei: Zum ersten wurde festgestellt, daß selbst dann, wenn sich zwei Biologen über das Gerechte und Richtige streiten, dies ein philosophischer und kein biologischer Streit ist. Hier bietet dann die Philosophie einschließlich ihrer Geschichte ein ganzes Arsenal guter Argumente, deren Kenntnis dazu beiträgt, daß nicht die bessere rhetorische Tagesform in einem solchen Streit entscheidet. Philosophen sind nicht die notorischen Besserwisser, sie sind seit Sokrates die, welche weiterfragen und nicht mit schnellen Antworten zufrieden sind.

Der andere Grund, warum sich Philosophen hier »einmischen«, besteht darin, daß es nur so scheint, als seien die Biologen die primär Betroffenen. Denn in Wirklichkeit sind die Betroffenen erst einmal die Wesen, mit denen (in unserem Beispiel) experimentiert werden soll, deren Selbstsein, deren teleologische Verfassung auf das volle Menschsein hin, ignoriert wird. Diese Wesen bedürfen der Anwälte ebenso sehr wie gequälte Tiere, denn für sich selbst können sie nicht sprechen. Daß also auch diese Seite zu Gehör gebracht wird, erfordert in der Diskussion einen weiteren Rahmen als den der »Scientific community« der Biologen. Wenn es dann in dieser keinen Biologen gibt, den Herr X kennt und der so etwas tun würde: um so besser. Aber da Herr X vielleicht nicht alle Biologen kennt, und der eine oder andere derlei doch machen will oder macht oder über das Gemachte sogar schon publiziert hat (was unpubliziert schon geschehen ist, weiß man sowieso niemals genau), sind wir selbst im Fall der menschlichen Integrität des Herrn X nicht der ethischen Diskussion überhoben. Vor allem dann nicht, wenn Herr X einen »methodischen Monismus« vertritt, die Evolutionstheorie für wahr, Religion und Moral für illusionäre Selektionsvorteile und Anpassungsleistungen hält und trotzdem seine Familie einschließlich Hund liebt und an Gott glaubt. Das mag er ja alles für seine Person unter einen Hut bringen. Aber was macht er mit denen, die das nicht können, die verzweifelt sind, weil es nicht zusammengeht (und da kenne ich mehr als Herr X böse Buben)?

Die beiden einleitenden Kapitel sollten gezeigt haben, daß jede konsequente Sicht der Ethik vom Blickwinkel des Evolutionsweltbildes erst diese aufhebt, dann aber sich selbst in ihrem Wahrheitsanspruch durch ihre methodischen wie begrifflichen Voraussetzungen. Die beiden inkonsequenten Sichtweisen münden entweder in der Aufhebung der konsequenten, oder sie sprengen das Evolutionsweltbild – wenn es in der Moral wirklich um »das Gute« geht, dann geht es im Evolutionsweltbild nicht um das »restlos Wahre«.

Wer nun also mit dieser »nichtpathologischen Schizophrenie« des modernen Menschen zwar leben könnte, aber nicht leben will, wem all dies höchst unbefriedigend vorkommt, dem bleibt nur ein Ausweg: die Wirklichkeitserfahrung durch einen philosophischen

Hin-Blick als einheitlich zu begreifen. Die Biologie erscheint darin als eine spezielle menschliche Handlungsweise unter erkenntnistheoretischen wie ethischen Voraussetzungen, welche von ihr selbst her weder zu begreifen, geschweige denn zu begründen sind.

Ethik und Biologie II
Die Biologie im Horizont der Philosophie

Nach der Vorstellung und Kritik des heutigen Evolutionsweltbildes mit seiner Sicht von Moral und Philosophie nehmen wir nun dieses Weltbild und die biologische Wissenschaft philosophisch in den Blick. Freilich können wir noch nicht die speziellen biologisch-moralischen Probleme untersuchen, dazu fehlt der genauere Einblick in das philosophische Denken. Auch hier wird es gelten, Gegenargumente zu entkräften, Gegenargumente, die scheinbar aus der Naturwissenschaft, der Biologie, stammen. »Scheinbar«: Wir müssen uns klar darüber sein, daß jetzt, wenn Wahrheitsansprüche gestellt werden, im Bereich des Erkennens oder der Moral, die Diskussion jedenfalls eine philosophische ist. Natürlich können auch biologische Befunde vorgebracht werden wie das »moralanaloge Verhalten« im letzten Kapitel. Die Behauptung, daß es derlei im Tierreich »gibt« und beim Menschen die Moral ein nur quantitativ davon verschiedenes Evolutionsprodukt sei, erwies sich allerdings nicht nur als eine philosophische (Wahrheitsansprüche stellend), sondern als eine falsche dazu.

Wenn also der schon mehrfach zitierte Biologe Hans Mohr in seiner Besprechung eines Buches, das sich solchen Fragen widmet, schreibt, er hätte erwartet, »es würde ein kraftvoller, konstruktiver Versuch gemacht, philosophische Ethik in Einklang zu bringen mit den Erkenntnissen der modernen Biologie«, er habe aber keine »den heutigen Umständen angemessene praktische Philosophie gefunden«[22], so gibt dies jenem Mißverstand Ausdruck. Mohr meint, die Philosophie hätte sich nach der Biologie zu richten, damit etwas Gutes herauskommt. Immanuel Kant hat eine solche Auffassung von Philosophie einmal folgendermaßen charakterisiert:

»Denn es ist ganz ungereimt, von der Vernunft Aufklärung zu erwarten und ihr zugleich vorzuschreiben, nach welcher Seite diese notwendig auszufallen habe.«

Biologiegeschichte und Philosophiegeschichte

Für unsere philosophische Sicht der Biologie ist der Einstieg über die Betrachtung ihrer Geschichte hilfreich. Wenn wir uns erinnern, daß im Weltbild der Soziobiologie die Philosophie im Griechenland des frühen 6. Jahrhunderts vor Christus als soziobiologisch erklärbares Phänomen mit längerfristigem Selektionsvorteil auftritt, so erweist sich die Wirklichkeit als fast exakte Umstülpung dieser These: Die Biologie in unserem heutigen Sinn erscheint im Gesamtwerk des Aristoteles (384–322 v. Chr.) als Unterabteilung der (Natur-)Philosophie. In vier uns erhaltenen Schriften beschreibt der Philosoph und Wissenschaftler die Anatomie, die Entwicklung, Verhaltensweisen, Fortpflanzung von Hunderten von Tierarten. Die Wissenschaftshistoriker sind sich einig darin, ihn als den Begründer der wissenschaftlichen Biologie anzusehen; worin diese Leistung vorzüglich bestand, darüber gibt es allerdings verschiedene Ansichten. Alle aber zeigen, was erst mit Aristoteles wirklich beginnt: komparative Anatomie, Systematik, Ethologie, Betonung des Vorranges der Empirie, Theorien zur Genetik und Embryologie usf. Aristoteles hat den Begriff des »organon«, des Organs, in die Biologie eingeführt. Er hat für sie eine Prinzipien-Methodologie entwickelt, die sie als eigenständige Wissenschaft etwa von der Physik, der Chemie, der Geologie abtrennte. Seine Untersuchungen, in die er immer auch Auskünfte der Bauern, Jäger, Fischer kritisch einbezog, waren fast zwei Jahrtausende das Fundament der Biologie.[23]

In Abkehr von der aristotelisch-scholastischen Philosophie begann man in der Frühneuzeit über diese Forschungen immer verächtlicher zu reden. Das ist ganz natürlich: Je weniger man sie überhaupt las (lesen konnte) oder für lesenswert hielt, desto einfacher konnte man es sich mit seinem Urteil machen. Freilich zeigte dann beispielsweise der geniale Johannes Müller um 1840, daß der Hai, den Aristoteles als lebendgebärend beschrieben hatte (nebst seiner gesamten Anatomie), kein Fabelwesen, sondern ein tatsächlich vorkommendes, sehr seltenes Tier im östlichen Mittelmeer ist.

Man spricht von der aristotelischen Biologie heute wieder mit sehr viel mehr Achtung als früher, und es hat sich übrigens auch in den letzten zwei Jahrzehnten sogar eine Ehrenrettung für die ari-

WOOLWORTH

FRANKFURT ; BERGERSTR.179-181

5,00 ZEIT/BUECHER 1,95 9,75

SUMME 9,75 *

SUMME 9,75 *

BAR 20,00

07.03.91 18:50 0483 1317 53 237

stotelische Physik angebahnt, durch keine geringeren Wissenschaftshistoriker als Thomas Kuhn, Imre Lakatos und Paul Feyerabend.

Soviel jedenfalls steht fest: Unsere Form der Naturwissenschaft, hier speziell der Biologie, hat sich aus der aristotelischen Naturphilosophie (Biologie) entwickelt, in einer Auseinandersetzung mit ihr. Wenn es sich auch wissenschaftstheoretisch gesehen um zwei »inkommensurable Paradigmen«[24] handeln könnte, deren Anhänger miteinander nicht einmal mehr streiten können, weil sie verschiedene Fachsprachen sprechen, so ist das nicht die philosophische Sichtweise des Problems. Philosophie ist der ausdrückliche Versuch, von allen weltanschaulichen Vorurteilen abzusehen und das zur Sprache zu bringen, was ist, was wirklich ist.

Vor diesem Hintergrund erscheint nun zwischen aristotelischer und moderner Biologie eine gewaltige Asymmetrie. Während erstere aus der letzteren völlig herausfällt, ihr durch die Lehre von den natürlichen Zwecken, vom harmonischen Zusammenhang der Natur bis zu den Sternen und dem unbewegten Beweger als naive Metaphysik und nicht als Biologie erscheint, ist umgekehrt die moderne Biologie aus aristotelischer Sicht ein unerhört aufgedunsener Spezialfall der eigenen Wissenschaft, die diese spezielle Methode von Wissenschaft – quantitative, experimentelle Forschung – zwar auch kannte, aber für »eigentliches« Wissen als eher unbedeutend ansah. Wie das? Der Grund ist im Ziel der aristotelischen Naturwissenschaft, in ihrem Theoriebegriff zu sehen.

Das Ziel der aristotelischen Naturwissenschaft ist es, natürliche Phänomene genauer zu verstehen und zu begreifen, in ihren Details wie in größeren Zusammenhängen, und zwar zu verstehen, wie diese Phänomene *von sich selbst her sind* – nämlich wenn der Mensch nicht eingreift. Für Tiere bedeutet das etwa, daß Aristoteles untersucht, was sie am liebsten fressen, wo sie sich gewöhnlich aufhalten, wie ihre Fortbewegungs- und Sinnesorgane, ihre Kampfmittel usf. beschaffen sind, im äußeren Anschein wie im inneren Aufbau. Er vergleicht Tierarten auch untereinander, wie sie sich an verschiedene »Umwelten« anpassen (dieser Begriff ist natürlich viel jünger, er stammt von Jakob v. Uexküll zu Beginn des 20. Jahrhunderts). Oberstes Leitprinzip für seine Untersuchungen ist der Zweckbegriff: Die Füße sind zum Laufen da, die Zähne zum

Kauen, das Geweih zum Stoßen. Ausgreifend interpretiert streben alle Lebewesen nach dem für sie Guten, nach ihrer Erhaltung, aber keineswegs nur im Sinn purer Selbsterhaltung, sondern Erhaltung in ihrem jeweils eigentümlichen Selbst-Sein, in ihrer schönen und zweckmäßigen Form. Vom übergreifenden philosophischen Zusammenhang her gesehen sind nach Aristoteles alle Dinge bestrebt, das Göttliche, den unbewegten Beweger nachzuahmen, der alles, was zu ihm gehört, auf einmal, immer, ewig ist. Die Gestirne in ihrem Kreislauf, selbst göttlicher Natur, durchlaufen auch alle Zustände, die ihnen möglich sind, aber nicht auf einmal, sondern nacheinander, in einer Kreisbewegung. Bei den »sublunaren«, den irdischen Lebewesen wird der Kreislauf nur erreicht durch die Fortpflanzung der Art: Die einzelnen Geschöpfe repräsentieren in ihrem Leben gleichwohl jene göttliche Idee, wenn auch nur einmal, nicht wieder in sich selbst zurückkehrend.

Dieser kleine Ausflug in die aristotelische Philosophie zeigt, was *theoria* für den Griechen in der Natur heißt: das Sich-Vergegenwärtigen ewiger, göttlicher Zusammenhänge durch Aufdecken natürlicher Zusammenhänge, durch Verstehen dessen, was die Natur von sich her ist und will, was die Einzeldinge von sich her sind und wonach sie streben. Verstehen: Das kann nur heißen, daß Menschen all dieses zu dem von ihnen selbst her Bekannten in eine Beziehung setzen, daß sie den Nachvollzug realisierten Sinns anstreben. Ein Auge hat man also verstanden, wenn man weiß, daß es zum Sehen da ist, und was das heißt, wissen wir von uns selber her. Natürlich ist für ein differenziertes (natur-)philosophisches Verstehen die Untersuchung von Linse, Pupille, Netzhaut, Glaskörper usf. sehr dienlich, auch der Vergleich der verschiedenen Augenarten, vom Sehfleck zu den primitiven Augen der Polypen, zu den Stielaugen der Schnecke, den Facettenaugen der Insekten und schließlich zum Eulenauge. Aber die Summierung dieser noch so komplexen Einzelerkenntnisse bringt uns nie wieder zurück zum Entscheidenden daran: dem Sehen. Das hat die Frühneuzeit nicht realisiert, wenn Galilei schreibt, das Auge *ist* eine »Camera obscura«. Denn diese kann ja nicht sehen.

Wir müssen den Begriff des aristotelischen Verstehens noch etwas genauer herausarbeiten, um seinen Kontrast zur jetzigen Biologie deutlich zu machen. Wir gehen in vier Schritten vor: dem anthropologischen Ausgangspunkt, dem Begriff des Normalfalles, dem Ursachebegriff und dem Erklärungsbegriff.

Anthropologischer Ausgangspunkt

Wir können uns hier kurzfassen, denn dieses Problem wurde bereits genau untersucht. Damit ich etwas Fremdes verstehen kann, muß ich es in Beziehungen setzen können zu etwas mir bereits Vertrautem. Dies hat Aristoteles an den Anfang seiner Schrift Historia Animalium gesetzt: »Der Mensch ist das bekannteste Tier«, aber er begründet den Satz nicht im Sinn etwa von Anatomie oder Physiologie, sondern damit: »... denn seine Teile entziehen sich der Wahrnehmung nicht«; das heißt, wir wissen von unserer Leiberfahrung her, wozu unsere Organe »gut« sind, wozu wir sie gebrauchen können. Erst von dieser Vertrautheit mit sich selbst aus kann der Mensch die organische Natur anderer Lebewesen verstehen. Sie gelten Aristoteles erst als vollgültig *erklärt*, wenn uns klargeworden ist, inwiefern das einzelne Organ oder die einzelne Bewegung zu etwas gut ist. Dieser ausgreifenden Übertragung sind prinzipiell keine Grenzen gesetzt. Wir können dabei natürlich auch irren, aber das bedeutet wiederum nur: Wir müssen das Verstehen als voreilig falsches korrigieren durch eine bessere Übertragung. Die Irrtumsmöglichkeit solcher Verstehens-Übertragungen ist kein Einwand gegen sie, sondern zeigt, daß empirische Wissenschaft, Beobachtung, Experiment, Analyse, für das richtige Verstehen wichtige Hilfsmittel sind.

Normalfall

Aristoteles hat Naturwissenschaft als die »Untersuchung des Normalfalles« aufgefaßt. Er schreibt in »De Partibus Animalium«:

> »Die Natur eines Dinges erkennen wir, wenn wir den Blick richten auf die Mehrzahl der Fälle; Gesetzmäßigkeit der Natur drückt sich so aus, daß es entweder immer oder meistens so geschieht.«

Ein merkwürdiger Begriff von Naturgesetz, der Übertretungen erlaubt? Gewiß, denn der Begriff des Gesetzes stammt ja aus der menschlichen Sphäre, ein Grund, warum Nietzsche schrieb, er hüte sich, von Naturgesetzen zu sprechen, das habe einen moralischen Beigeschmack – bei Gesetzen werde schließlich etwas gesollt... Was meint hier Aristoteles mit Gesetzmäßigkeit? Er meint, daß die natürlichen Dinge gemäß einer in ihnen selbst liegenden Zielursache (entelecheia) sich auf eine artspezifische Form hin entwickeln und sich in ihr ein Leben lang zu erhalten versuchen – versuchen, das heißt, wenn nichts dazwischenkommt. Wenn aus einer Eichel keine Eiche, aus einem Ei kein Huhn wird, weil sie vorher gefressen werden, so ist das kein Einwand gegen die genannte gesetzmäßige Entwicklung, es ist ihr äußerlich, zufällig. Verstehen können wir die Eichel oder das Ei aber nur wirklich, wenn wir wissen, was aus ihnen werden *soll*.

Ein bekannter Aristotelesinterpret hat geschrieben, daß der Hinblick auf den Normalfall und die daraus erschlossene »Natur eines Wesens« (seine »Idee«) von Aristoteles als Versuch zur Einführung eines statistischen Normalfalles aufzufassen sei (I. Düring). Nichts läge Aristoteles ferner. Die statistisch normale Hand hat, weil sechsfingrige die vierfingrigen Abnormitäten überwiegen, 5,00002 Finger. Das ist etwa ähnlich sinnvoll wie die Feststellung, daß die statistisch normale Familie 1,65 Kinder hat. Der Normalitätsbegriff von Aristoteles ist nicht eine formale Quantität, sondern er zielt auf das bereits genannte Gute für ein jedes Lebewesen. Selbst wenn durch irgendeinen neuen Virus plötzlich nur noch dreibeinige Hunde zur Welt kämen, würden wir dies nicht als normal ansehen, ebensowenig, wenn achtzig Prozent der Menschen unter Zahnschmerzen litten.

Wesentlich für die Naturwissenschaft im aristotelischen Sinn ist, daß erst mit einem so gefaßten Begriff von Normalität die Begriffe des Zufälligen, der Abweichung, der Krankheit etwas bedeuten können. Denn alle drei haben in unserem heutigen naturwissenschaftlichen Weltbild eigentlich nichts verloren. Der dreibeinige Hund oder ein Lungenkrebs kommen nach genau denselben Naturgesetzen zustande wie der vierbeinige Hund und die gesunde Lunge. Um hier doch einen Unterschied machen zu können, heißt es häufig: Der »Normalfall« ist eben ein ganz nützlicher, vorwissenschaftlicher Begriff, der uns eine gewisse Weltorientierung erlaubt, und da hat er dann auch seinen Platz. Mit Aristoteles würde ich umgekehrt sagen, daß es ohne das »Vorverständnis« von Normalität, das wiederum im eigenen Lebensvollzug von Körper, Seele, Geist verankert ist, keine Wissenschaft geben kann. Was sie dann von dieser Basis aus leistet, das ist: Bedingungen solcher Normalität, Gesetzmäßigkeiten in ihr und in den Abweichungen von ihr usw. aufzusuchen. Nur kann sie nicht ernsthaft glauben, am Ende ihren Ausgangspunkt erklärend einzuholen und zu eliminieren.

Eine bestimmte Wissenschaft, die Medizin, hat sich schon mehrmals darum bemüht, ihren Zentralbegriff, zugleich »Normalbegriff«, der Gesundheit wissenschaftlich zu definieren. Was dabei herauskam, ist bekannt: der Gesundheitsbegriff der World Health Organization (WHO), als des »vollständigen subjektiven und objektiven, körperlichen, seelischen und geistigen Wohlbefindens«. Es ist klar, daß gemäß dieser Definition noch nie ein Mensch gesund gewesen ist. In Wirklichkeit ist Gesundheit (wie Normalität) ein Reflexionsbegriff, gebildet anläßlich vieler Erfahrungen mit sich selbst, und, im Fall des Arztes, mit Nichtgesunden.

Daß der Gesundheitsbegriff sich nicht »wissenschaftlich« definieren läßt, ist kein Einwand, sondern liegt in der Natur der Sache: »Wissenschaftlich« sind erst die Abweichungen von ihm zu definieren, während er selbst die Voraussetzung der Wissenschaft ist. Eine Definition wie die von Nietzsche: »Gesundheit ist dasjenige Maß an Krankheit, das es mir noch erlaubt, meinen wesentlichen Beschäftigungen nachzugehen«, klingt zwar nicht sehr wissenschaftlich, trifft die Sache aber durch ihren ganzheitlichen Lebensbezug wahrscheinlich besser. Letztlich ist der Begriff von Gesundheit (wie Normalität) immer an Kennerschaft geknüpft, an praktischen Umgang mit Gesunden und Kranken und das Nachdenken darüber. Zwar sollte durch den Versuch der WHO-Definition ja vor allem den Krankenkassen, den Ärzten und Patienten für alle rechtlich oder finanziell strittigen Fälle ein Instrument an die Hand gegeben werden, mit dem diese entscheidbar wären. Doch das ist mißglückt. Der richtige Weg kann nur, wie mir scheint, darin bestehen, Ärzten auch rechtlich die Vertrauensbasis wieder zurückzugeben, die sie früher hatten, so daß es in ihrem Ermessen liegt, was zu tun und was zu unterlassen ist.

Übrigens ist auch hier einzuräumen, daß zwar Normalität ein normierender Begriff ist, daß wir uns aber im konkreten Fall, was das Normale sei, irren können, und daß die Abweichung von der Normalität nur in moralischen Dingen unter moralischem Aspekt zu sehen ist. In der Biologie und Medizin ist sie zunächst eine (im alten Sinn) wissenschaftliche Feststellung.

Ursache

Der Ursachebegriff ist seit Menschengedenken eine für unseren Umgang mit der Wirklichkeit unabdingbare, zentrale Kategorie. Um zu einem tieferen Verständnis zu gelangen, müssen wir uns kurz seine Herkunft, zugleich seine Karriere vergegenwärtigen.[25] Ursache, gr. aitia, lat. causa, hat vom historischen Anfang an etwas mit dem menschlichen Handlungsbegriff zu tun. Aitia bedeutet die Schuld des Verursachenden, und die Ur-Sache von Handlung ist der Mensch selbst. Von Ursache zu sprechen heißt festzustellen, wer wofür aufkommen muß.

Dieses Verständnis von Ursache ist auch im Mittelalter lebendig: Prototyp der Ursache ist der Mensch, der mal dies, mal das tut, so daß, ganz entgegen unserem heutigen Ursacheverständnis, gilt: *eine* Ursache, *viele* ganz verschiedene Wirkungen. Die Frage ist, wie man dann von einer Ursache in der Natur sprechen kann. Wie kann es vernünftig sein, einen Stein als Ursache meines Kopfschmerzes zu bezeichnen, wenn er mich am Kopf traf, oder Hunger als Ursache dafür, daß ein Hund zum Freßnapf läuft, wenn doch die Ursache aller Ursachen die menschliche Sphäre allein ist? Es ist deswegen vernünftig, weil die *ganze* erfahrene Wirklichkeit, wie gesagt, von der Art ist, daß wir sie subjektiv zu uns selbst in Beziehung gesetzt haben. Insoweit wir sie überhaupt verstehen, verstehen wir sie nach Analogie unserer Selbsterfahrung. Verstehen heißt: die Welt einhausen, mit ihr vertraut werden. Und dabei ist die »Ursache« eine ganz wesentliche Kategorie. Sie entsteht an der Stelle, wo das kleine Kind mit seinen Fingern spielt und entdeckt, daß es selbst die Ursache von deren Bewegungen ist. Etwas selbst sein, selbst tun, das heißt es gerade, Ur-Sache zu sein. Das Ich ist die ursprüngliche Ursache von etwas draußen, in der Welt des

Nicht-Ich, Ursache von zunehmend mehr und verschiedenem Etwas – und im Prozeß des Einhausens der Welt werden die Bewegungen, die man da wahrnimmt, als etwas verstanden, was man zwar nicht selbst gemacht hat, was aber durch andere Ichs, durch andere Selbsts hervorgerufen wird. Die Sphäre des Lebendigen, des Selbst-Seins ist deswegen für Kinder, auch übertragen in der »Kindheit« von Völkern, viel weiter ausgedehnt als später (obwohl auch wir noch den Fußtritt gegen den Türrahmen kennen, an dem wir unseren kleinen Zeh gestoßen haben).

In der Erwachsenenwelt gibt es dann auch Bewegungen im weitesten Sinne, Prozesse, Ereignisse, bei welchen der Ursachebegriff nur noch in jener ganz entfernten Analogie verwendet werden kann, nach welcher wir uns selbst als einen schweren und ausgedehnten, zur Ursache werdenden Körper erfahren, wenn wir etwa aus einem Fenster fallen und ein Tulpenbeet beschädigen. Das tun wir dann mit blinder Notwendigkeit und nach einem Naturgesetz.

Dieser letztere Ursachebegriff ist derjenige, der in der neuzeitlichen Naturwissenschaft zum alleinigen geworden ist. Er ist so dominant, weil er uns die Möglichkeit des Eingreifens in die Natur gibt. Was heißt es denn, wenn wir heute sagen, A sei die Ursache von B? Es bedeutet letzten Endes: »Wenn ich die Ursache von A bin, verdiene ich auch, die Ursache von B genannt zu werden«; oder als Imperativ formuliert: »Wenn du B willst, mußt du A machen!«

Das wäre nun ja nicht weiter schlimm, wenn nicht versucht würde, das Selbstverständnis des Menschen als Handelnden durch einen »objektiven« Ursachebegriff zu rekonstruieren, so daß der Mensch vollständig durch objektive Kausalabläufe determiniert wäre. Aber zum dritten Mal sehen wir hier, daß ein Begriff – vorher waren es die Begriffe Leben und Moral – abgeleitet werden soll aus seiner »objektiven« Variante, die doch selbst ihren Sinn nur daraus bezieht, daß wir sie zuerst als eine Kategorie unserer Selbsterfahrung besitzen und verstehen. Auch für den Ursachebegriff gilt folglich die Selbsterfahrung des frei handelnden Menschen als primär.

Am Begriff der Erklärung läßt sich das zum Ursachebegriff Gesagte vertiefen. Für die gegenwärtige Naturwissenschaft gilt, ausdrücklich oder nicht, ein Ereignis B als erklärt, wenn man einen (oder mehrere) Ausgangsbedingung(en) A angeben kann sowie ein Naturgesetz, das A und B miteinander verknüpft (das ist das »Hempel-Oppenheim-Schema« der Erklärung). Um den Fall eines Apfels vom Baum zu erklären, genügt die Angabe der Höhendifferenz zum Erdboden (die dem Apfel »potentielle Energie« verleiht) und die des Fallgesetzes (in den diversen Formulierungen, wie z. B. $s = \frac{1}{2} gt^2$). Zwar müßte, wie wir aus der Schule noch wissen, eigentlich auch berücksichtigt werden, daß die Erde dem Apfel ein bißchen »entgegenfällt«, aber das können wir praktisch vernachlässigen.

Dies letztere gibt zu denken. Hängt der Begriff der Erklärung etwa davon ab, *wie* genau man etwas wissen will? Offensichtlich. Und man kann sich dies durch einige Überlegungen klarmachen. Das Hempel-Oppenheim-Schema enthält nämlich bei näherer Betrachtung mancherlei Willkürliches. Es ist wissenschaftlich unstatthafte Willkür, sich nur eine oder einige Ausgangsbedingungen herauszugreifen und zum Erklärungsbestandteil eines Ereignisses zu machen. *Alle* müßten herangezogen werden, dem Ort im Universum und der Zeit nach. Und schon das Isolieren eines Ereignisses B ist unstatthaft: Für eine »objektive« Wirklichkeitssicht ist alles mit allem »vernetzt«, lassen sich nicht nur keine scharfen Grenzen zwischen Apfelinnen und Apfelaußen ziehen, sondern, wie der Logiker Josef König gezeigt hat, überhaupt keine Grenzen mehr. Und zum letzten: Der Erklärungsbestandteil »Naturgesetz« ist insofern obsolet geworden, als bei hinreichend vorangetriebener Genauigkeit *alle* Naturgesetze statistische Gesetze sind, diese aber, so der bekannte Wissenschaftstheoretiker Wolfgang Stegmüller, für Erklärungen nicht taugen. Daraus läßt er einen Physiker den Schluß ziehen, daß »für kein Ereignis in der Welt eine wissenschaftlich haltbare Kausalerklärung existiert«.

Wir ziehen daraus einen anderen Schluß: daß nämlich das Hempel-Oppenheim-Schema der Erklärung eine ziemlich begrenzte Reichweite hat. Erinnern wir uns an den Anfang dieser Überlegungen, die Präzisierung des Apfelfalls durch das Gravitationsgesetz.

Ob eine Erklärung gelungen ist, hieß es, hängt davon ab, wie genau man etwas wissen will. Wir können noch weiter gehen: Der Begriff der Erklärung hängt davon ab, *was* man eigentlich wissen will. Und hier ergibt sich wiederum, daß der Horizont des naturwissenschaftlichen Erklärungsbegriffs vom menschlichen Handlungsbegriff gebildet wird. Durch unser Wollen und Handeln markieren wir den Ausschnitt aus der Wirklichkeit, innerhalb dessen wir dann Antworten auf unsere (experimentellen) Fragen bekommen können.

Diese Einsicht kann man auch die »Wiederentdeckung des Beobachterstandpunktes« nennen, und sie ist es, welche die Physik des 20. Jahrhunderts auszeichnet: daß es zum Beispiel von unserer Versuchsanordnung abhängt, also dem gar nicht »objektiven« Beobachter (Experimentator), ob ein Lichtquant als Welle oder als Teilchen erscheint. Dieselbe Einsicht wäre den Vertretern des Evolutionsweltbildes zu wünschen, und zwar für die Thesen, die Verhaltensforschung und Soziobiologie über den Menschen aufgestellt haben. Das Weltbild ruht nicht auf »objektiven« Säulen wie Materie, Naturgesetz, Kausalerklärung, denn diese stehen ihrerseits zunächst einmal auf dem Treibsand unreflektierter philosophischer (meist materialistischer) Voraussetzungen, alle bezogen auf die Frage, was man und warum man gerade das wissen will. Zwar hat sich das auf diesen Säulen Erbaute von dem ursprünglichen Wollen einer Nutzbarmachung der Natur im 16. und 17. Jahrhundert (Bacon, Descartes, Galilei) so weit verselbständigt, daß man es allgemein als objektiv auffaßt. Aber gerade in der Rückübertragung all des »Objektiven« auf den Menschen sehen wir die begrenzte Reichweite dieses Erklärens in hellem Licht.

Der griechische Philosoph Platon hat diesen Sachverhalt einmal durch eine »Warum«-Frage illustriert. Auf die Frage, warum Sokrates nicht aus dem Gefängnis flieht, lautet die wissenschaftliche Antwort: Weil sich seine Knochen und Sehnen nicht aus der Tür hinausbewegen. Die Antwort des Sokrates lautet: »Weil ich nicht will.«

Mit dieser Unterscheidung befinden wir uns an einer zentralen Stelle des untersuchten und kritisierten Evolutionsweltbildes. Könnte man nicht sagen: Das sind zwei nichtvergleichbare Sichtweisen, vielleicht komplementär, die beide ihre Berechtigung haben – die eine als psychologische, die andere als physiologische Erklärung? (Dies wäre im übrigen die Sicht des Fulgurationisten.) Das ist nicht zutreffend. Denn es verkennt den asymmetrischen Charakter des Verhältnisses von Wollen und Weltbild. Das Wollen (und Handeln und Moral) kommt nämlich *auch* auf der Seite des Weltbildes und der zugehörigen Wissenschaften vor. Das ist das Richtige an der Forderung einer »Ethik der Erkenntnis« (Monod, Mohr) oder einer »Ethik mit der Evolution«. Es ist aber auch das einzig Richtige, denn die nächste, entscheidende Einsicht wäre, daß diese Spezialethiken genauso wie das zugehörige Weltbild abstrakter Teil unseres immer vorhandenen umfassenderen Wirklichkeitsverständnisses sind, von dem aus wir deren Berechtigung, aber auch Grenzen sehen können und setzen müssen. Damit können wir thesenartig folgendes festhalten:

- Die Biologie ist (wie jede andere Naturwissenschaft) eine spezialisierte Handlungsweise von Menschen. Sie ist an begriffliche und methodische Abstraktionen geknüpft, die ihren Erklärungsbereich für die menschliche Gesamtwirklichkeit von vornherein einschränken. Sie steht als *Handlungs*weise immer unter ethischen Kriterien, welchen gegenüber der Hinweis auf »Wertneutralität«, »Objektivität« o. ä. nur die mangelnde Reflexion über das darin steckende Problem zeigt.
- Das Evolutionsweltbild ist begrenzt darauf, eine Theorie über die Entwicklung materieller Bedingungen im Verlauf größerer Zeiträume zu sein, unter welchen *tatsächlich* Neues bei Lebewesen bis hin zum Menschen entstanden ist.[26] Naturwissenschaftliche Kausalerklärungen der Entstehung von solch Neuem sind *logisch unmöglich* und beruhen ausnahmslos auf Äquivokationen und Zirkelschlüssen.[27]

Eine Wiederentdeckung des Beobachterstandpunktes für Biologie und Evolutionsweltbild[28] setzt die (erkenntnis-)theoretische wie praktische Philosophie in vollem Umfang wieder in ihre Geltung ein, die durch die Evolutionäre Erkenntnistheorie auf der einen und die Soziobiologie auf der anderen Seite in Frage gestellt worden war.

Damit wenden wir uns der Moral und ihrer Begründung, der Ethik zu.

Das Evolutionsweltbild und eine mit ihm verknüpfte Biologie haben sich in ihrer Erklärungsreichweite in bezug auf den Menschen als deutlich begrenzt erwiesen. Von hier aus gewinnen wir keine konstitutiven Argumente für moralische Entscheidungen. Damit aber ist natürlich noch nicht belegt, daß es tatsächlich jene moralische Sphäre als verbindliche gibt, welche nur von dem Evolutionsweltbild aus nicht zu konstruieren war. Es bleiben, nicht nur dem Biologen, ganz andere Argumente, um die Verbindlichkeit dieser Sphäre zu bestreiten, wenn sie auch jetzt erklärtermaßen nicht mehr biologisch oder evolutionistisch sind, sondern in philosophischer Weise der praktischen Philosophie ihren Geltungs- und Absolutheitsanspruch bestreiten.

So kann auf den konventionellen und historisch bedingten Charakter aller Vorstellungen von Gerechtigkeit und Moral hingewiesen werden; man braucht sich dafür ja nur die sehr verschiedenen Vorstellungen in verschiedenen Kulturen zu verschiedenen Zeiten ansehen. Daraus ergäbe sich ein Relativismus in der Moral; man sollte, heißt es, nicht kategorisch argumentieren, denn ein neues Können erfordere eben gelegentlich, moralische Prinzipien zu ändern. Man brauche sich nur daran zu erinnern, mit welcher moralischen Entschiedenheit die Einführung der Eisenbahn im 19. Jahrhundert bekämpft worden sei. Was hier not tue, sei Aufklärung der Bevölkerung – eine Aufklärung, die möglicherweise gegenüber den Philosophen nie mehr gelingen kann –, und das Problem neuer moralischer Regeln sei im Grunde ein Problem der Akzeptanz, des Vertrautwerdens und Annehmens des neuen Könnens.

Wieder scheint es, als ob uns die Möglichkeit kategorischer ethischer Argumentation zwischen den Fingern zerränne. Alles, was da noch zuzugestehen wäre, ist im Grunde die Bildung von Ethikkommissionen, die ruhig auch mit Philosophen und Theologen besetzt sein dürfen, deren Entscheidungskompetenz aber nur dann echt ist, wenn sie mit dem Fortschritt geht und der Aufklärung ihr Wort leiht. Wir werden das Problem der Ethikkommissionen noch genauer untersuchen. Was aber ist hier zu antworten, wenn philosophisch die Reichweite moralischer Regeln und ethischer Begründungen bestritten wird?

Der Einwand: so viele Volksstämme, so viele Moralen, in verschiedenen Ländern, zu verschiedenen Zeiten, dieser Einwand ist so alt wie die Philosophie selbst. Jeder Gebildete kennt diesen Sachverhalt und ist deswegen bescheiden und lieber etwas vorsichtig mit der Rede von »absoluter Gerechtigkeit« usw. Gäbe es so etwas wirklich, dann müßte es ja überall gleichermaßen zu finden sein. Jeder Gebildete weiß das, offensichtlich nur die dummen Philosophen nicht? Allerdings scheint es eher so, als würden die »Gebildeten« nicht sehen, daß dieser Sachverhalt der Verschiedenheit von Moralen bei seiner ersten Entdeckung im 6. Jahrhundert vor Christus gar nicht als Einwand galt, sondern vielmehr der Anlaß war, nun nach dem von Natur aus Rechten zu suchen.

Stellen wir aber zunächst die Kritik des Naturechtsdenkens in drei Thesen vor[29]:

1. Was als »absolut gut« oder »absolut gerecht« im Sinn des Naturrechtsdenkens gilt, ist in Wirklichkeit abhängig von der Geschichte der jeweiligen Gesellschaft und der in ihr geltenden Konventionen.
2. Deswegen gibt es nicht so etwas wie ein von Natur aus Gerechtes; Berufung auf Gerechtigkeit ist gewöhnlich Ideologie: die der Starken (Marx) oder die der Schwachen (Nietzsche).
3. Gäbe es ein Naturrecht als einen transzendenten Wertehimmel, so ist nicht auf natürliche Weise zu erklären, woher die Naturrechtsvertreter einen privilegierten Zugang dorthin besitzen und uns von ihrer verbindlichen Werteschau etwas erzählen können.

Konvention

Es wurde schon darauf hingewiesen, daß die philosophische Ethik als die bewußte Suche nach einem absoluten Maßstab der Gerechtigkeit nicht etwa in Unkenntnis der Tatsache anhebt, daß die Moralen sich unterscheiden. Diese Tatsache war umgekehrt der Ausgangspunkt für die Suche nach dem Naturrecht.

In der Zeit vor dem Beginn der Philosophie, etwa in der homerischen Welt, war das Gute und Gerechte mit dem im eigenen Volk Angestammten identisch und diese Identität von einer Götterwelt garantiert. Das Fremde, von dem man Kunde erhielt, galt als schlecht, ohne daß man lange hätte überlegen müssen: Die Kennzeichung der Nicht-Griechen als Barbaren legt ein gewisses Zeugnis davon ab.

Zweifel am Althergebrachten, der Religion, der Sitte, ließen die Philosophie entstehen, die ihr Nachdenken von den Göttern abkoppelte; und so, wie zuerst die Frage nach den natürlichen Erscheinungen bei den Gestirnen und auf der Erde den pantheistischen Erklärungen den Boden entzog, so führten gerade Reiseberichte über die Sitten fremder Völker dazu, auch über die eigenen Sitten als relative nachzudenken. Man sah sich gewissermaßen zum ersten Mal mit fremden Augen (im 17. und 18. Jahrhundert, in der französischen Aufklärung, wurde daraus ein ganzes Genre dcs Romans). Dadurch, daß das Fremde nicht mehr einfach mit dem Schlechten gleichgesetzt wurde, begann die Suche nach einem Vergleichsmaßstab, der dazu taugen konnte, die verschiedenen moralischen Regeln auf ihren Gehalt an Gerechtigkeit hin zu prüfen.

Wenden wir uns nun dem Konventionsargument systematisch zu. Die Tatsache der Verschiedenheit der Moral allein ist also noch kein Einwand gegen die Idee des Naturrechts. Wie steht es mit dem Schluß, daß aus der Existenz des Naturrechts gefolgert werden müßte, daß es sich bei allen Gesellschaften gleichermaßen findet? Der Schluß ist falsch. Wenn das Naturrecht ein absoluter Maßstab an Gerechtigkeit ist, so setzt seine Entdeckung die Kultivierung der Vernunft voraus. Die Verschiedenheit der Vorstellungen vom »Gerechten« in den verschiedenen Gesellschaften spiegelt auch die jeweilige Ausbildung der Vernunft wider. Die Erkenntnis des Naturrechts ist eine Sache der Philosophie; also kann sie nicht vor deren Auftreten in einer Gesellschaft erwartet werden. Die Erkenntnis hat zugleich wissenschaftlichen Charakter und ist eine Folge von gedanklicher Anstrengung und Mühe. Sie ist nicht in dem Sinne »natürlich« wie Essen, Trinken, Atmen, sondern als Erkenntnis der »Natur des Guten und Gerechten« meint sie das *Wesen* des Guten und Gerechten.

Auch die Tatsache, daß nicht alle Völker die Idee des Naturrechts besitzen, ist kein Einwand. Bei aller Betonung der Verschiedenheit von Moralen sollte man sich aber auch dessen bewußt sein, daß in Wirklichkeit in den meisten wichtigen moralischen Fragen die verschiedenen Gesellschaften übereinstimmen: daß es Pflichten und Dankbarkeit zwischen Eltern und Kindern gibt, daß Solidarität eine Tugend ist, daß der tapfere Kämpfer besser ist als der feige, der gerechte Richter besser als der ungerechte, der großzügige und großmütige Herrscher besser als sein Gegenteil. Es ist nur so, daß die Verschiedenheiten, und das meist in Extremfällen, augenfälliger sind als die Gemeinsamkeiten.

Gleichzeitig hat das Konventionsargument noch eine andere Lücke. Es ruht auch auf der Ansicht, es gebe tatsächlich in Gesellschaften *eine* Moral. Man sehe sich aber nur die unterschiedlichen Bewertungen der Abtreibung in unserer Gesellschaft an. Hier sind die Unterschiede so groß, daß die Konventionsthese im Grunde nicht schon auf der Ebene von Gesellschaften haltmachen dürfte, sondern erst beim einzelnen Menschen. Und da müßte dann die These lauten: genetische Disposition, Erziehung durch Familie und Umwelt bestimmten dasjenige, was das Subjekt später für gut und gerecht hält.

Darin steckt etwas Richtiges. Tatsächlich werden wir in einem weitgehenden Maß von Biologie, Familie, Schule, Vorbildern usw. geprägt. Falsch wird diese Einsicht erst, wenn sie von einer vollständigen Determination spricht. Denn erstens – es wurde diese Denkfigur schon im letzten Kapitel angewandt – hebt sie sich selbst auf. Sie ist nur Ausdruck der Determination des Konventionalisten. Zweitens sieht sie nicht, daß der erwachsene Mensch sich durchaus gegen solche Prägungen aus besserer (oder schlechterer) Einsicht wenden kann. Er kann sogar aus dem ganzen Umweltzusammenhang »aussteigen« und zu den »Aborigines« nach Neu-Guinea gehen oder Einsiedler in der Wüste werden. Und drittens übersieht die These, daß jeder Mensch sehr wohl ein tiefes Gefühl hat für das, was unabhängig von solchen »Prägungen« an sich gerecht ist. Ein schönes Beispiel bietet dafür Friedrich Nietzsche. Seine Theorie vom »Willen zur Macht« zerstört alle Rede von Gerechtigkeit. Jedes Wesen, heißt es, sucht sich durchzusetzen, seine Macht zu steigern, und die »Idee der Gerechtigkeit« ist daher nur ein Versuch der Zukurzgekommenen, im nachhinein die Machtverhältnisse zu ändern. Soweit die Theorie.

In der Praxis ist Nietzsche von seinem Buchverleger mehrfach gemein betrogen worden, und bitter beklagt er sich über diese Ungerechtigkeit in Briefen. Wie kann er das, obwohl doch der Buchhändler nur seinem »Willen zur Macht« folgte? Dort, wo es einen selbst betrifft (aber auch bei der eigenen Familie, den eigenen Freunden etwa), ist das Wissen um das, was unabhängig von Theorien gerecht ist, offensichtlich in einem ganz anderen Maße präsent, als wenn man sich am Schreibtisch abenteuerliche Theorien ausdenkt.

Mit diesem Beispiel wenden wir uns von der ersten Konventionsthese ab und hin zu ihrer Schlußfolgerung, daß es das von »Natur aus Gerechte« nicht gibt.

Nichtexistenz

Bislang haben wir nur die Einwände gegen das Naturrecht von seiten der Konventionalisten entkräftet; noch könnte es aber so sein, daß zwar diese Einwände nicht stimmen, es aber das von Natur aus Gerechte trotzdem nicht gibt. Um sich vom Gegenteil zu überzeugen, muß folgende Frage gestellt werden: Gibt es ungerechte Gesetze, ungerechte Richtersprüche? Diese Frage ist der Scheideweg für den Konventionalismus. In seiner Logik müßte er es abstreiten. Weil alles Recht positives, konventionelles, vereinbartes Recht ist, kann es neben oder über diesem nicht einen Maßstab geben, der Gesetz oder Richterspruch auf seine Gerechtigkeit hin befragt.

Dies aber steht mit der von uns erfahrenen, authentischen Wirklichkeit in krassem Widerspruch. Weder ist gesetztes, positives Recht eben schon als dieses gerecht, noch handeln wir selbst deswegen gerecht, *weil* es dem positiven Recht entspräche. Wenn ich mein Kind nicht verhungern lasse, so doch nicht deswegen, weil das in unserem Kulturkreis nicht üblich ist oder weil es bei uns ein einschlägiges Gesetz gibt.[30] Sondern das Gerechte ist unabhängig von Kulturkreisen und Gesetzen gerecht. Das Gesetzliche ist mit dem Gerechten nicht identisch, es spiegelt das Naturrecht nur mehr oder weniger deutlich wider.

Man hört auch häufig den Einwand, daß – abgesehen von der kulturellen oder historischen Konventionsthese – doch selbst die Richter, Rechtsgelehrten, Rechtsphilosophen über das von Natur aus Gerechte streiten. Aber das ist ebensowenig ein Einwand wie die Verschiedenheit der Moralen. Erneut wird umgekehrt ein Stiefel daraus. Der Streit setzt das voraus, worüber gestritten wird: die Gerechtigkeit. Und weil es um etwas äußerst Wichtiges geht, ist es selbstverständlich, daß hier »gestritten« werden muß. Keiner hat von vornherein eine absolute Einsicht in das von Natur aus Rechte. Aber wenn es ihm um die Wahrheit geht, dann muß er bereit sein, seine Argumente öffentlich prüfen zu lassen, sich belehren zu lassen, bisher nicht Bedachtes in seine Gedanken mit aufzunehmen.

Und der Streit setzt auch noch ein Zweites voraus: das Anhören und Geltenlassen der Argumente. Man hört immer, weil alle Vorstellungen von Gerechtigkeit verschieden seien, keine also absolut, deswegen sei Toleranz als Tugend geboten. Was aber, wenn ein Konventionalist oder Terrorist gerade Toleranz als Vorurteil einer bestimmten Gesellschaft ansieht? Wenn er die Toleranten als nützliche Idioten bezeichnet? Toleranz ist in der Tat geboten in der Auseinandersetzung über das von Natur aus Gerechte, aber sie ist nicht aus der Konventions- oder der Nichtexistenzthese abzuleiten, sondern sie ist ein naturrechtliches Gebot! Dies leitet über zum dritten Punkt, der These vom Naturrecht als einem transzendenten Wertehimmel.

Übernatur

Eines der in unserem Jahrhundert vielfach vorgebrachten Argumente gegen das Naturrecht lautet: Der Vertreter der Idee des von Natur aus Gerechten behauptet eine Einsicht in ewige, absolute, transzendente Werte, welche zu sehen er einen privilegierten Zugang habe. Hierfür aber gelte der Satz Hegels: Ein trockenes Versichern (man habe derlei gesehen) ist so gut wie jedes andere. Das Argument wurde vor allem gegen die christliche Naturrechtslehre gebraucht, die sich in den Zehn Geboten wie in den Liebesgeboten auf göttliche Offenbarung beruft. Und hierin liegt in der Tat ein

Problem. Gelingt es der Philosophie nicht, die christliche Auffassung des Naturrechts auch unabhängig von der Berufung auf die göttliche Offenbarung als richtig (oder besser: richtiger als alle anderen Auffassungen) zu beweisen, dann wäre die naturrechtliche Argumentation gefährdet.

Aber dies läßt sich durch ein anderes Verständnis von Naturrecht auffangen. Wiederum ist ein Blick in die Philosophiegeschichte, zu Aristoteles, äußerst hilfreich. Für Aristoteles war das von Natur aus Gerechte keineswegs ein Kanon großer und ewiger Normen, sondern das von Natur aus Gerechte war an den konkreten Einzelfall gebunden. Zwar gibt es auch für ihn naturrechtliche Regeln, die im Normalfall Gültigkeit besitzen: das Recht des Menschen auf Leben, auf körperliche Unversehrtheit, auf die Freiheit, nach seiner Auffassung von Glückseligkeit zu streben; aber in Extremfällen, bei Verbrechen, im Krieg, bei einer Epidemie, können solche Regeln auch suspendiert werden. Die Orientierung der Regeln erfolgt am Normalfall; Extremsituationen können dazu führen, daß die Dringlichkeit eines rangniederen Wertes den ranghöheren Wert zurücksetzt – so wenn ich einem Verhungernden Essen gebe und nicht eine Eintrittskarte in die Oper. Wir werden uns gleich weiteren Beispielen zuwenden, hier erst aber die Auffassung vom naturrechtlichen Denken entwickeln, so wie sie nach Kriegsende vor allem von Joachim Ritter und Robert Spaemann wiederentdeckt worden ist.

Der Einwand, naturrechtliches Denken setze eine Schau in den überirdischen Wertehimmel voraus, läuft ins Leere. In Wirklichkeit bedeutet naturrechtliches Denken die Bereitschaft, mit sich selbst und anderen in ein vernünftiges Gespräch über die Rangfolge der Gesichtspunkte einzutreten, unter denen eine Handlung als gerechtfertigt erscheinen kann. Auch darüber muß man sich im klaren sein: Der moralische Aspekt, der Aspekt der Gerechtigkeit, ist nicht etwa einer, der zu den anderen, etwa dem ökonomischen, dem soziologisch-funktionalen, dem medizinischen usf., hinzuträte. Der moralische Aspekt ist vielmehr nichts anderes als die richtige Reihenfolge der anderen Aspekte.

Man kann also nicht, »moralisch abwägend«, sagen: Gerecht wäre es zwar, nicht zu stehlen, aber ich ziehe in diesem Fall den ökonomischen Aspekt vor. Denn das bedeutete automatisch, daß ich mich gegen das Moralische entschieden hätte. Bei einer Entscheidung »für die Ökonomie« steht ähnlich häufig das Argument im Hintergrund: Wenn wir das Geschäft nicht machen, dann machen es eben die Engländer oder andere. Überspitzt formuliert lautet es in manchen Fällen der Gentechnologie: Erhaltung von Arbeitsplätzen plus Sicherung des Exports oder Moral? Ich würde dagegen fragen: Wenn dies eine Regel sein sollte, bedeutet das, daß ich auch einen Raubmord vor einem Richter rechtfertigen könnte mit der Beweisführung: Hätte ich es nicht getan, dann hätte es, da die Gelegenheit günstig war, bestimmt ein anderer getan? Hegel hat kurz und klar festgestellt: Bei moralischen Fragen sich auf andere zu berufen ist pöbelhaft.

Gerechtigkeit besteht also in der richtigen Reihenfolge der Aspekte, unter denen eine Handlung beurteilt wird, und da diese richtige Reihenfolge bisweilen nicht offensichtlich ist (obwohl doch in den meisten Fällen!), ist unvoreingenommenes Nachdenken, Diskutieren, Sich-belehren-lassen oder Selbst-belehren und Beraten für die naturrechtliche Denkweise charakteristisch.

Fazit: Für unsere ethische Beurteilung der verschiedenen Spezialprobleme der Gentechnologie können wir nach diesem Abschnitt nunmehr dreierlei festhalten:

Zum ersten sind weder »Natur« noch »Evolution« Berufungsinstanzen für moralische Rechtfertigung.

Zum zweiten gilt dies auch für Konvention und positives Recht.[31]

Zum dritten wird das von Natur aus Gerechte, das moralisch Richtige, nicht ermittelt, indem einfach absolute Normen behauptet werden. Vielmehr sind die relevanten Aspekte im konkreten Einzelfall vernünftig abzuwägen. Daß dabei auch absolute Normen eine Rolle spielen (wie sie heutzutage etwa in den Menschenrechten festgehalten sind), ist kein Widerspruch. Sie werden eben nicht einfach behauptet, sondern müssen sich in der philosophischen Diskussion als vernünftig und gerecht ausweisen lassen.

Mit der Abwehr der innerphilosophischen, aber außermoralischen Einwände gegen die Idee des von Natur aus Gerechten in diesem Abschnitt bleiben noch einige innermoralische Probleme übrig, die zu bedenken sind, ehe wir uns konkret der Biologie zuwenden.

Innermoralische Probleme

Auch nach der Abwehr des Konventions- und des Transzendenzarguments gegen die Idee eines von Natur aus Gerechten bleiben Probleme für den, der sich vorläufig einmal auf diese Idee einlassen will. Es sind aber keine Probleme mehr, die gleich die Existenz des Naturrechts beträfen, sondern vielmehr zeugen sie von den Schwierigkeiten, eben dies von Natur aus Gerechte im konkreten Fall zu finden.

Es geht dabei um folgende drei Fragen:

1. Ist eine Handlung gut durch die hinter ihr stehende Gesinnung oder durch ihren Erfolg?
2. Ist es nicht letztlich eine Frage des Gewissens und damit subjektiv, was der einzelne als gut und gerechtfertigt ansieht?
3. Wenn Güterabwägung die Suche nach dem Gerechten kennzeichnet, bringt uns das nicht erneut in einen Relativismus hinein?

Gesinnungsethik und Verantwortungsethik

Der deutsche Soziologe Max Weber hat in seinen Schriften zwei Grundeinstellungen des Menschen zu seinem Handeln dargestellt, die er Gesinnungsethik und Verantwortungsethik nannte. Der Typ des Gesinnungsethikers, so lautet die Bestimmung, achte für die moralische Bewertung ausschließlich auf die hinter der Handlung stehende Absicht, ohne jede Rücksicht auf die Folgen dieser Handlung (oder Unterlassung). Verantwortungsethiker nannte Weber den, der die Gesamtheit der Folgen seines Handelns zum Maßstab von dessen moralischer Beurteilung macht. Beide Typen, verkörpert im Heiligen (Gesinnungsethik) und im Politiker (Verantwortungsethik), schienen Weber nicht mehr argumentativ vergleichbar, so daß ihm Moralität zur Angelegenheit einer subjektiven Grundentscheidung wurde. Ein Aufruf zum Pazifismus etwa, der dem Politiker als Wahnsinn erscheint, weil er in Wirklichkeit die Kriegsgefahr erhöhe, ist in den Augen des Heiligen gerade das Gebotene, während etwa ein Bismarckscher Kabinettskrieg mit einer kalkulierbaren Anzahl an Toten dem Heiligen in jedem Fall unsittlich erscheinen muß.

Ich will mit Webers soziologischer Analyse, die heutzutage auch vielfach als politische Waffe gebraucht wird, nicht allzu sehr ins Detail gehen, sondern die wesentlichen Gesichtspunkte zusammenfassen, die gegen diese Theorie von der Unvermittelbarkeit jener letzten Typen sprechen.[32] Die Entgegensetzung von Gesinnung und Verantwortung ist vor dem Horizont des Moralischen nämlich zum einen abstrakt, zum anderen läßt sie das Phänomen des Sittlichen verschwinden. So ist es, was den Gesinnungsethiker anlangt, ganz unmöglich, die Absicht einer Handlung unter Umgehung aller Folgen festzustellen. Im Gegenteil: Handeln heißt ja, bestimmte Wirkungen hervorbringen zu wollen. Man kann Handlungen nicht einmal beschreiben, wenn man von dem abstrahiert, was in ihnen als Hauptwirkung auftritt.

Ebenso abstrakt ist die Bestimmung des Verantwortungsethikers. Die Totalität der Folgen kann kein Mensch in sein Handlungskalkül mit einbeziehen. Dazu sind sie zu komplex, sie geraten als eine Kaskade von Nebenfolgen immer weiter außerhalb der Einflußmöglichkeit des ursprünglich Handelnden, und ein längerer Zeitraum macht den Überblick endgültig illusorisch. Es ist zwar beliebt, etwa bei Diktatoren, zu sagen: Ich übernehme die Verantwortung auch für alle diese Folgen, ich übernehme die Verantwortung vor der Geschichte. Aber so eine Ausdehnung von Verantwortung zerstört jede konkrete Verantwortlichkeit und dient in Wirklichkeit ihrer Aufhebung. Wie hat man sich wohl auch die Realisierung der Verantwortung vor der Geschichte auf einer großen Hazienda in Argentinien vorzustellen? Im übrigen schlagen die beiden Typen bei entsprechender Ausdehnung direkt ineinander um: Der Terrorist vor Gericht, den wir als Gesinnungstäter zu bezeichnen pflegen, wird sich selbst gerade für einen Verantwortungsethiker halten, der die Rahmenbedingungen unserer Gesellschaft aus Verantwortung sprengen will, während ein brutaler Diktator seine Handlungen vielleicht auf die Liebe zu seinem Volk zurückführen mag.

Beide Typen sind nicht nur abstrakt, sondern sie zerstören das, worum es im Sittlichen geht: konkrete, persönliche Verantwortung, die ihrerseits nicht noch auf einen abstrakten Gesamtzusammenhang einer Welt bezogen ist, die es »insgesamt« zu verbessern gelte.[33]

Konkrete persönliche Verantwortung ergibt sich nie als Pflicht einer mir unbekannten Zahl unbekannter Personen gegenüber, sondern aus den konkreten »sittlichen Verhältnissen«, in denen ich mich vorfinde oder in die ich mich frei begeben habe. Solche konkreten »sittlichen Verhältnisse« sind: Familie, Freundschaft, das Verhältnis zwischen Arzt und Patient, zwischen Lehrer und Schüler, zwischen Bürgermeister und Bürger, zwischen Berufskollegen, zwischen Vorgesetztem und Untergebenem usf. Aus all diesen Verhältnissen ergeben sich meine »selbstverständlichen« Pflichten und Verantwortlichkeiten, in ihnen kann ich moralisch (und unmoralisch!) handeln.

Gewiß kann ich auch Verpflichtungen gegenüber notleidenden Menschen der Dritten Welt empfinden und deshalb für die Hungerhilfe etwas spenden.[34] Dies ist aber keine Pflicht, die irgend jemand mir gegenüber einklagen könnte, sondern es ist eine freiwillig übernommene Verantwortung, auch dann, wenn an mich appelliert wurde, sie zu übernehmen. Sie wird von manchen Menschen so tief empfunden, daß sie zur tätigen Hilfe in diese Länder reisen und dort bleiben. So edel dies ist, kann es doch nicht von anderen mir als meine »eigentliche« Pflicht vorgehalten werden. Für einen Politiker dagegen, etwa den Entwicklungshilfeminister, reicht die Verantwortung natürlich über seine Familie hinaus. Und sie reicht auch nicht nur in andere Länder hinein, sondern erstreckt sich auch auf kommende Generationen. »Verantwortung wächst mit der Macht«, schreibt Robert Spaemann, und er fügt hinzu, daß bei solch enormer Ausdehnung von Verantwortlichkeit diese vor allem negativer Art zu sein habe:

> »Wir können den kommenden Generationen nicht ihre Lebensweise vorschreiben und dürfen es nicht. Wir haben keine Verantwortung für das, was sie aus ihrem Leben machen. Verantwortung haben wir dafür, wie wir ihnen die Welt hinterlassen. Wir haben einerseits nicht das Recht, sie durch technische Transformationen unumkehrbarer Art auf eine Lebensweise zu verpflichten, die sie vielleicht nicht wünschen. Vor allem aber haben wir die Pflicht, ihnen das in Jahrmillionen entstandene

natürliche Erbe als ein Kapital zu übergeben, von dessen Zinsen wir gelebt, das wir aber selbst nicht angegriffen haben.«[35]

Eine solche Verantwortung durchzusetzen, die sich mehr im Unterlassen als im Handeln zeigt, ist Sache des Staates, der entsprechende gesetzliche Rahmenbedingungen schaffen muß. So ist etwa einem einzelnen Unternehmer so lange wegen ökologischer Schäden kein Vorwurf zu machen, wie der Staat nicht entsprechende Gesetze erlassen hat. Der Staat ist es, der zunächst für all die Nebenfolgen erlaubter Handlungen haftet. Deshalb, wie eben gesagt, ist die Verantwortlichkeit des Politikers eine, die sehr viel weitergeht und gehen muß als die des Bürgers.

Ähnliches gilt in bestimmten Fällen auch für den Naturwissenschaftler. Und diese Problematik hat in der berühmten »Sache J. R. Oppenheimer«, der Erfindung der Wasserstoffbombe, breiteste öffentliche Beachtung gefunden. Doch auch hier ist klar, daß die Lösung des Problems nicht in einer Spezialmoral für Naturwissenschaftler besteht mit dem obersten Gebot »Wissen ist besser als Nichtwissen«, sondern im verantwortlichen Abwägen der konkreten Situation.

Im Normalfall eines physikalischen oder chemischen Experimentes ergibt sich kein ethisches Problem. Der Beruf, die Ausbildung, die Umstände entlasten den Forscher, bei jedem solchen Vorgang lange über die Verantwortlichkeit nachzudenken. In besonderen Situationen, Grenzsituationen, gilt das nicht. Der Fall, zwei Reagenzgläser zu einer Neutralisation zusammenzukippen, ist ethisch nicht identisch mit dem, zwei Reagenzgläser zu einem Retortenbaby zusammenzukippen. Mit dieser Feststellung ist nicht die Amoralität des letzteren erwiesen, sondern nur klargestellt, daß hier ein ethisches Problem liegt, über das nachgedacht werden muß.

Eines ergibt sich aus diesen Überlegungen allerdings ganz klar: Konkrete Verantwortlichkeit kann nicht an Ethikkommissionen delegiert werden. Ethikkommissionen sind dazu da, die relevanten ethischen Argumente aufzusuchen, abzuwägen, zu diskutieren, und dafür sind Philosophen, Juristen, Theologen als Teilnehmer immer von Vorteil, als Argumentationsträger, obwohl fast alle solche Kommissionen ihrer entraten. Diejenigen, die dann verantwortlich zu entscheiden haben, sollten ein Optimum auch an ethischer Information besitzen. Wenn aber zum Beispiel ein verantwortlicher Arzt etwas moralisch Verwerfliches täte und, darauf angesprochen, antwortete, für dieses Problem sei die Ethikkommission da und die habe es erlaubt, so macht er sich deswegen genauso schuldig, als wenn die Kommission gar nicht existiert hätte.

Das sittlich Gute besteht also in der Erfüllung von konkreter Verantwortlichkeit und gründet nicht in einer beliebig abstrakten Gesinnungs- oder Verantwortungsethik. Aber wer sagt mir, was im konkreten Fall meine Pflicht ist? Das führt uns zum zweiten Punkt: dem Gewissen.

Gewissen

Mit dem Problem des Gewissens scheinen wir uns auf etwas besonders Subjektives einzulassen, auf eine Sphäre, die einerseits von anderen unhintergehbar ist – über mein Gewissen weiß schließlich nur ich Bescheid –, von der ich andererseits aber erwarte, daß sie von anderen respektiert wird. Kann man denn jemandem etwas Unmoralisches vorwerfen, wenn er sagt, er sei doch seinem Gewissen gefolgt? Und umgekehrt: Genügt es nicht, sich darauf zu verlassen, daß etwa der bekannte Genetiker Karl Illmensee sagt, er würde aus Gewissensgründen bestimmte Experimente am Menschen nie machen? Diesen beiden Fragen müssen wir nachgehen.

Halten wir zunächst mit Robert Spaemann fest: »Vom Gewissen reden heißt: von der Würde des Menschen reden. Gewissen ist die Gegenwart eines absoluten Gesichtspunkts in einem endlichen Wesen.«[36] Das Gewissen sagt nicht, daß dies oder das hier und jetzt für mich gerade gut ist, sondern es ruft dazu auf, ein »an sich« Gutes, nicht nur ein »für mich« Gutes zu tun, beziehungsweise Böses zu unterlassen. Soweit der positive Sachverhalt. Der negative ist: Das Gewissen kann irren. Aus unserer eigenen Erfahrung wissen wir, daß wir uns nicht nur gegen einen eigenen Gewissensspruch entscheiden können (und häufig entscheiden), sondern daß wir selbst dann, wenn wir einem solchen Gewissensspruch folgten, manchmal etwas machten, das sich hinterher als falsch herausstellte. Wie ist dies möglich, wenn das Gewissen einen absoluten Gesichtspunkt darstellt?

Das Gewissen steckt in jedem Menschen zunächst als eine Anlage. Es muß ausgebildet werden, schon in Kindern, die für Werte, für das Tun des Richtigen oder Falschen ein sehr feines Gespür haben. Freilich werden solche Gewissensurteile bei Kindern nur verinnerlicht, wenn sie ihnen in gelebten Beispielen entgegentreten, in ihren Eltern, ihren Lehrern. Und zur Erfahrung, etwas falsch gemacht zu haben, muß die Reue hinzukommen: die bewußte Bereitschaft, in Zukunft anders zu handeln, seine Handlungseinstellung zu ändern.

Die Ausbildung des Gewissens ist nicht mit der Kindheit abgeschlossen. Für ein waches, aufmerksames Gewissen ist etwa die Bereitschaft, sich weiter zu informieren, Sachkenntnis wie Menschenkenntnis zu vermehren, unerläßlich. So könnte ein Arzt nicht »guten Gewissens« auf jede Weiterbildung verzichten, denn im Vertrauensverhältnis zwischen Arzt und Patient setzt dieser voraus, daß jener auf dem Niveau der Heilkunst ist. Je besser informiert das Gewissen ist, desto weniger wahrscheinlich ist es, daß es irrt. Dennoch muß man sich über eine Grenze im klaren sein: Es kann kein endgültiges Kriterium dafür geben, ob ein Gewissen irrt oder nicht. Denn das würde bedeuten, daß es keinen moralischen Irrtum mehr gibt. Man kann aber sehr wohl unterscheiden, ob einer nach seinem Gewissen handelt oder nicht: ob einer nämlich bereit ist, im Fall der Gewissensüberzeugung auch eine unangenehme Alternative in Kauf zu nehmen.[37]

Es ist demnach nicht die Berufung auf das Gewissen, die eine Handlung moralisch macht, denn sagen kann das jeder, und prüfen kann es keiner. Das Gewissen ist, wenn ausgebildet und wachsam, ein sehr feiner Seismograph für die moralische Richtigkeit der eigenen Handlungen. In allen Zweifelsfällen muß es ergänzt werden durch die Vernunft und deren Abwägung von Argumenten und Werten, und nichts unterstützt das Gewissen mehr als die Überführung des rechten Handelns in die Gewohnheit. So ist Tugend für Aristoteles nicht eine Gesinnung, sondern eine Haltung. Und letzten Endes, könnte man sagen (und sagte das Mittelalter), sind nicht Handlungen gut, sondern Menschen.

Hinsichtlich unserer ersten Eingangsfrage ergibt sich also: Die Berufung auf das Gewissen ist keine zusätzliche moralische Qualität einer Handlung. Deswegen ist auch nicht einzusehen, daß vor

Gericht der Gewissenstäter mehr Sympathie oder ein geringeres Strafmaß bekommt als der »ohne Gewissen« – jeder könnte sich auf sein Gewissen berufen, und Gründe gibt es für alles. Sondern das Gericht hat die Handlung, den Tatbestand zu beurteilen.

Die andere Frage bezog sich auf den Forscher, der sagt, er würde etwas aus Gewissensgründen nicht tun. Das ist sehr schön, besonders dann, wenn er es dann tatsächlich nicht tut. Nur entbindet *uns* das keineswegs vom Nachdenken darüber, wie denn genau die Gründe aussehen, die ausschlaggebend dafür sind, Bestimmtes zu unterlassen. Dies ist deswegen wichtig, weil wir diese Gründe für den bereithalten müssen, dessen Gewissen diese Handlungen vielleicht erlaubt oder gar gebietet. Das ist gar kein so seltener Fall. Der eine sagt, er könne Experimente mit menschlichen Embryonen nicht mit seinem Gewissen vereinbaren, der andere kann dies sehr wohl, und er gibt Gründe an (wie es kürzlich ein Philosoph tat): daß man für die Gesundheit vieler später heilbarer Kinder ein paar Embryonen ein Opfer bringen lassen müsse. Bevor man einen solchen Forscher an solchem Tun hindert, ist es nötig, ihn mit Argumenten zu konfrontieren, und somit: Auch der Fall des nicht irrenden Gewissens enthebt uns nicht der gründlichen Beschäftigung mit den einschlägigen ethischen Argumenten.

Werte und Würde

Werte nennt man philosophisch »Inhalte oder Gegenstände gerichteter Gefühle«, kürzer, »begehrte Dinge«. Wenn man die Wirklichkeit auf ihre Werte hin untersuchen und begreifen will, so muß man bereit sein, von sich selbst zunächst abzusehen. Dies ist besonders wichtig in der Erziehung. Vor nicht allzu langer Zeit war es dort das Ideal, jungen Leuten beizubringen, wie sie ihre Interessen am besten *vertreten*. Das war ein Mißgriff. Denn primär geht es darum, junge Menschen zu lehren, Interessen zu *haben*, sich also *für etwas* zu interessieren. Ohne eine solche Erweiterung von Interessen bleibt das, was zu vertreten ist, im wesentlichen auf Essen, Trinken und Sexualität beschränkt, und die Null-Bock-Mentalität eines Teils der jungen Leute ist die konsequente Folge dieser Verkümmerung der Interessen auf das, was wir mit Primeln und Hirschen gemeinsam haben. Man weiß kaum, ob man es mehr bedauern oder mehr begrüßen soll, wenn nicht einmal ein Pornoheft oder eine Haschisch-Zigarette den Null-Bock aus seiner Lethargie hervorlocken.

Für die Ausbildung des Wertgefühls ist erneut Lernen, Aufmerksamkeit, Übung vonnöten. Werte werden auch nie isoliert wahrgenommen, sondern immer in den konkreten Fällen eines Vorziehens oder Hintansetzens. Das gilt innerhalb von Wertgruppen, wie etwa in der Kunst, wo einer Raffael dem Leonardo oder Verdi Wagner vorzieht, und es gilt auch zwischen Wertgruppen. Derjenige, der einen gefundenen Geldbeutel zurückgibt, zieht die Gerechtigkeit dem Genuß vor, den er aus dem gefundenen Geld ziehen könnte. Es gibt hier – und insofern führt das Beispiel auf die Idee einer Hierarchie von Werten – nur die Möglichkeit, der Gerechtigkeit den Wertcharakter überhaupt abzusprechen oder aber zuzugeben, daß Gerechtigkeit höher steht als Genuß. Solche Höher-Niedriger-Verhältnisse lassen sich in einer Unzahl angeben – daß Freigebigkeit besser ist als Geiz, Wahrheitsliebe besser als Vorteilslüge, Gesundheit besser als ihr Ruin usw. –, und es ist auch möglich, sie in größeren Gruppen zusammenzufassen. Dies ist seit der Antike üblich; man unterschied zwischen der untersten Klasse, dem Nützlichen (utile), darüber dem Angenehmen (iucundum), darüber dem Ehrenvollen (honestum, pulchrum). In ähnlicher Weise hat in unserem Jahrhundert Max Scheler in seiner materialen Wertethik vier Typen, die Antike leicht variierend, unterschieden: das Lustvolle, das Vornehme, das Künstlerische und das Heilige.

Wer sich einer solchen Einsicht in die Hierarchie von Werten zu unterwerfen bereit ist, obwohl sie einer (seiner) unmittelbaren Befriedigung zuwiderläuft, den halten wir einer sittlichen Handlung für fähig. Es kehrt hier das oben Gesagte wieder: daß das Moralische einer Handlung dann nicht ein zusätzlicher Gesichtspunkt ist, sondern daß er die richtige Reihenfolge der Wertgesichtspunkte darstellt. Und was die Philosophie hier beizutragen hat, sind nicht die Werte – denn die sind auch ohne sie vorhanden –, sondern deren Abwägung, vor allem in strittigen Fällen. Denn daß es besser ist, »ein unglücklicher Sokrates zu sein als ein glückliches Schwein«, hat sogar ein erklärter Hedonist zugegeben.

Bevor wir uns den Problemen der Abwägung von Werten und der Würde zuwenden, muß noch eine Unterscheidung vertieft werden, die zwischen gut/schlecht für X und gut/schlecht an sich.

Das Wort »gut« bedeutet in der Regel »gut für irgend jemanden in einer bestimmten Hinsicht«. Darüber hinaus kann es auch in Fällen, wo mehrere »Güter« gegeneinanderstehen, bedeuten, was zum einen absolut genommen für eine Person gut ist und zum anderen, wessen Gut in einem Konfliktfall höher steht. Für das eine könnte man als Beispiel die Situation wählen, wo ich mich zwischen dem Lustgefühl einer Rauschdroge und meiner anschließend verschlechterten Gesundheit zu entscheiden habe, für das andere kann der Fall dienen, daß ein Forscher ein eventuell tödliches Experiment mit einem Menschen machen will und zwischen der Forschungsfreiheit und dem Recht auf Leben ein Konflikt erscheint. In solchen Fällen sagen wir nicht, im einen Fall, die Lust sei für mich gut, aber für meine Gesundheit schlecht, oder im anderen, das Experiment sei für den Forscher (oder die Wissenschaft) gut, aber für das menschliche Versuchskaninchen schlecht, sondern beides ist immer schlecht.

Robert Spaemann zieht den noch drastischeren Fall des Pater Maximilian Kolbe heran, der freiwillig für einen Familienvater in einen Hungerbunker ging. Auch hier sagen wir nicht, für den Vater gut, für den Pater schlecht, »sondern wir sehen diesen Mann als jemand an, der die Ehre des Menschengeschlechts gerettet hat, die von seinen Mördern geschunden wurde«.[38] Dies gilt nicht etwa bloß für unseren abendländischen Kulturkreis, sondern für jeden, der von diesem Heiligen hört.

Einer solchen Reihenfolge von Werten (im ersten Fall: Gesundheit vor Lust) beziehungsweise der zugehörigen Handlungen kommt in jedem Fall das moralische Urteil »gut« zu. Dabei müssen die Umstände aber konkret beschrieben sein. Wenn man hingegen allgemeinere Regeln formuliert, dann muß man erkennen, daß es *nichts* in der Welt gibt, was immer und unter allen Umständen gut wäre. Im Gegensatz dazu gibt es für den Fall des Verwerflichen, Bösen eine sehr viel allgemeinere Klasse von Handlungen, die in jedem Fall schlecht sind. Gemeint sind diejenigen, die Kant in einer der Fassungen seines kategorischen Imperativs anspricht: solche, die den Menschen nicht wenigstens *auch* als Zweck, sondern nur als Mittel ansehen, das heißt solche, die den Personcharakter des Menschen prinzipiell außer acht lassen. Das sind konkret gesprochen: Sklaverei, Folter, Tötung Unschuldiger, sexueller Mißbrauch – Kant hatte sogar hinzugefügt: Lügen.

Wir werden diese Fälle hier nicht im einzelnen diskutieren[39], aber eines ist klar: Mit dem Eingriff in den Personcharakter des menschlichen Lebens wird nicht ein Wert unter anderen verletzt, sondern der Mensch als Wertträger, und damit seine Würde. Würde nennen wir jene Eigenschaft des Menschen, aufgrund deren er aus jeder abwägenden Berechnung ausscheidet, weil er selbst der Maßstab der Berechnung ist. Der Mensch hat Würde, weil er selbst nicht nur einen Teil der Wirklichkeit darstellt, sondern auf das Ganze der Wirklichkeit in seinem Gewissen absolut bezogen ist. Das menschliche Handeln realisiert diese Würde, indem es wiederum nicht nur ein Teilelement eines sinnlosen Gesamtgeschehens von Welt ist, sondern indem es vom einzelnen zu verantworten ist. Was die Würde des Menschen prinzipiell außer acht läßt, kann niemals gut sein, und ein Befehl, der einen Menschen dieses tun hieße, andernfalls schlimmere Konsequenzen drohten, darf nicht befolgt werden.[40] Für das in sich Schlechte (das Mittelalter nannte es den actus intrinsice malus) gilt, daß man es moralisch behandeln sollte, als sei es physisch unmöglich.

Wenn wir uns abschließend der Güterabwägung zuwenden, so brauchen wir unsere Überlegungen nur noch zusammenzufassen. Die Güterabwägung, die sich aus unserer konkreten Verantwortlichkeit ergibt (nicht aber diese etwa erst begründet!), tritt uns im Normalfall bereits »fertig« im Gewissensspruch entgegen; das ausgebildete, wache Gewissen teilt dem Menschen mit, was in einer konkreten Situation das Gute und Richtige ist, oder, wenn wir dem entgegenhandeln, gewesen wäre. Problematisch sind, wie schon gesagt, die Fälle, bei denen das Gewissen selbst unschlüssig ist, bei denen zu ihm die vernünftige, ausdrückliche Abwägung in der Reflexion treten muß. Und hier sind nun drei Fälle zu unterscheiden.

Im ersten und einfachsten genügt es, den konkreten Fall mit seinen widerstreitenden Interessen – Gütern – abzubilden auf jene Werthierarchie, die wir als die verbindliche eingesehen haben. Wenn also ein Zuckerkranker den Lustgewinn, der ihm bei einer

Einladung ins Café zunächst so überwältigend schien, hinter seiner Gesundheit zurückstehen läßt, oder ein Angestellter, der vom Chef beleidigt wurde, im Nachdenken darüber seine Ehre über den Arbeitsplatz stellt – das ist in Schelers Sinn vornehmes Handeln.

Eine Variante des ersten Falls ergibt sich aus der Entdeckung, daß nicht nur der Gesichtspunkt der Werthöhe in der Werthierarchie Maßstab für das Vorziehen oder Hintansetzen eines Wertes ist, sondern auch die Dringlichkeit der Realisierung eines niedereren Wertes. Damit ist folgendes gemeint. Der Mensch in seiner Würde als Wertträger ist als Lebewesen bestimmten natürlichen Bedingungen unterworfen, deren Nichtberücksichtigung sein Leben so beeinträchtigen (oder gar beenden) könnte, daß die zugehörigen niedereren Werte – Essen, Trinken, Schutz vor Unbilden usf. – im Dringlichkeitsfall höheren vorgezogen werden müssen.

Das obige Beispiel illustriert dies. Wenn der beleidigte Angestellte ein junger Mann ist, der jederzeit einen anderen, vielleicht einen besseren Arbeitsplatz bekommen kann, wird er seine Ehre diesem sehr viel leichter vorziehen als derjenige, der fünf Kinder hat und aus Altersgründen nur noch sehr schwer eine andere Arbeit fände. Und er handelt, in Rücksicht auf seine Familie, genauso moralisch wie der, welcher seine Ehre dem Geld vorzieht.

Diese Variante ist also insofern problematisch, als Werte gegeneinanderstehen, deren sonst verbindliche Hierarchie wegen der Dringlichkeit durcheinandergebracht wird. Wir müssen uns darüber klar sein, daß es hier *keine* verbindliche Regel mehr gibt, was vorzuziehen oder hintanzusetzen sei, sondern daß sich dies erst aus dem konkreten Fall ergibt. Beide Varianten sind als Güterabwägung im engeren Sinn zu bezeichnen.

Im zweiten Fall ist die Lage einfacher. Er ist dadurch gekennzeichnet, daß sich unter den zu berücksichtigenden Gütern eines befindet, das absoluten Vorrang vor allen anderen hat. Und dies kann nicht in einem allgemein-absolut gebotenen, zu verwirklichenden Guten bestehen – wir sahen ja, daß es nichts gibt, was unter allen Umständen gut ist[41] –, sondern nur in einem absolut verbotenen Schlechten. Es ist dies der Fall, wenn das Recht auf Leben gegen Forschungsfreiheit und ökonomischen Nutzen steht; das wäre ein Zusammenhalten von Unaufrechenbarem. Deswegen kann hier kaum von einer Güterabwägung die Rede sein: Es ist die Grenze der Güterabwägung erreicht, bei der die eine Waagschale auf jeden Fall die schwerere ist. Solche Fälle werden für unsere Beurteilung der Humangentechnologie leitend sein.

Der dritte Fall überbietet und relativiert noch den zweiten. Er ist jener Extremfall, aus dem sich, wie mehrfach betont, für den Normalfall nichts ableiten läßt. Er gleicht der zweiten Variante des ersten Falls insofern, als nur der konkrete Fall die Abwägung erlaubt, und dem zweiten, als kategorische Verbote im Spiel sind. Nur ist es nicht eines, das alle anderen Werte aus dem Felde schlüge, sondern es kommen in diesem dritten Fall mehrere und einander ausschließende Verbote vor. Das geschieht bestimmt nicht häufig, aber da sie in dem von uns behandelten Gebiet von Medizin und Biologie anzutreffen sind, müssen wir uns ihnen stellen.

Ein Beispiel ist der Fall, in dem ein Kind nur zur Welt kommen kann bei gleichzeitig sicherem Tod der Mutter. Das Recht auf Leben des Kindes und das der Mutter stehen gegeneinander. Es gibt Argumente, welche die Mutter bevorzugen (die noch weitere Kinder haben könnte), auch solche, die das Kind bevorzugen (das noch ein ganzes Leben vor sich hat). Ich glaube, keines davon wird dem Fall vollkommen gerecht.

Ärzte sind zumeist die Entscheidungsträger in solchen Situationen, auch etwa, wenn auf einer Unfallstation zwei Schwerverletzte eingeliefert werden und nur einer operiert werden kann. Soll der Chirurg den 18jährigen, sonst gesunden Lehrling retten oder den 66jährigen Universitätsprofessor? Ich beneide keinen Arzt um diese Entscheidung, aber ich meine, daß er sie verantwortlich nur vor Gott fällt und ich oder meine Angehörigen keinen Anlaß zur juristischen Klage hätten, wenn ich derjenige wäre, der nicht gerettet würde.

Wo kategorische Rechte einander widerstreiten, ist der Fall des Tragischen gegeben. Ganz egal, wie die Entscheidung ausfällt: Keiner dieser Fälle ist eine Sache für den Staatsanwalt. Die einzige allgemeine Regel ist, daß es keine allgemeine Regel gibt. Nur wenn der konkrete Einzelfall genau bedacht wird, kann man vielleicht noch Argumente ausmachen, welche die im Gleichgewicht gehaltene Waage um ein Gran nach dieser oder jener Seite ausschlagen läßt. Aber wie gesagt: Diese Extremfälle sagen nicht das geringste aus für den Normalfall, die Normalfälle der ersten beiden Güterabwägungen.

In diesem Kapitel wollten wir die Biologie vom Standpunkt der Philosophie her in den Blick nehmen. Es hat sich ergeben, daß sie als Wissenschaft nicht nur in ihren Anfängen ein Teilbereich philosophischen Nachdenkens war, sondern dies bis heute ist: Als eine besondere Form des Erkennens gehört sie zur theoretischen Philosophie, als eine spezielle Form von Handeln zur praktischen Philosophie. Die Tatsache, daß sich die Fakultäten getrennt haben (nicht einmal allzu lange ist das her; sehr viele unserer berühmten Naturwissenschaftler haben noch den Dr. phil. gemacht!), ist schon deshalb kein Einwand, weil mit Philosophie, wie erwähnt, nicht nur das gemeint ist, was sich an den Instituten und Seminaren für Philosophie der Universitäten abspielt. Philosophie ist ein Nachdenken über »letzte Fragen«, nach dem Guten, dem Gerechten, dem Schönen, dem Sinn des Lebens usw., ein Nachdenken, das vor zweieinhalbtausend Jahren begonnen hat, das Argumente diskutiert und Einsichten über unser aller Wirklichkeit voranbringt. Jeder Mensch, der sich solchen Fragen stellt, sich mit Argumenten, Texten, Fällen beschäftigt, philosophiert.

Die Relevanz der Philosophie beim moralischen Nachdenken, hier über bestimmte Handlungen in der Biologie, war damit gerechtfertigt, noch aber mußten wir uns mit den nichtbiologischen, innerphilosophischen Einwänden gegen Moralität und Gerechtigkeit auseinandersetzen. Als Ergebnis wurde gefunden, daß es das von Natur aus Gerechte gibt, daß es an konkrete Fälle und an ein Nachdenken, an Gedankenmühe, geknüpft ist. Und darin liegt der Sinn unseres langen Umwegs zur konkreten Fragestellung: Wir wissen, daß keine Berufung auf Natur, auf Evolution, auf Geschichte, auf Verhaltensforschung, auf Freiheit der Wissenschaft oder Fortschritt der Technik irgendeine Handlung im Sinn der Moralität automatisch rechtfertigt. Das Moralische ist diesen vielmehr insofern vorgeordnet, als es die richtige Rangfolge unter den Gütern aufstellt und alle Fälle, in denen gegen die Würde des Menschen verstoßen wird und die zugleich dem obigen zweiten Fall – Grenzen der Güterabwägung – entsprechen, herausstellt und aufruft, sie zu verhindern. Es ist klar, daß diese Ausgangsbasis zugleich eine gesetzliche Regelung anstreben muß.

Das neue Können in der Biologie

In der Einleitung wurde der Bundesforschungsminister zitiert, der die Entscheidung über Risiken und ethische Probleme des neuen biologischen Könnens weder den Biologen noch den »moralischen Autoritäten« allein überlassen will – erstere dächten in ihrer fachimmanenten Logik, bei letzteren gelte, daß »alle Moral nichts nützt bei der Entscheidungsfindung, wenn ich von der Sache nichts verstehe«.

Die bisherigen drei Kapitel dienten der Klarstellung des »moralischen Problems«, vor allem auch hinsichtlich seiner wissenschaftlichen »Erklärung«. Damit ist die moralphilosophische Grundlage gelegt, um die einzelnen Fälle des neuen Könnens zu diskutieren. Zuvor aber müssen jetzt noch diese Fälle herausgearbeitet werden, um deren ethische Beurteilung es geht, denn in der Tat: Wenn ich von einer Sache nichts verstehe, kann ich sie nicht beurteilen. Meine folgenden Überlegungen gliedern sich in vier Teile: zuerst einige allgemeine Gedanken zum Umgang des Menschen mit der biologischen Natur, danach die neuen biotechnologischen Möglichkeiten ohne Gentechnologie, dann einige Grundlagen der Molekularbiologie, die als Voraussetzung für den vierten, ausführlichsten Teil dienen, die Gentechnologie einschließlich einiger Ausblicke auf das ihr in absehbarer Zeit Mögliche.

Der Umgang des Menschen mit der Natur

Der Mensch, dessen Natur paradoxerweise auch darin besteht, nicht nur Natur zu sein, hat in die Natur eingegriffen, seit es ihn gibt. Er hat Wälder gerodet, Pflanzen gezüchtet, Tiere gejagt und gezähmt; er hat dies von jeher mit seiner Berechtigung als (auch) natürliches Lebewesen getan, das seine Selbsterhaltung und Arterhaltung sichern und befördern, das die in ihm angelegten Möglichkeiten realisieren will. All das, was sich als spezifisch menschliche

Zivilisation und Kultur herausgebildet hat, mußte im Rahmen unserer natürlichen Bedingungen in Auseinandersetzung mit der Natur, allzu oft auch gegen sie, durchgesetzt werden. Gegen sie: Das heißt natürlich nicht, gegen die Naturgesetze, sondern nur gegen die natürliche Tendenz aller vom Menschen erst hervorgebrachten Dinge, eines gerodeten Waldes, einer Straße, eines Holzstuhles, wieder zu zerfallen, wieder urtümliche Natur zu werden. Ohne alle im heutigen Sinn wissenschaftlichen Kenntnisse der Biologie oder Chemie hat sich der Mensch auch Mikroorganismen zunutze gemacht: bei der natürlichen Düngung genauso wie beim Bierbrauen oder der Weinherstellung. Der Mensch als Herr über die Natur soll sich gemäß dem Bibelwort die Erde untertan machen. Freilich mit der Einschränkung, daß er dabei auch auf die Lebewesen Rücksicht zu nehmen habe. Adam gibt den Tieren Namen; es ist ebenso sehr sein Herrenrecht, dies zu tun, wie er damit umgekehrt die Tiere in ihrem Selbst-Sein bestätigt. Bis in die frühe Neuzeit hinein stand zwar der Mensch in seinem Selbstverständnis an der Spitze der Schöpfung, aber es war eine Lehensherrschaft, die er ausübte, eingebunden in göttliches Recht.

Die Änderungen dieses Verhältnisses zu Beginn der Frühneuzeit, deren tiefere Gründe hier nicht zur Diskussion stehen, sind mit den berühmten Schlagworten »Wissen ist Macht« oder »Der Natur gehorchen, um sie zu beherrschen!« schnell in Erinnerung gerufen. Der unerhörte Siegeszug der Naturwissenschaften, im 18. Jahrhundert vor allem der Physik, im 19. und der ersten Hälfte des 20. der Chemie, seitdem und wohl noch auf längere Sicht der Biologie, haben prinzipiell an diesem »Herrschaftsauftrag« nichts geändert, wenn auch mit dem Vergessen des Eingebundenseins in göttliches Recht Verstöße gegen eben dieses sich mehrten.

Die enorm ausgeweitete Herrschaft über die Natur ist allerdings an eine Grenze gestoßen, welche mit dem »ökologischen Schock« etwa um das Jahr 1970 das Bewußtsein der Öffentlichkeit erreicht hat. Zunächst wuchs die Sensibilität gegenüber der Erschöpfbarkeit der natürlichen Ressourcen, des Erdöls, der Mineralerze usf. Dann ist der Funke übergesprungen auf Vorbehalte gegen die technische Zivilisation, gegen neue Machbarkeiten in der Atomenergie ebenso wie in der Mikroprozessorentechnik oder der Gentechnologie.

Nun scheint mir das pauschale Mißtrauen gegen alles Neue und noch nicht Dagewesene ebensowenig vernünftig wie der blinde Glaube an den technischen Fortschritt, der alle Vorbehalte und Ängste als Aufklärungs- und Akzeptanzproblem einstuft. Es bleibt uns gar nichts anderes übrig, als die einzelnen neuen »Können« erst genau zu verstehen, bevor wir über Ängste, Akzeptanz, ethische Ge- oder Verbotenheit diskutieren.

Klassische Biotechnologie

Unter Biotechnologie versteht man eine interdisziplinäre Wissenschaft, bei der sich verschiedene biologisch-biochemische und technisch orientierte Disziplinen überlappen. Ihr Ziel ist der »Einsatz biologischer Prozesse im Rahmen der industriellen Produktion«.[42] Der Weg dorthin besteht darin, Verfahren zu erfinden, zu beschreiben und zu erforschen, mit denen die Produktion zur größtmöglichen Leistungsfähigkeit gebracht wird. In der klassischen Biotechnologie werden vor allem folgende Organismen verwendet:

1. Mikroorganismen (Bakterien, Hefen, andere Pilze, Algen),
2. Zellen oder Zellgewebe (Zellkulturen höherer Pflanzen und Tiere) und
3. aus diesen Organismen (1. und 2.) isolierte Bestandteile (z. B. Enzyme).

Ebensoweit sind auch die Produkte gestreut, die man aus den Organismen gewinnt oder zu gewinnen hofft: Nahrungsstoffe, Arzneimittel, ökologisch interessante Stoffe, Rohstoffe. Beim Weg von der Ausgangssubstanz zum Produkt wird deutlich, daß die Zusammenarbeit der Disziplinen notwendig ist. Während (Mikro-)Biologen solche Mikroorganismen, die durch besondere Leistung aufgefallen sind, isolieren, vermehren, klassifizieren, sind es die Physiologen, die deren Nahrungsbedarf für optimales Wachstum ermitteln. Genetiker stellen aus diesen Ausgangsstämmen Mutanten (genetisch leicht veränderte Varianten) her und wählen darunter diejenigen aus, welche die erwünschte »besondere Leistung« in gesteigertem Maß vollbringen. Damit ist das wissenschaftliche Fundament für eine Massenherstellung gelegt. Nun sind es Verfahrenstechniker, welche die für die Produktion günstigsten Rahmenbedingungen suchen (Belüftung, Mischen usf.), Ingenieure, welche die dafür notwendigen Geräte konstruieren (»Bioreaktoren«), natürlich auch die zur Steuerung und Kontrolle erforderlichen Geräte, und schließlich, wenn das Produkt in den gewünschten Mengen als »Biomasse« angefallen ist, muß es von Biochemikern noch aus dem Nährmedium herausgeholt, von anderen Stoffen, etwa Zellwänden der Organismen, gereinigt, isoliert, identifiziert werden. Ohne das Teamwork dieser verschiedenen Fachrichtungen wären Erfolge bei neueren biotechnologischen Zielsetzungen undenkbar. Untersuchungen auf medizinische oder ökologische Unbedenklichkeit, Verbesserung von Aussehen und Geschmack o. ä. bewirken in der Regel noch einen langen Marsch durch Experimente, Variationen, Erprobungen, die Bürokratie usf. (und das ist gut so).

Um nicht gar zu abstrakt von den Möglichkeiten dieser klassischen Biotechnologie zu sprechen, sehen wir uns drei Beispiele an: eines aus dem Bereich der Nahrungs- und Futtermittel, eines aus der Ökologie, eines aus dem Gebiet der Rohstoffe.

Die biotechnische Erzeugung von Nahrungsmitteln konzentriert sich gegenwärtig auf die Produktion einer essentiellen (lebensnotwendigen) und besonders hochwertigen (und auch teuren) Nahrungskomponente des Menschen, das Eiweiß. Der Mensch deckt seinen Bedarf normalerweise aus tierischen, in geringerem Ausmaß aus pflanzlichen Produkten (welche ihrerseits Voraussetzung sind für das tierische Eiweiß). Diese Nahrungskette ist nicht nur langwierig, sondern auch energetisch aufwendig. Die »Veredelung« des Eiweißes auf dem Weg von der Pflanze zum Tier bringt einen Verlust von über vier Fünfteln der eingesetzten pflanzlichen Masse mit sich.

Nun bestehen Mikroorganismen bis zu achtzig Prozent aus Eiweiß, so daß ihre gezielte biotechnologische Produktion sowohl als Tierfutter als auch direkt für den Menschen in die Nahrungskette eingreifen könnte. Beides ist seit längerer Zeit nicht mehr nur Theorie. Von variierenden Ausgangsorganismen, die sich durch hohe Qualität und Unbedenklichkeit des selbstproduzierten Eiweißes auszeichnen, wird in Bioreaktoren durch Nährmedien mit rela-

Das Gesamtverfahren kann man sich in einen Schema verdeutlichen:

Voraussetzung

Mikroorganismen mit »interessanter« Leistung: z. B.
- geeignet als Nahrungsmittel → Eiweiß
- enthält medizinisch interessanten Stoff → halbsynthetische Arzneistoffe
- baut Zellulose ab → Alkohol (auch als Treibstoff)
- baut Faulschlamm ab → unbedenkliches Wasser
- hemmt andere Mikroorganismen → Antibiotika

↓

Nahrung, Belüftung, Mischung, »richtige« Temperatur

↓

Biomasse im Bioreaktor

↓

Produktion der gewünschten Substanz

↓

Isolation, Reinigung und Identifikation

↓

Erprobung und Zulassung

tiv einfachen und billigen organischen Substanzen (Erdölbestandteilen, Zuckerabfällen, Methanol) als Biomasse ein Rohprodukt gewonnen, dessen Roheiweißgehalt je nach Ausgangsorganismus und Nahrungsmedium bis zu neunzig Prozent beträgt.

In den meisten Fällen läßt sich die Rohbiomasse direkt als Tierfutter verwenden; in besonderen Fällen lohnt es sich auch, Reinproteine aufwendig zu veredeln und dann höherwertigen Nahrungsmitteln zuzusetzen; dies geschieht heute etwa bei Back- und Fleischwaren, auch bei Suppen und Fertiggerichten. Neben dem einfacher zu gewinnenden Sojamehl gilt biotechnologisch gewonnenes Protein heute als die preiswerteste Eiweißquelle. Es besitzt gegenüber dem Sojamehl bessere Geschmackseigenschaften und auch eine qualitativ höhere Feinzusammensetzung (was die enthaltenen Aminosäuren anlangt). Dennoch ist gegenwärtig das Soja bei einer Welternte von über hundert Millionen Tonnen pro Jahr dem biotechnologisch gewonnenen Eiweiß mengenmäßig um ein Vielfaches überlegen. Das kann und wird sich, so die Prognosen von Ernährungswissenschaftlern, bei steigender Weltbevölkerung sowohl regional als auch global deutlich ändern.

Nach diesem Verfahren, hier nur in groben Zügen beschrieben[43], werden bei geänderten Randbedingungen auch medizinisch und ökonomisch interessante Stoffe produziert. Das gilt für die Bioreaktoren zur Erzeugung von Antibiotika oder von Hormonen ebenso wie für den biotechnologischen Abbau von Zellulose und Biomasserückständen zu Alkohol. Von ökologisch höchstem Interesse ist das Verfahren in der biologischen Abwasserreinigung, dem bislang größten Anwendungsgebiet der Biotechnologie.

Unser zweites Beispiel für ein aktuelles biotechnologisches Können stammt aus dem Bereich der Ökologie; es ist die Herstellung von Pflanzenschutzmitteln ohne chemische Keulenwirkung. Dazu bedient man sich heutzutage bestimmter Mikroorganismen, die, wie im Fall des Penicillins, andere schädliche Mikroorganismen in ihrem Wachstum hindern können, oder bestimmter chemisch wohldefinierter Stoffe im Mikrobereich, der Pheromene. Die Produktion des ersteren fällt unter das beim Eiweiß beschriebene Verfahren; das ist hier nicht mehr zu vertiefen. Bei letzterem lohnt sich die Darstellung – als die einer »Überlistung der Natur«.

Pheromene sind chemische Signal- und Botenstoffe, mit deren Hilfe in der lebenden Natur Informationsaustausch stattfinden kann. An einem bestimmten Ort werden, gewissermaßen als chemische Nachrichtenübermittlung, die Signalmoleküle abgegeben. Durch den Wind oder auch einfach nur durch Diffusion, das Verströmen in der Luft, gelangen sie zu den dafür sensiblen Empfängern und lösen in ihnen ein Gefühl (z. B. im menschlichen Bereich »Es stinkt« oder »Wie lecker!«) und/oder ein Verhalten aus (»Nichts wie weg«, »Nichts wie hin«).

Das Organ, mit dem Säugetiere solche Informationen wahrnehmen (das sog. olfaktorische Organ), ist bekanntlich die Nase, bei den Insekten sind es die Antennen. Wie bei anderen Sinneswahrnehmungsorganen auch, sind viele Tiere hierbei dem Menschen in ihrer Sensibilität weit überlegen. Die Erkenntnis, daß bei manchen Insektenarten schon die Geruchswahrnehmung eines einzelnen Moleküls das entsprechende Verhalten auslösen kann, ist nun für ein ökologisch wertvolles, weil unbedenkliches Schädlingsbekämpfungsmittel ausgenutzt worden.

Für eines der bereits eingesetzten Verfahren spielt das Sexualpheromen eine wichtige Rolle: Mit einer produzierten Menge von nur einem milliardstel Gramm lockt etwa ein bestimmter Pflanzenschädling, ein Schmetterlingsweibchen, sein Männchen zur Begattung an – es fliegt in die Richtung zunehmender Konzentration. Auf zweierlei Weise kann die Liebessehnsucht dem Schmetterling zum Verhängnis werden: einmal, indem er in eine Falle geht, die mit dem künstlich hergestellten Pheromen versehen wurde, zum anderen, indem einfach ein vor dieser Art zu schützendes Feld mit einer Pheromenglocke »überhängt« wird (das ist mit minimalen Mengen erreichbar) und der Falter in dieser Wohlluft sein Weibchen nicht findet, die Vermehrung also unterbleibt.[44]

Ich habe so beiläufig gesagt: »Künstlich hergestelltes Pheromen.« Dies ist natürlich die eigentliche biotechnologische Leistung bei diesem Beispiel. Zunächst mußte es ja aus der Schmetterlingsdrüse isoliert und in seiner Struktur aufgeklärt werden. Der Chemiker H. J. Bestmann hat für diese Arbeit folgenden Vergleich angestellt:

> »Man gehe durch das Chemikalienlager einer großen chemischen Fabrik und nehme von jeder Chemikalie ein Kilogramm, mische alle in einem großen Kessel zusammen, gebe dazu ein Gramm einer biologisch wirksamen Verbindung, rühre nochmals gut um und gebe einem Chemiker die Aufgabe, aus diesem Gemisch die hochwirksame Verbindung zu isolieren.«[45]

Nur geht es in unserem Fall nicht um Kilogramm- und Gramm-Mengen, sondern um milliardstel Gramm. Eine raffinierte Versuchsanordnung ist daher entwickelt worden. In ihrem Mittelpunkt steht ein Schmetterling mit seinen Antennen als dem empfindlichsten und spezifischsten Detektionsmittel. Der Stoff konnte isoliert, mit den heutigen Analysemethoden von UV-Spektrographie und Gas-Chromatographie identifiziert und schließlich auch synthetisiert werden. Umweltschutz und Schädlingsbekämpfung im Mikrogrammbereich – man muß das als Alternative zu den »chemischen Keulen« wie DDT und seinen Nebenwirkungen sehen und fördern.

In einer gewissen Weise hat auch das dritte Beispiel mit der Ökologie zu tun, hier mit der besseren Ausnutzung natürlicher Ressourcen, die gleichzeitig längerfristig die Deckung des Bedarfs (für kommende Generationen) an ihnen sichert. Dieses Beispiel fällt wieder in den Bereich unserer obigen Skizze: Eine Bakterienart vermag eine besondere Leistung zu erbringen (immer in ihrem eigenen Interesse, aber eben auch in unserem), wird kultiviert und vollbringt diese Leistung dann in ökonomischem Maßstab. Die besondere Leistung von Bakterien der Gattung Thiobacillus besteht darin, daß sie durch Koppelung bio- und geochemischer Reaktionen schwerlösliche Metallverbindungen in Lösung bringt. Aufgefallen war diese Eigenschaft zunächst negativ: Das Bakterium beschleunigte das Rosten von Leitungen und anderen Eisenteilen in Grubenwässern. Bald aber begann man, diese Fähigkeit ins Gute zu verkehren – daß Erze mit sulfidischen Metallgehalten weit unter der heutigen Grenze ökonomischer Abbauwürdigkeit biologisch ausgelaugt und genutzt werden konnten. Eine bereits weitgehende Erforschung der Möglichkeit, Metalle auch aus Industrierückständen zu gewinnen, macht die ökologische Bedeutung dieses biotechnologischen Ansatzes hinsichtlich des Recyclings wie des Abbaus giftiger organischer Metallverbindungen offensichtlich.

Mit diesem Beispiel soll unsere kurze Skizze der klassischen Biotechnologie beendet sein. Ihr Ausgangspunkt sind lebendige Organismen mit bekannten Eigenschaften sowohl der Produktion als auch der Reproduktion. Die Gentechnologie ist demgegenüber gewissermaßen das nicht-klassische Verfahren der Biotechnologie, denn sie nimmt umgekehrt eine gewünschte, aber im Naturzustand nicht ausreichend nutzbare Leistung zum Ausgangspunkt und setzt sich zum Ziel, entsprechende Mikroorganismen (Zellen von Pflanze oder Tier) genetisch zu verändern, also nicht-natürlich vorhandenes Leben herzustellen. Bevor wir uns mit dieser gegenwärtig interessantesten Biotechnologie beschäftigen, müssen wir uns mit einigen theoretischen Grundlagen der Molekularbiologie und ihrem Bezug zur Gentechnologie vertraut machen.

Grundlagen der Molekularbiologie – Voraussetzungen der Gentechnologie

Der mit diesen Grundlagen vertraute Leser kann diesen Abschnitt überspringen; der nicht vertraute muß nicht befürchten, daß ihm nun Oberschul- oder Universitätsstoff nachzuholen zugemutet wird. Es kann nur um die *Grundlagen* gehen und bei diesen auch nur das Einfache und Wichtige berücksichtigt werden.[46]

Das Leben ist in seiner individuellen Entstehung wie in seinem lebenslangen organischen Vollzug an materielle Strukturen gebunden, deren kleinste vollfunktionstüchtige Einheit die einzelne Zelle ist. Obwohl die Zellen auf verschiedene Weisen spezialisiert sind, enthalten sie doch alle dieselbe Erbinformation. Welche Aufgabe eine Zelle im Rahmen des Gesamtorganismus gerade oder dauerhaft übernimmt, wird durch die Aktivierung und Desaktivierung der verschiedenen Teile dieses Erbguts bestimmt.

»Erbinformation«, »Erbgut«, heute auch als Gesamtheit »Genom« der Zelle beziehungsweise des Lebewesens genannt, ist der Naturwissenschaft in seinen Strukturen erst seit etwa hundert Jahren näher bekannt. Wir können nicht die spannende Geschichte der hierzu gehörigen Entdeckungen, von Gregor Mendel über Thomas Morgan Hunt zu Watson und Crick, verfolgen, sondern müssen uns mit den Resultaten begnügen.[47]

Der größte Teil des Erbguts einer Zelle befindet sich im Zellkern und dort in Form von Chromosomen (beim Menschen sind es 23 Paare, die bei der Zellteilung sichtbar werden). Auch in der Benennung »Chromosom« (Farbkörper) spiegelt sich der historische Prozeß wider: Sie waren einmal eine letzte (im Mikroskop sichtbare) Einheit, und erst Mikrochemie und Elektronenmikroskope haben es ermöglicht, den Feinbau weiter zu erforschen. Chromosomen bestehen aus einer sehr komplizierten organischen Verbindung, der Desoxyribonukleinsäure (DNS). In ihrer chemischen Grundstruktur ist die DNS bei allen Lebewesen gleich, der Mensch eingeschlossen; das ist die Voraussetzung dafür, daß Gene in Organismen anderer Arten eingepflanzt werden können.

Die DNS ist ein in sich gedrehtes Kettenmolekül (»Doppelhelix«), auf welchem die einzelnen Informationsabschnitte für die Erbeigenschaften wie Perlen auf einer Schnur aufgereiht sind. Diese einzelnen Erbanlagen nennt man Gene, und den Molekularbiologen ist es gelungen, für bestimmte Organismen sogenannte Genkarten zu ermitteln, das heißt die Reihenfolge und die Funktion dieser Einzelabschnitte, wie sie sich auf einem Chromosom befinden. Zu einem vollständigen Abschnitt, Gen, gehört auch seine Aktivierungs- und Desaktivierungsanweisung, die ebenfalls chemisch verschlüsselt ist.

Eine Grafik mag die verschiedenen Größenordnungen der Betrachtung des Erbmaterials verdeutlichen.[48]

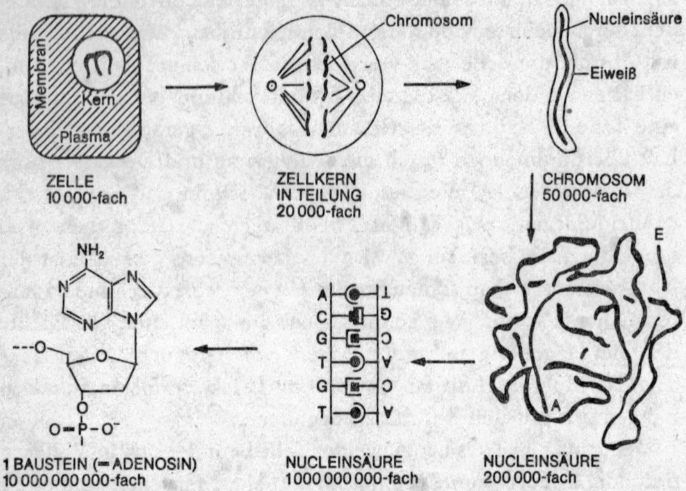

Mit der Identifizierung eines Gens als der Träger einer bestimmten Erbeigenschaft eines Organismus ist die Möglichkeit eröffnet (wenn auch noch lange nicht realisiert!), dieses herauszuschneiden und mit ihm zu experimentieren, es woandershin zu verpflanzen usf. Genau das ist mit dem Auffinden von geeigneten »Scheren« möglich geworden: den Restriktionsenzymen, die in der DNS die

Gene auseinanderschneiden können und sie der Isolierung zugänglich machen. Eine anschließende Verpflanzung des Gens in das Chromosom eines anderen Organismus erfordert nun »nur noch« (es ist äußerst kompliziert!), daß dieses selbst aufgeschnitten und mit dem isolierten Gen zusammengeklebt wird. Damit hat man eine »neu kombinierte DNS«, englisch »recombinant DNA«, die der ganzen bisherigen Debatte um die neue Technologie den Namen gegeben hat.

Wenn nun eine solche neukombinierte DNS in eine normale Zelle zurückverbracht wird, etwa in eine Bakterienzelle, so funktio-

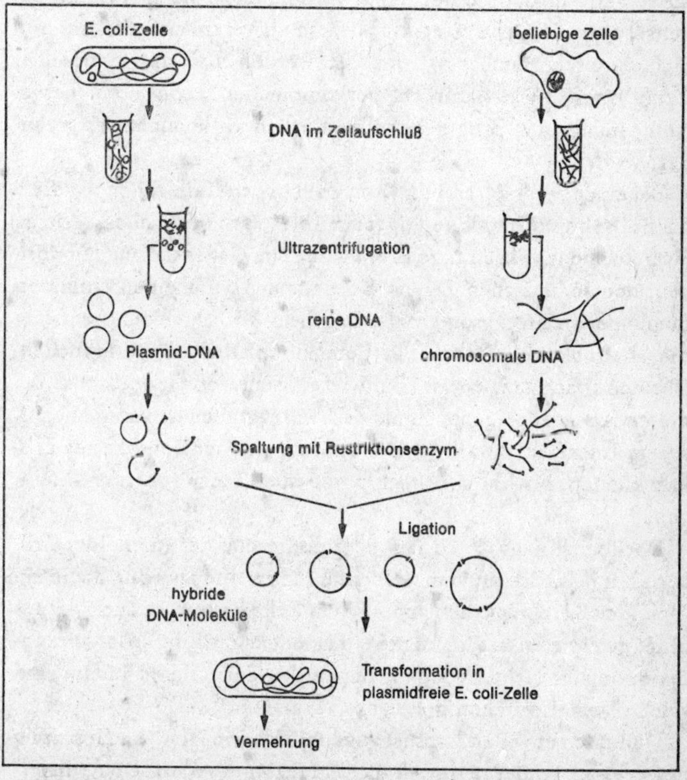

Unter Klonierung versteht man die Erzeugung einer Nachkommensgruppe, die sich durch vegetative Fortpflanzung von *einer* Mutterzelle herleitet, also genetisch homogen ist. Man kann Gene, aber auch ganze Organismen klonieren.

niert in ihr auch jenes verpflanzte Gen. Und da gibt es nun Erbeigenschaften von großem Interesse, so die Fähigkeit, Insulin zu produzieren, und mit diesem Stoff ist das skizzierte Verfahren auch schon technisch gelungen. Technisch: Das heißt auch in ökonomischem Maßstab, denn die Bakterien vermehren sich mit dieser neuen Erbeigenschaft so schnell, daß ihre Insulin-Produktion die einer menschlichen Drüse leicht in den Schatten stellt. Das geht aus vorstehendem Schema[49] hervor.

Dies ist das »Geheimnis« der Gentechnologie: auf molekulargenetischer Ebene Vererbungsstrukturen zu isolieren, gegebenenfalls zu verändern, um die mit ihnen verbundenen biochemischen Eigenschaften in Organismen erblich so zu verankern, daß sie biotechnologisch nutzbar werden. Es werden also die materiellen Grundlagen nicht-natürlich vorkommender Lebewesen hergestellt, indem das Erbgut bereits natürlich vorkommender verändert wird.

Bei einer besonderen Form von Zellen, den Keimzellen, ist diese Technik von nochmals gesteigertem Interesse. Keimzellen besitzen zwar auch das vollständige Erbgut, aber im Gegensatz zu den übrigen, den somatischen Zellen (Körperzellen), nur einen einfachen (haploiden) Chromosomensatz. Bei ihrer Verschmelzung entsteht die »befruchtete Eizelle« mit dem kompletten (d. h. doppelten) Chromosomensatz; aus ihr entwickelt sich der Organismus. Bei diesen Keimzellen gentechnologisch einzugreifen ist von medizinischem Interesse, etwa bei der Heilung genetisch verankerter Erbkrankheiten, bis hin zur (noch utopischen) Steigerung der Intelligenz.

Darüber hinaus: Wird bei einer Keimzelle der (haploide) Zellkern mit dem Erbgut komplett entnommen und an seine Stelle ein diploider Kern aus einer somatischen Zelle gesetzt, so kann daraus unter geeigneten Bedingungen ein eineiiger Zwilling (Klon) des Individuums gezüchtet werden. Bis zu den Säugetieren hinauf sind solche Versuche schon gelungen.

Und noch etwas anderes ist zugänglich geworden: die Kreuzung des Erbguts zweier natürlich nicht kreuzbarer Arten. Denn die erfolgreiche Befruchtung einer Eizelle kennt viele natürliche Schranken, und sie ist gewöhnlich nur innerhalb einer Art möglich. Mit der erreichten molekularen Dimension der Vererbung lassen sich auch nicht-natürlich vorkommende Hybriden, »Chimären«, züchten, wenn man die störenden Schranken umgehen kann. Das ist bei Pflanzen schon geschehen.

Doch nun wenden wir uns dem konkreten Können zu, auch soweit es in absehbarer Zeit als möglich erscheint.

Gentechnologie

In der Theorie, vor allem in dieser kurzen Skizze, nehmen sich die molekularbiologischen Grundlagen der Gentechnologie ausgesprochen einfach aus. In Wahrheit handelt es sich aber bei dem Weg zu ihr hin als »Technologie« zweifellos um eine Folge sehr schwieriger und bedeutender wissenschaftlicher Entdeckungen, und die Geschwindigkeit, mit der sie gelungen sind, hat alle bisherigen Prognosen übertroffen. Bei der praktischen Verwertbarkeit der prinzipiellen Erkenntnisse haben sich freilich auf vielen Gebieten noch zahlreiche Hindernisse eingestellt, die sich aus den in unserer Skizze vernachlässigten Rahmenbedingungen der Technologie ergeben: der extremen Kleinheit und Komplexität der genannten Erscheinungen, der riesigen Anzahl von DNS-Sequenzen im Genom, den vielen weiteren Bausteinen in lebenden Zellen, Immun- und Resistenzreaktionen usf. Wir wollen auch hier nicht ins Detail gehen, sondern uns auf das konkret Mögliche konzentrieren. Es lassen sich drei Klassen von durchgeführten oder geplanten Projekten unterscheiden:

1. Grundlagenforschung zur Analyse der Genstruktur, Genfunktion und Genregulation,
2. »Grüne« Gentechnologie, das heißt Forschung und Anwendung an Mikroorganismen und an Pflanzen,
3. »Rote« Gentechnologie, das heißt Forschung und Anwendung an tierischen und menschlichen Zellen und Organismen.

Die Erbanlagen (Gene) auf der DNS und ihre Funktion habe ich bereits erwähnt. Hier muß nun kurz der Zusammenhang dargestellt werden. Die Feinstruktur der DNS und damit der Gene besteht in einer bestimmten Reihenfolge (Sequenz) von Basenpaaren, die ihrerseits darüber entscheidet, welches spezifische Eiweiß (eine Kette von Aminosäuren) durch das jeweilige Gen gebildet wird. Den Schlüssel für die Übersetzung der Basenanordnung (des Gens) in die Aminosäurenanordnung (des Eiweißes, z. B. eines Enzyms, Hormons o. ä.) nennt man den genetischen Code. Hierbei gilt für die Erforschung von Anordnung und Funktion ein »magisches Dreieck« (Dieter Oesterheld) zwischen Gen, Struktur und Funktion. Hat man eine seiner Ecken, so lassen sich die anderen Ecken auffinden, das heißt, man kann jeweils an der am leichtesten zugänglichen Seite ansetzen.

Kennen also etwa die Peptid-Chemiker die Aminosäurensequenz eines Eiweißes, so können die Molekulargenetiker die Strukturen des ihm entsprechenden Gens entwerfen. Haben umgekehrt die Molekulargenetiker ein Stück DNS (Gen) von potentieller Wichtigkeit gefunden, so läßt sich das daraus produzierbare Eiweiß vorhersagen.

Der Zusammenhang im magischen Dreieck ist so weit aufgeklärt, daß mit Hilfe von »Gen-Maschinen« beziehungsweise »Gen-Synthesizern« das Gen aus seinen Einzelbausteinen automatisch zusammengebaut und seine Funktion überprüft werden kann. Synthesen, für welche Forscher um 1975 noch zehn Monate brauchten, sind jetzt in wenigen Tagen zugänglich. Nach diesem Prinzip lassen sich die Gene also in ihrer Reihenfolge auf der DNS beim jeweiligen Organismus ermitteln. Bei den einfachsten Viren mit zehn bis hundert Genen ist das mehrfach vollständig gelungen.

Schwieriger war die Aufklärung des »Erbinformationsbandes« bei dem »Universal-Bakterium« der Gentechnologie, der Escherichia coli, denn es handelte sich immerhin um rund 4000 solcher Gene. Diese Genkarte nimmt sich im Schema[50] wie folgt aus (die Kurzbezeichnungen charakterisieren bestimmte Erbeigenschaften, ohne daß das hier weiter zu verfolgen ist):

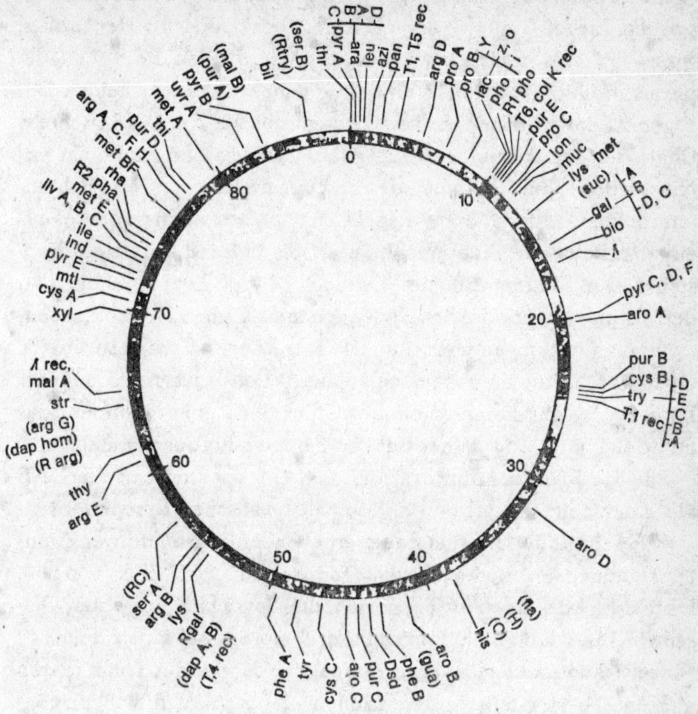

Beim Menschen sind es freilich schon 50 000 Gene, die zu katalogisieren wären: Hier beschränkt sich die Forschung gegenwärtig darauf, wichtige Gene zu identifizieren, solche, die Erbkrankheiten hervorrufen, oder solche, die Hormone und andere medizinisch-physiologische Wirkstoffe erzeugen. Trotz der großen Zahl sehen die Biologen keine prinzipiellen Schwierigkeiten darin, auch eine menschliche Genkarte zu erstellen, und man veranschlagt dafür etwa noch dreißig Jahre (1980 waren erst etwa 350 menschliche Gene lokalisiert).

Das folgende Beispiel macht klar, daß diese »im Prinzip leichte« Aufklärung enorme Schwierigkeiten macht: Es geht um die Identifikation desjenigen Gens, welches das β-Globin (ein besonderes Eiweiß) in den Erythrozyten (roten Blutkörperchen) kodiert. Das menschliche Genom ist in einem winzig kleinen Zellkern versammelt. Bei 10 000facher Vergrößerung wäre ein einzelnes Gen etwa drei Millimeter lang. K. Sperling vergleicht die Suche nach einem solchen Einzel-Gen mit der nach der Stecknadel im Heuhaufen, wobei letzteres natürlich viel einfacher ist, da sich die Stecknadel physikalisch und chemisch eindeutig vom Heu unterscheidet. Dagegen ist das winzige Gen vom Gesamtmolekül der DNS in ihrem Charakter der Zusammensetzung (aus Basenpaaren usf.) nicht unterschieden. Nur die *Abfolge* der Basenpaare läßt die Gene sich unterscheiden; unter diesem Aspekt ist ein Gen nichts anderes als eine Sequenz von mehreren hundert bis tausend derartiger Bausteine. Daß die Identifikation dennoch gelingt, liegt zum einen an den schon genannten »Scheren«, den spezifischen Restriktionsenzymen, und zum anderen an der Tatsache, daß einzelsträngige DNS-Abschnitte im Reagenzglas aus vielen Tausenden anderer DNS-Stücke ihr komplementäres Stück »erkennen« können, das heißt, sich mit ihm zu einer stabilen Doppelhelix zusammenlagern.

Für die Identifikation des β-Globin-Gens wurde erst die DNS aus einer Zelle isoliert und mit einem spezifischen Restriktionsenzym geschnitten. Die sich dabei ergebenden Segmente waren unterschiedlich groß, pro Kern liegt ihre Zahl weit über 100 000. Durch Elektrophorese ließen sich die Segmente auf einer Gelschicht ihrer Länge nach trennen und danach auf einem Filter in Einzelstränge zerlegen. Eine radioaktive Kopie des Gens (deren aufwendige Herstellung darzustellen hier zu weit führte) ermöglichte es, gemäß der oben genannten komplementären Bindungsfähigkeit das gesuchte β-Globin-Gen auf dem Filter zu identifizieren.

Warum haben wir gerade dieses Beispiel gewählt? Nun, es gibt eine schwere Erbkrankheit (Thalassämie), die gerade darauf beruht, daß dieses Gen nicht vorhanden ist; somit kann die genetische Untersuchung *einer* Zelle schon den Nachweis der Krankheit erbringen. Allerdings ist diese »direkte« Methode der Identifikation nur bei den wenigen Erbkrankheiten möglich, die auf dem Verlust eines ganzen Gens beruhen. Viel häufiger ist der Fall, daß nur die Sequenz von Basenpaaren umgestellt ist, also eine Mutation vorliegt. Auch hier gibt es mittlerweile »indirekte« Verfahren, um eine Diagnose stellen zu können; ihre Darstellung ist für unseren Zweck zu komplex. Insgesamt sind heute etwa 1800 verschiedene monogene[51] Erbkrankheiten bekannt, bei denen es zumindest in der Zukunft möglich sein wird, sie schon vor der Geburt gendiagnostisch nachzuweisen. Als bekannt gelten unter anderem

- die Sichelzellenanämie,
- die Thalassämie (verschiedene Einzelformen),
- die Phenylketonurie,
- die Galactosämie
- die Vorwegveranlagung (Prädisposition für frühzeitiges Lungenemphysem,
- der individuell verschiedene Abbau (in Geschwindigkeit und in der Stärke der Giftwirkung) von E 605, Alkohol, Tuberkulosemitteln, Anästhetika.

Die Diagnose solcher monogener Erbkrankheiten, in vielen Fällen schon im Mutterleib möglich, wird in ihrer Auswirkung auch bei der roten Gentechnologie noch erörtert.

Zu den Projekten der Grundlagenforschung gehört auch die Aufklärung der Genregulationssysteme, das heißt der Vorgänge von Genaktivierung und -desaktivierung im Körper. Auch hier können Defekte zu Erbkrankheiten führen.

Generell ergibt sich für die biologische Forschung durch die Gentechnologie ein Instrument zur weiteren Aufklärung der entwicklungsbiologischen Prozesse (bis hin zur Rekonstruktion evolutionsbiologischer Abschnitte), der Zelldifferenzierung, der Alterungsvorgänge, der Entstehung und Entwicklung von Tumoren und Krebsen. Die Genkarten und Genfunktionen sowohl der krankheitserregenden Viren und Bakterien wie der befallenen Gewebe und Organismen spielen dabei eine gleichermaßen große Rolle für eine potentielle medizinische Anwendung.

»Grüne« Gentechnologie

»Grüne« Gentechnologie ist ein (nichtwissenschaftlicher) Sammelbegriff für alle jene gentechnologischen Forschungen und deren Nutzung, die sich mit niedrigen Organismen (Viren, Bakterien, Hefen) und Pflanzen beschäftigt. Sie ist nicht streng von der »roten« Gentechnologie zu trennen, da auch menschliche Gene zum

Beispiel in Bakterien verpflanzt werden, um Insulin zu produzieren. Wir beschränken die rote Gentechnologie (die ihren Namen von der bei ihren Forschungen normalerweise auftretenden Blutfarbe im Reagenzglas hat) pragmatisch auf den ausschließlichen Umgang mit tierischen oder menschlichen Zellen.

Es ist für die grüne wie die rote Gentechnologie vorab festzuhalten, daß der größte Teil der in sie investierten Arbeit nach wie vor in der Grundlagenforschung besteht; die ökonomische oder medizinische Nutzung ist bislang auf wenige Fälle beschränkt und wird weit überragt von der Untersuchung der Lebenszusammenhänge in den Organismen und Zellen.

Innerhalb der grünen Gentechnologie müssen nochmals zwei Gruppen von Projekten unterschieden werden: einmal die Produktion von »interessanten« Stoffen gemäß der klassischen Biotechnologie, aber mit zuvor gentechnologisch veränderten Mikroorganismen; zum andern die gentechnologische Verbesserung der Leistungsfähigkeit von (höheren) Nutzpflanzen.

Mikroorganismen

Bei der ersten Gruppe handelt es sich um eine Erweiterung der oben diskutierten klassischen Biotechnologie. Von dieser unterscheidet sie sich dadurch, daß nicht am Beginn der Forschung ein bekannter Mikroorganismus mit einer »interessanten« Eigenschaft steht, die sich dann großtechnisch verwerten läßt, sondern daß ein Mikroorganismus erst die gewünschte Eigenschaft gentechnologisch eingepflanzt bekommt, bevor die Nutzung gemäß der klassischen Biotechnologie einsetzt. Die gentechnologische Methode entspricht im Prinzip der bereits dargestellten, wobei der »Hauptproduzent« das schon genannte Bakterium Escherichia coli ist. Einzelheiten spielen für die Betrachtung hier keine Rolle, da unser Ziel am Ende, das heißt in den nächsten beiden Kapiteln, die *ethische* Bewertung der verschiedenen gentechnologischen Können ist.

Wie steht es gegenwärtig um die Herstellung solcher »interessanten« Stoffe?

Auf dem Arzneimittelmarkt bereits zugelassen ist das gentechnologisch gewonnene Humaninsulin, mit dem die Behandlung der

Zuckerkrankheit wesentlich verbessert werden kann. Ebenfalls auf dem Markt ist ein zum menschlichen Immunsystem gehörender Stoff, das β-Interferon (Fiblaferon ®), das als Arzneimittel gegen Gürtelrose eingesetzt wird. Dieses Interferon wurde sowohl durch Escherichia coli als auch aus menschlichen Zellen gewonnen.

Im Teststadium der medizinischen Erprobung befinden sich gegenwärtig einige gentechnologisch-bakteriell hergestellte Wachstumshormone (Somatotropin und Somatostatin), bei welchen die Überlegenheit der Gentechnologie besonders augenfällig ist. Der Entdecker des Somatostatins hatte zu Beginn der siebziger Jahre für fünf Milligramm Hormon noch die Gehirnsubstanz von 500 000 Schafen verarbeiten müssen; heute kann dieselbe Menge aus hundert Gramm gentechnologisch veränderter Escherichia coli gewonnen werden. Die Substanz verspricht Heilungsaussichten bei der Behandlung menschlicher Wachstumsstörungen.

Im Projekt- und Forschungsstadium befinden sich gegenwärtig die Erzeugung von Blutgerinnungsfaktoren (bislang nur aus Spenderblut zu gewinnen, notwendig für diverse Bluterkrankheiten), und auch deren »Gegenteil«, die Antiklumpmittel im Blut, da Blutgerinsel in den Adern bekanntlich bis zu Herzattacken führen können. Es geht konkret darum, den Klumpungsstoff durch seinen gentechnologisch hergestellten Desaktivator aufzulösen. Für diesen Fall wurde sogar schon ein Jahresumsatz-Marktwert geschätzt: 1,3 Milliarden Mark. Man kann verstehen, daß sich mehrere große Firmen um die Forschung auf diesem Gebiet kümmern.

Im Forschungsstadium sind auch Projekte mit den körpereigenen Schmerzmitteln der Endorphin- und Enkephalin-Gruppe. Diese Substanzen betäuben im Gehirn den Schmerz, können Bewußtseinszustände verändern und Halluzinationen erzeugen. Die Wirkung kann bis zu 200mal stärker als die des Morphiums sein. Erste Forschungserfolge werden auch mit der Gruppe der Lymphokine gemeldet, Substanzen, die das Lymphsystem stimulieren können.

Für diese und die folgenden Projekte gilt allerdings bei Firmen und Forschungsinstituten strikte Geheimhaltung, vergleichbar mit der von Plätzen ergiebiger Claims im Goldrausch des letzten Jahrhunderts in Amerika. Gewöhnlich wird die Öffentlichkeit erst informiert, wenn Verfahren und Produkt patentreif sind.

Neben der Erzeugung direkt wirksamer Substanzen gehört zu

dieser ersten Gruppe der grünen Gentechnologie die Herstellung indirekt wirksamer Stoffe und hier vor allem der Impfstoffe. Einen besonderen Erfolg hatte Peter Hans Hofschneider bei der Erforschung der gefährlichen Maul- und Klauenseuche mit einem brillanten Trick: Gefährlich am Maul- und Klauenseuchevirus ist nämlich nur die Erbsubstanz, die von einer Eiweißhülle umschlossen wird. Der Impfeffekt, also die Immunisierung, wird aber allein durch diese Eiweißhülle ausgelöst. Das gentechnologisch hergestellte Viruseiweiß kann nunmehr als völlig ungefährlicher Impfstoff gegen die Seuche dienen.

Intensiv ist auch die Suche nach einem gentechnologischen Impfstoff gegen Hepatitis B. Einigen Forschern ist 1978 die Klonierung gelungen; mittlerweile ist das Projekt so weit gediehen, daß sich ein Diagnosetest für Hepatitis B bereits auf dem Markt befindet. Sollte der Hepatitis-B-Virus am Zustandekommen des Leberkrebses beteiligt sein – und vieles spricht dafür –, so würde seine Bekämpfung vielen Menschen das Leben retten können. Auch die gegenwärtige gentechnologische Suche nach einem Wirkstoff gegen die Seuche AIDS verspricht erfolgreich zu sein.

Zur ersten Gruppe der grünen Gentechnologie müssen schließlich noch alle Versuche gerechnet werden, die bereits von der klassischen Biotechnologie her bekannten Mikroorganismen mit besonderen Leistungen zu nutzen, so bei der Abfallverwertung, Methan-, Nahrungsstoff- und Arzneimittelproduktion, Schadstoffumwandlung, Metallgewinnung usf. Geringfügige gentechnologische Änderungen genügen, um sie in ihrer Leistungsfähigkeit zu steigern. Generell gehören hierher auch die Versuche, die Energieausbeute in der Photosynthese zu verbessern und – aber wohl erst in ferner Zukunft – auch die Photosynthese selbst aufzuklären und sie künstlich zu reproduzieren. Hier gibt es noch manchen Nobelpreis zu verdienen. Hinsichtlich der Bedeutung für die Ernährung der Menschheit ist diese Forschung von allererstem Rang.

Höhere Pflanzen

Auch die gentechnologischen Zielsetzungen bei höheren Pflanzen befinden sich noch überwiegend im Forschungsstadium:

- Steigerung der Nutzleistung und der Qualität der Produkte,
- Verminderung der Anfälligkeit gegen Dürre, Kälte, Schädlinge, Schädlingsbekämpfungsmittel,
- Verminderung der Abhängigkeit von künstlichem Dünger.

Der bisher erzielte eindeutige Vorteil gegenüber klassischen Zuchtmethoden ist der Zeitgewinn, mit welchem die Experimente durchgeführt werden können.

Gegenwärtig versucht man die Erträge zu steigern, indem man vor allem »künstliche« Samen aus vegetativen Zellen von Hochleistungsexemplaren bestimmter Nutzarten züchtet. Dabei wird die sexuelle Fortpflanzung umgangen, die durch die Mischung des Erbguts in jeder Generation wieder eine Streuung der gewünschten und unerwünschten Eigenschaften mit sich bringt. Bisher ist die Züchtung undifferenzierten Gewebes von Sellerie- und Luzernenpflanzen gelungen, aus welchen durch die Zugabe von Pflanzenhormonen die Bildung vegetativer Keimlinge angeregt wurde (die nun exakt die gleiche genetische Ausstattung wie die Mutterpflanzen haben). Zu dieser Weitergabe von identischem Erbgut gehören auch die erfolgten Klonierungen von Möhren, Mais und Tabak aus Zellgewebe. Von der Konstanthaltung des hochwertigen Erbguts verspricht man sich großen landwirtschaftlichen Nutzen.

Beim Forschungsgebiet »Verminderung der Anfälligkeit gegen . . .« gibt es zumindest einen spektakulären Fall, den der »Frostschutzbakterien« des Amerikaners Steven Lindow. Bestimmte Bakterien, die auf den meisten Pflanzen leben, lösen als Kristallisationskeime die für die Pflanze schädliche Eisbildung aus, obwohl es von der herrschenden Temperatur her noch gar nicht sein müßte. Lindow schnitt nun aus einer solchen Bakterienart das für die Eisbildung verantwortliche Gen heraus: Das »entschärfte« Bakterium sollte seine eisbildenden Artgenossen von Blättern und Stengeln verdrängen und so die Pflanze vor Eisschäden bewahren. Das heißt konkret: Die Aussaat der Pflanzen könnte vier Wochen früher im Jahr beginnen. Die Laborversuche sind positiv gewesen; die beantragte Freilanderprobung im großen Maßstab ist Lindow bisher gerichtlich untersagt.

Forschungsprojekte beschäftigen sich auch mit der Veränderung des Erbguts von höheren Pflanzen. Problematisch ist bislang, daß sogenannte »Genfähren« oder »Gentaxis« benötigt werden, um fremde Gene einzuschleusen und die bisher gefundenen, vor allem für einkeimblättrige Nutzpflanzen, nicht alle gewünschten Eigenschaften besitzen.

In die Gruppe dieser Projekte gehören Versuche, Kartoffelsorten zu züchten, die gegen Fäule weniger anfällig sind. Auch an dem Gen, welches gegen das Unkrautvernichtungsmittel Glyphosat resistent macht, ist die Forschung stark interessiert. Unkrautvertilgungsmittel unterscheiden bekanntlich nicht zwischen Nutzpflanzen und Unkraut. Wenn es gelänge, das Resistenzgen zum Beispiel in die Tabakpflanze wirksam einzubauen, so wäre das Unkrautproblem schlagartig gelöst. Ob eine genetisch erzeugte Widerstandsfähigkeit der Bäume gegen Schwefeldioxid und andere Luftschadstoffe das Waldsterben eindämmen könnte, ist umstritten.

Im intensiven Versuchsstadium befinden sich auch Projekte, Pflanzen von künstlichem Stickstoffdünger unabhängig zu machen. Das Gewinnen, »Fixieren«, des Stickstoffs aus der Luft ist bislang nur in bestimmten Blaualgen und Bakterienarten möglich, von welchen eine, das Knöllchenbakterium Rhizobium, mit Leguminosenarten wie der Erbse und der Lupine in Symbiose lebt. Rhizobium verwandelt den Luftstickstoff in Ammoniak, der die Lupine vom Bodenstickstoff unabhängig macht, und dafür erhält das Bakterium Kohlehydrate und Schutz in den Wurzeln der höheren Pflanze.

Der Stickstoff wird in diesen Bakterien durch das Enzym Nitrogenase fixiert, dessen Aufbau Gene, die sogenannten Nif-Gene (Nitrogen-Fixation), steuern. Zwei prinzipielle Möglichkeiten ergäben sich hier für den gentechnologischen Eingriff: Erstens der Versuch, die Nif-Gene direkt in das Erbgut höherer Pflanzen einzubauen. Dies ist bislang daran gescheitert, daß das Enzym Nitrogenase in Gegenwart von Sauerstoff sofort zerstört wird (und der ist ein Produkt der Photosynthese höherer Pflanzen). Zweitens könnte man versuchen, Nif-Gene in andere Mikroorganismen zu übertragen, die bereits mit Nutzpflanzen in Symbiose leben, so daß über diesen Umweg die Unabhängigkeit vom Stickstoffdünger erreicht würde.

Noch eine Technik muß hier genannt werden: die Zellfusion. Unter der Einwirkung bestimmter chemischer Substanzen, auch gewisser inaktivierter Viren, können Zellen der unterschiedlichsten

Arten miteinander verschmolzen werden, nicht nur von Pflanzen, sondern auch zwischen Pflanzen und Tieren, Tieren untereinander, bis hin zum Menschen. Von diesen Mischzellen sind allerdings nur jene aus Pflanzen stabil; die übrigen stoßen nach einer gewissen Zeit ganze Chromosomen ab. Hybride Pflanzenzellen dagegen lassen sich mit Hilfe bestimmter Wirkstoffe sogar dazu anregen, sich zu ganzen Mischpflanzen zu entwickeln. Als bislang erfolgreichstes Beispiel gilt die Mischform aus Tomate und Kartoffel, die je nach Überwiegen des einen oder anderen »Elternteils« Tomoffel oder Karmate genannt wird. Die Abbildung von ihren Früchten gingen um die Welt, leider kein Hinweis, wie sie geschmeckt haben.

Das ist natürlich auch nicht entscheidend. Bei Projekten, die über das Forschungsstadium kaum hinaus sind, kann man nicht erwarten, daß sie die Träume von Utopisten erfüllen.

Für die grüne Gentechnologie insgesamt ist festzuhalten, daß ihre Forschungen nicht nur am weitesten gediehen sind, bis hin zur erfolgreichen Anwendung, sondern daß ihre künftige Entwicklung großen Nutzen verspricht.

»Rote« Gentechnologie

Die rote Gentechnologie, insofern sie sich von dem im Abschnitt Grundlagenforschung bereits Besprochenen unterscheidet, hat bei den gegenwärtigen Projekten einen kleineren Anteil: zugleich ist sie ethisch am meisten umstritten. Erinnern wir zunächst an die hierher gehörigen, bereits genannten Ergebnisse; das sind

- die Aufdeckung monogener Erbkrankheiten und Dispositionen dazu (großenteils schon im Mutterleib möglich);
- die Bereitstellung diagnostischer Proben, also von Substanzen, die nicht in der Therapie eingesetzt werden, sondern bei Laboruntersuchungen auf bestimmte Krankheiten (nicht nur Erbkrankheiten). Es handelt sich zumeist um anders nicht (oder nur äußerst aufwendig) zu gewinnende Antigene;[52]
- die Herstellung von Human-Insulin aus Mäuseeizellen; davor die erste Erzeugung von artfremdem Eiweiß in Säugetieren, gelungen beim β-Globin von Kaninchen in Mäuseeizellen.

Zwei weitere wichtige Projekte sind gegenwärtig im Forschungsstadium:

- Gentechnologie (Gentransfer und Gentherapie) in somatischen Zellen und
- Gentechnologie (Gentransfer und Gentherapie) in Keimbahnen.

Voraussetzung für die Gentherapie in Körperzellen ist natürlich die Grundlagenforschung, auf die hier nicht mehr einzugehen ist. Der erste und bislang einzige Versuch einer somatischen Gentherapie (Heilung einer genetisch bedingten Erbkrankheit) am Menschen hat Schlagzeilen gemacht: Es ging (1980) um die Heilung der Thalassämie (bei der das Gen für die Bildung von β-Globin fehlt) durch den Molekularbiologen Martin Cline. Cline isolierte die blutbildenden Knochenmarkszellen aus den Oberschenkeln seiner zwei Patienten, mischte sie mit etwa 10 000 β-Globin-Genmolekülen und fügte außerdem noch ein harmloses Virus-Gen hinzu. Diese Mischung verpflanzte er zurück in die Oberschenkelknochen. Die Therapie blieb erfolglos, und dies war auch nicht verwunderlich, hatten seine vorherigen Versuche an Mäusen doch ebenfalls keinen Erfolg gezeitigt. Durch diesen voreiligen Versuch zog Cline scharfe Kritik seiner Kollegen auf sich. Richard Axel schrieb in der Wissenschaftszeitschrift »Science«: »Es ist, als ob er gesagt hätte: In Mäusen hat es nicht funktioniert, also versuch ich's einmal an Menschen.«[53] Erschwerend kam hinzu, daß Cline auch die Kommissionen, die seine Vorhaben hätten billigen müssen, über dieses Projekt belogen hatte.

Mittlerweile wurde die Therapie im Tierversuch insoweit verbessert, als nicht mehr einfach Zellen mit dem kompletten Gen ins Knochenmark zurückeingespritzt werden; es ist ein »Gen-Transporter« gefunden worden, der das erwünschte Gen funktionsfähig in die defekte Zelle bringt, ohne diese zu zerstören. Bei diesen Transportern handelt es sich um gentechnologisch entschärfte Retroviren. Die Therapie in diesem Fall würde sich so ausnehmen: Entnahme von kranken Knochenmarkszellen – Infektion mit dem β-Globin-Retrovirus – Wachstum in Zellkultur. Die Zellen, bei denen der Befall erfolgreich war, die also das β-Globin-Gen annahmen, können nun in das Knochenmark des Erkrankten reinjiziert werden. So die Theorie; aber es ist wohl nur eine Frage der Zeit, wann solche im Tierversuch erprobten Therapien auch beim Menschen Anwendung finden können.

Die Injektion einzelner Zellen in frühe Mäuseembryos ist seit den siebziger Jahren möglich. Karl Illmensee gelang es 1978, eine Krebszelle in einem Mäuseembryo wieder in eine normale Zelle zurückzuverwandeln. Die Krebszelle, die bei erwachsenen Mäusen mit Sicherheit einen Tumor erzeugt hätte, wurde in mehrere Mäuseembryos gespritzt, die sich danach trotzdem normal entwickelten. »Wie das im einzelnen geschieht, ist augenblicklich noch völlig ungeklärt«, schreibt Illmensee.[54] Aber daß hier erste Ansätze für eine kausale Krebstherapie vorliegen, ist schwer von der Hand zu weisen. Die Forschungen konzentrieren sich vor allem auf Mäuse, weil diese mit ihrer raschen Generationsfolge, den zahlreichen Inzuchtstämmen, den dem Menschen analogen Krankheiten und Tumoren, das ideale Forschungsobjekt im Hinblick auf spätere therapeutische Verwendungen an anderen Säugetieren und am Menschen darstellen. Neben den Krebsforschungsprojekten hat die Wissenschaftspresse noch über weitere Erfolge mit Mäusen berichtet: gelungen sind

- die Erzeugung von Mäusen, die nur von einem Elter abstammen. Es wurde ein Mausei befruchtet, eine Hälfte des Genoms entfernt und die verbleibende Hälfte verdoppelt;
- die Erzeugung von geklonten Mäusen (nach geklonten Fröschen schon in den sechziger Jahren) durch Illmensee 1981; das sind Tiere, die alle ein und dasselbe Erbgut besitzen (Klone von ganzen Organismen). Froscheier sind im Durchmesser fast 4000mal größer als Mäuseeier. Daher galt Immensees Klonierung als gentechnologische Sensation, wenn sie mittlerweile auch in Forscherkreisen angezweifelt wird;
- die Erzeugung von Mischmäusen, die von vier biologischen Eltern abstammen (Mintz 1965). Hier wurden von zwei befruchteten Eizellen (nach wenigen Teilungen) die Schutzhüllen entnommen und die beiden Zellhaufen – der eine von schwarzen, der andere von weißen Elternpaaren – vereinigt. Sie verschmolzen nach einem Tag in einen wahllos zusammengewachsenen Zellhaufen, der in eine Ammenmaus eingepflanzt wurde. Diese gebar schwarz-weiß gefleckte Mäuse. Ihre unregelmäßige Musterung zeigte, daß sie aus jenem ursprünglich gemischten Zellhau-

fen entstammten, welcher sich in der Embryonalentwicklung zu einem einzigen normalen Tier koordiniert hatte, mit zwei Augen, einem Herz, vier Beinen, wie jede andere Maus. Kopf, Herz, Organe bestehen indes aus Zellen *zweier* Mäuseindividuen, das heißt, eine solche Maus ist gleichsam zwei Mäuse in einer. Die beiden Genome befinden sich in den verschiedenen Zellen;
- die Übertragung des Wachstumhormongens von Ratten auf Mäuseembryonen. Ein kleiner Teil der Embryonen nahm das Gen tatsächlich korrekt auf, und diese wuchsen zu Tieren heran, die fast doppelt so groß waren wie ihre normalen Artgenossen.

Die Erzeugung von Chimären auch zwischen verschiedenen Arten ist bislang eher in journalistischen Horrorvisionen aufgetaucht denn in wissenschaftlichen Zeitschriften. Es stellt kein allzu großes Problem dar, Zellgewebekulturen verschiedener Arten zu verschmelzen, doch ergeben sich aus solchen Zellgewebekulturen keine Individuen, keine Organismen mehr. Ein anderes ist die bekanntgewordene Befruchtung von Hamstereiern mit menschlichen Spermien, welche diagnostischen Zwecken dient (Ermittlung der Penetrationsfähigkeit von Spermien). In einem Dokument des European Medical Research Councils (EMRC) von 1981 ist von solchen Forschungsprojekten die Rede. Dabei wird besonders darauf hingewiesen, daß es nicht erlaubt sein solle, die aus der Interaktion zwischen verschiedenen Arten unter Verwendung menschlicher Gameten entstehenden Produkte über die frühen Teilungsstadien hinaus zu entwickeln.[55] Freilich ging 1984 eine Meldung durch die Presse, daß in Australien bereits ein lebendiges Mischwesen aus Tier und Mensch existiere. Da die Forschung in solchen Fällen zu Recht nicht nur enorme Akzeptanzprobleme, sondern vermutlich auch rechtliche und ethische Einwände voraussehen muß, ist die Informationslage darüber, was nun in Wirklichkeit und wie geforscht und angewandt wird, unbedingt zu verbessern.

Dasselbe gilt für die Forschung bei der Gentherapie in die menschliche Keimbahn. Es handelt sich dabei um gentechnologische Eingriffe an der befruchteten menschlichen Eizelle oder an omnipotenten Zellen, die aus diesem Keim bei der ersten Teilung hervorgehen und aus denen ein Mensch entstehen könnte.

Es besteht die merkwürdige Diskrepanz, daß prominente Forscher wie R. Jaenisch die Möglichkeit einer Gentherapie auf Keimbahnebene aus naturwissenschaftlichen Gründen ausschließen – eine Selektion der Funktionen, die ja erst in der Folgegeneration auftreten, ist unmöglich, und zugleich können Mutationen nicht mit Sicherheit vermieden werden[56] –, daß aber von der molekularbiologischen Arbeitsgruppe im Bundesgesundheitsamt genau dies für möglich gehalten wird: Es »sind die Voraussetzungen für eine prospcktive Genanalyse gegeben. Damit ist eine von Menschen gesteuerte Selektion neuer Qualität möglich«.[57] Verwunderlich ist ebenso, daß viele Forscher, die aus ethischen Gründen solche Projekte generell ablehnen, sich scharf gegen jede gesetzliche Regelung auf diesem Gebiet zur Wehr setzen. Eine größere Transparenz bei der Forschung wie der Erprobung an Tier und Mensch erscheint dringend geboten, wenn den Forschern das von ihnen reklamierte Vertrauen in ihre Eigenverantwortung von der Öffentlichkeit zuteil werden soll.

Ähnliches gilt auch für den letzten Fall der roten Gentechnologie, die Klonierung von Menschen, das heißt ihre zeitversetzte Vermehrung in Form von eineiigen Zwillingen. Während manche Gentechnologen derlei für naturwissenschaftlich unmöglich halten, betrachten andere die Klonierung auch beim Menschen als prinzipiell machbar. Immerhin wurde 1979 im angesehenen »American Journal of Obstetrics and Gynecology« ein Bericht von L. B. Shettles publiziert, nach welchem ihm die Klonierung einer menschlichen Eizelle gelungen sei und diese sich auch normal bis zum achten Tag geteilt habe – dann habe man den Versuch abgebrochen.

Als eine Voraussetzung für das Experimentieren mit menschlichem Erbgut ist an dieser Stelle abschließend noch folgendes zu nennen: zunächst die Verfügung über menschliches Erbgut in der täglichen Praxis der Samenbanken, der Befruchtungskliniken und der einschlägigen Labors, sodann die In-Vitro-Fertilisation (Retortenbaby). Letzere ist die Technik, im Reagenzglas menschliche Eizellen zu befruchten, mit dem Samen des Ehemannes oder eines anonymen Spenders, diese Eizellen wieder zurückzuverpflanzen in die leibliche Mutter oder eine Amme (»Leihmutter«) oder (in nicht allzu ferner Zeit wohl) in einen »künstlichen Uterus« (an welchem bereits intensiv gearbeitet wird). Erst diese gynäkologische Technik (keine Gentechnologie!) macht gentechnologische Eingriffsserien möglich, wie sie auf ihre ethische Brisanz hin im nächsten Kapitel diskutiert werden.

Zusammenfassung

Die neuen Biotechnologien, klassische wie genetische, haben sich in den letzten 15 Jahren mit unerhörter Geschwindigkeit entwikkelt. Was vor 10 Jahren eher noch zur Science-fiction gehörte, ist heute vielfach wissenschaftlicher Standard. Die Realität überholt zum Teil die Phantasie, vor allem dort, wo die Realität nicht offengelegt wird. Die Experimente an Tieren lassen keine prinzipiellen Schranken der Übertragung auf den Menschen erkennen. Was uns nach der Vorstellung der verschiedenen Dimensionen des neuen Könnens zu tun bleibt, ist die »Rückverpflanzung« des scheinbar wertneutralen gentechnologischen Könnens in die ethische Gesamtwirklichkeit des Menschen, und das heißt: die Interpretation des Könnens als Handlung, und zwar erst unter rein ethischen Gesichtspunkten, danach im sozialen, politischen und rechtlichen Kontext.

Genetik und Ethik

Ein letztes Mal soll hier an das Wort des Bundesforschungsministers erinnert werden, daß für die verantwortliche ethische Beurteilung der Gentechnologie zweierlei erforderlich ist, naturwissenschaftlich-fachliche *und* moralische Kompetenz. Denn um dieser Forderung zu genügen, ist der lange Anlauf durch vier Kapitel unternommen worden: Jetzt können wir die einzelnen Fälle diskutieren, sie den drei möglichen moralischen Konfliktsituationen – Güterabwägung, kategorisches Verbot, tragischer Fall – zuordnen und die zugehörige moralische Beurteilung ermitteln. Dabei werden einige Wiederholungen ganz bewußt in Kauf genommen – für die Deutlichkeit der Abwägung. Es werden ausführlich auch die Gegenpositionen mitbedacht, wobei in einem ersten Abschnitt des Kapitels jene allgemeinen Argumente und Gegenargumente zusammengestellt sind, die zu *jedem* einzelnen Fall vorgebracht werden könnten (und auch in Wirklichkeit, bei Tagungen und Diskussionen, vorgebracht werden), die aber gemäß unserer Darlegung des moralischen Phänomens in ihrer Allgemeinheit untauglich für eine Beurteilung sind. Als zweites werden wir uns die Fälle vornehmen, die unter die Rubrik »Güterabwägung« fallen (darunter wesentlich das Sicherheitsproblem), als drittes die kategorisch zu verbietenden Fälle und als letztes die Grenzsituationen.

Untaugliche Argumente – pro und contra

Untaugliche Argumente zugunsten und gegen die Freigabe der gentechnologischen Forschung und ihrer Anwendung

Von den hier zu besprechenden und häufig zu hörenden wie zu lesenden Argumenten sind schon manche als Beispiele im bisherigen Text angeführt worden. Sie werden nunmehr kritisch zusammengefaßt:

1. *Die Natur macht es doch selbst: Jede Zeugung ist »genetische Konstruktion«; »springende Gene« können direkt in Parallele gesetzt werden zum Verpflanzen eines Gens in ein anderes Genom.*

Contra: Hiergegen ist aus dem dritten Kapitel bekannt, daß die Berufung auf die Natur prinzipiell nichts rechtfertigen kann, sondern den Begriff von Rechtfertigung aufhebt. Die Natur ist weder rechtfertigungsbedürftig noch rechtfertigungsfähig; rechtfertigungsbedürftig sind die Handlungen des Menschen, und zwar gerade insofern, als sie keine Naturereignisse sind. Für unseren Fall gilt, kurz gesprochen: Wer Gene manipuliert, macht *nicht* das gleiche wie die Natur; dadurch, daß er es *macht*, ist es gerade nicht das gleiche. Die Wirkung kann dieselbe sein wie bei einem Naturereignis, ja »Wirkungen« kommen bei Handlungen immer über den Umweg eines Naturgeschehens zustande. Aber vor dem Begriff der Rechtfertigung unterscheidet sich ein Naturereignis von einer Handlung kategorial: das eine ist Geschehen, das andere dagegen steht als menschliche, zu verantwortende Handlung immer unter ethischen Kriterien.

2. *Es ist doch im Sinn der Evolution, unsere Art (und auch andere lebende Arten) widerstandsfähiger gegen die verschlechterten Umweltbedingungen zu machen, oder vorzubeugen und zu heilen.*

Contra: Dieses Argument haben wir bereits ausführlich kritisiert. Es ist das dort Gesagte nur kurz zusammenzufassen: Die biologische Berufung auf die Evolution und ihre Richtung, mit der man »aktiv« sein solle, zählt für eine moralische Bewertung gar nichts. Es ist nämlich alles, was ist, »mit der Evolution« herausgekommen, gemäß der sie steuernden Naturgesetze. Die Natur kann uns auch hinsichtlich der Entwicklungsrichtung der Evolution kein Vorbild sein, denn es gibt das Übel in ihr, das Grausame, das Schlechte neben dem Schönen und dem Guten. Und der Begründungszusammenhang ist so, daß das Gute in der Evolution (bis hinauf zum Menschen) nicht gut ist, weil es »mit der Evolution« ist, sondern es kann in der Evolution Gutes vorkommen, weil es auch da eine Teilhabe an der Idee des Guten gibt. »Die Evolution« ist kein Maßstab für irgendeine moralische Beurteilung, sondern umgekehrt wird das in ihr Vorkommende (auch menschliche Handlungen können so interpretiert werden) an Maßstäben gemessen, die unabhängig von der Evolution über Gut und Böse befinden.

3. Wenn wir es nicht machen, dann machen es die anderen, und die heimsen dann den Gewinn ein und können die Arbeitsplätze erhalten. Und außerdem bedienen wir uns der Ergebnisse der anderen auch dann, wenn sie auf »unmoralische Weise« zustande gekommen sind.

Contra: Der Hinweis auf andere ist in moralischen Fragen pöbelhaft (Hegel). Soll das Argument heißen, der folgende Schluß sei moralisch gerechtfertigt: Wenn ich ihm sein Geld nicht stehle, tut es eben ein anderer, also mache ich es lieber gleich selbst? Bei moralisch unerlaubten Handlungen ist das Argument unmoralisch, bei moralisch erlaubten überflüssig. Ähnliches gilt für den Hinweis auf die Arbeitsplätze. Der richtige Kern des Arguments besteht darin, daß Arbeitsplätze bei einer Güterabwägung natürlich ein großes Gewicht haben. Falsch ist aber die Meinung, dies sei automatisch und immer das Entscheidende. Eine moralisch schlechte Sache wird nicht gut, wenn sie Arbeitsplätze schafft. Ein drastisches Beispiel zeigt das klar: Die Konzentrationslager der Nazis haben vielen Wärtern und SS-Leuten »Arbeit« gegeben. Aber das dürfte wohl kaum ein Argument für die Existenz von Konzentrationslagern sein.

Und schließlich kann man dieses Argument direkt umkehren. Es übersieht nämlich, daß es in einer (unserer) moralisch keineswegs vollkommen verdorbenen Welt so etwas wie einen Vorbildcharakter von guten Handlungen gibt. Sollte es sich also erweisen, daß zum Beispiel wir in der Bundesrepublik zum Schluß kommen, Experimente mit menschlichem Erbgut, an menschlichen Embryonen vertrügen sich nicht mit dem Begriff der Menschenwürde – und wir Deutschen, die als einzige in der Geschichte ein ebenso großräumiges wie mörderisches »eugenisches« Experiment aufzuweisen haben, hätten allen Grund, solche Regelungen zu veranlassen –, dann sollten wir auch klare Gesetze oder andere wirksame Vorschriften gegen alle solche Versuche erlassen, obwohl andere Länder sich nicht daran halten oder die »Elite« unserer Forscher ins Ausland geht.

Warum sollte unsere Entscheidung nicht zum Vorbild für andere Länder werden können, vor allem, wenn die moralischen Begründungen für solches Handeln beziehungsweise Unterlassen allgemein verständlich und öffentlichkeitswirksam dargelegt werden? Die »Elite«, die dann dorthin geht, wo derlei Handlungen erlaubt sind, ist vergleichbar mit der »Elite« in Amerika, die ihr nobelpreisgekröntes Sperma auf Samenbänke bringt, oder der »Elite«, die mit ihren Sportwagen nach Deutschland kommen muß, weil sie daheim, wo immer das sein mag, auf Autobahnen nur noch mit hundert Stundenkilometern fahren darf.

Das Argument, wir würden nicht nur für die Patente der anderen bezahlen müssen, sondern deren Ergebnisse auch verwenden, wenn sie auf unmoralische Weise zustande gekommen seien, hat moralisch kein Gewicht. Unsere Wirklichkeit ist durchsetzt mit Ergebnissen, die auf unmoralische Weise bewirkt wurden und die faktisch da sind, mit denen wir umgehen – real zum Beispiel ein geteiltes Deutschland, oder fiktiv ein gewaltsam ums Leben gebrachter Erbonkel. Sollten wir die Erbschaft deswegen ausschlagen, weil es sich um einen Mord handelte, weil das Ergebnis unmoralisch zustande kam?

Das richtige Argument lautet so: Wer essentiell unmoralisch handelt, ist niemals dadurch zu rechtfertigen, daß vielleicht am Ende auch positive Wirkungen hervorgebracht werden. Hegel schreibt über die Französische Revolution, daß zwar ausgerechnet die Terrorherschaft von Robespierre das Bewußtsein von Freiheit und bürgerlichem Rechtsstaat gefördert habe, daß sich aber damit an der moralischen Abscheulichkeit jener Herrschaft gar nichts ändere. Und gemäß des christlichen Glaubens mag der Verrat des Judas vielleicht sogar heilsnotwendig sein – dennoch gilt Jesu Wort »Wehe dem Verräter!«

Es sei aber zur Klarstellung betont: nur für den kategorialen Fall ist das Argument unbrauchbar. Für Güterabwägungen – und das sind alle Fälle *außer* denen der Human-Gentherapie – ist das Argument sehr wohl zu berücksichtigen.

4. Gesetze, mit denen die gentechnologische Forschung gegängelt wird, werden übertreten; sie sind kaum kontrollierbar. Es ist besser, sich auf die Selbstverantwortung der Wissenschaftler zu verlassen.

Contra: Wer so argumentiert, hat nicht begriffen, wofür es Gesetze und rechtliche Regelungen gibt. Es gibt sie, um dem einzelnen einen Rahmen von Rechtssicherheit zu gewährleisten, innerhalb dessen er tun und lassen kann, was er will, innerhalb dessen er aber auch gegenüber anderen geschützt ist. Bei allen Gesetzen gilt, daß sie übertreten werden können; aber in keinem Fall ist das ein Argument dafür, auf das zuständige Gesetz zu verzichten, im Gegenteil: Wird ein Gesetz häufig übertreten, dann ist zu überlegen, wie die *Einhaltung* besser gesichert werden kann – beispielsweise durch schärfere Kontrollen, durch bessere Verfolgung und Ahndung der Straftaten. Es wäre die Bankrotterklärung eines Staates, müßte er auf irgendeine gesetzliche Regelung in einer naturrechtlich wichtigen Angelegenheit verzichten, nur weil er die Übertretung nicht prinzipiell verhindern oder kontrollieren kann.

Die Selbstverantwortung der Wissenschaftler ist schließlich, wie schon mehrfach gesagt, eine gute Sache. Aber sie ist weder ein Ersatz für einen rechtssicheren Rahmen noch ein Grund, auf Gesetze gegen jene zu verzichten, die ihre Karriere über »Verantwortlichkeit« stellen. Und wenn schließlich die experimentelle Manipulation einer befruchteten Eizelle ein Verstoß gegen die Würde dieses menschlichen Lebens sein sollte, dann müßten diese Experimente eben deswegen aus der »Privatverantwortung« der einzelnen Wissenschaftler herausgenommen und durch den Staat unterbunden werden. Entweder hat die befruchtete Eizelle ein Recht auf Würde und Unversehrtheit ihres Lebens – dann respektiert der Forscher sie, oder er verstößt gegen sie mit strafrechtlichen Konsequenzen –, oder sie hat dieses Recht nicht, und dann gibt es auch nichts zu verantworten.

5. Alle Moral ist relativ, wir müssen unsere Maßstäbe unserem neuen Können anpassen und deshalb die Bevölkerung aufklären, wenn sie das neue Können nicht akzeptiert. Und auf der Straße des Fortschritts müssen eben auch einige Opfer gebracht werden.

Contra: Dieses Argument ist bereits ausführlich widerlegt worden. Hier also nur noch einmal die Zusammenfassung: Das Vorweisen der verschiedensten moralischen Prinzipien, unter denen Menschen je gelebt haben, beweist keineswegs deren allgemeine

Gleich(un-)gültigkeit. Denn diese Prinzipien sind nicht nur verschieden in ihrer Vernünftigkeit, Gerechtigkeit, Humanität, sondern können dies auch nur sein, weil sie alle ein gemeinsames Anliegen – eben Vernünftigkeit, Gerechtigkeit, Humanität – haben und dem nur verschieden nahegekommen sind. Darüber läßt sich dann freilich streiten, und nichts anderes sind unsere Abwägungen in diesem Kapitel. Aber Recht und Gesetz fallen nicht zusammen, wie das Relativismusargument suggeriert – was sollte sonst die Rede von ungerechten Gesetzen? Sie meint ja nicht nur persönliche Vorlieben, sondern hat als Horinzont das an sich Gerechte, um das wir uns bemühen müssen.

Das Argument, daß auf der Straße des Fortschritts auch einige (zum) Opfer gebracht werden müssen, hat unlängst ausgerechnet ein Philosoph vertreten. Wir werden uns damit noch ausführlich beschäftigen.

6. Wir haben für moralisch problematische Fälle an Universitäten und Forschungsinstituten Ethikkommissionen, die über das moralisch Erlaubte und Nichterlaubte entscheiden. Die Verantwortlichkeit äußert sich also gar nicht als Privatmeinung, sondern als ein Diskussionsergebnis, das nach demokratischen Regeln vernünftig zustande gekommen ist.

Contra: Wir haben bereits darauf hingewiesen, daß Ethikkommissionen eine wichtige und gute Sache sind. Aber sie sind keine Rechtfertigungsinstanz. Denn zum ersten ist Verantwortlichkeit immer Sache des einzelnen, etwa des Arztes gegenüber seinem Patienten, der Mutter gegenüber ihrem Kind usw., und die Berufung darauf, daß eine Ethikkommission grünes Licht gegeben habe, ist demgegenüber sekundär. Zum zweiten sind in moralischen Fragen (»demokratische«) Mehrheitsentscheidungen fehl am Platz. »Was ist Mehrheit?«, fragte Friedrich Schiller, »Mehrheit ist Unsinn. Verstand und Einsicht sind stets bei wen'gen nur gewesen.« Es können auch Mehrheitsentscheidungen moralisch falsch sein. Dies ist aus einem dritten Grund heraus um so wahrscheinlicher, je mehr gemeinsame Interessen diejenigen haben, die in einer solchen Ethikkommission sitzen. Für das zu gewinnende moralische Urteil ist es nicht unbedenklich, daß diejenigen, die ein Projekt durchführen wollen, zugleich diejenigen sind, die es moralisch beurteilen (und dann häufig dazu diejenigen, die die Einhaltung des moralischen Urteils kontrollieren, und beiläufig natürlich diejenigen, die bei der Mittelvergabe für das Projekt mit zu entscheiden haben).

Deswegen scheint mir der richtige und wünschenswerte Status von Ethikkommissionen folgender zu sein: Ethikkommissionen sollten alle moralisch relevanten Argumente zu dem jeweils in Frage stehenden Projekt zusammentragen, um dem einzelnen Forscher eine Entscheidungs*hilfe* zu geben, nicht mehr, aber auch nicht weniger. Dafür wäre es mit Sicherheit von großem Gewinn, wenn neben den Naturwissenschaftlern und Medizinern in den Kommissionen auch Fachphilosophen, Theologen, Juristen, interessierte und kompetente Laien säßen. Gerade wenn die Ethikkommissionen nichts mehr zu »entscheiden« hätten, brauchten die Forscher nicht mehr zu befürchten, es würde ihnen von jenen Vertretern »hineingeredet«. Im Gegenteil: Wenn es sich um das Aufsuchen möglichst aller wichtigen moralischen Aspekte handelt, dann kann deren Argumentation für die Vollständigkeit nur nützlich sein. Flankierend wäre aber der guten Sache Ethikkommission noch eins beizugeben: eine bessere Ausbildung (und auch Fortbildung) der jungen Naturwissenschaftler und Ärzte in Fragen von Ethos und Ethik, im individuellen wie sozialen und politischen Bereich. Auch dies könnte und sollte Sache des Staates sein.[58]

7. *Unser Grundgesetz bekennt sich im Artikel 5 zur Freiheit der Forschung. Aufgrund des hohen Ranges dieses Rechts auf Forschungsfreiheit wäre seine Einschränkung durch emotionale Argumente reine Willkür und ist unstatthaft. Es erscheint fast als ein Anschlag auf die Menschenwürde eines Naturwissenschaftlers, wenn man ihn an bestimmten Experimenten gesetzlich hindern wollte.*

Contra: Das Recht auf Freiheit der Forschung ist gewiß ein hohes Recht, aber es dominiert keineswegs automatisch jedes andere. Das Recht des Menschen auf seine Würde ist naturrechtlich jedenfalls höher als die Freiheit der Forschung. Daß der Naturwissenschaftler dieses Recht für sich selbst beansprucht, ist sehr geschickt. Nur übersieht er dabei, daß man nicht ein Menschenrecht als Naturwissenschaftler, ein Menschenrecht als Bäcker und ein Menschenrecht als Philosoph hat, sondern man hat ein Menschenrecht als Mensch. Und da ist das Menschenrecht eines lebenden Embryos, mit dem zum Beispiel experimentiert werden soll, offensichtlich sehr viel mehr gefährdet beziehungsweise mißachtet als das des Forschers, dem dieses Experiment vielleicht gesetzlich untersagt wird.

8. Aber solche Grundlagenforschung ist doch nötig, um der Dritten Welt zu helfen, um den Krebs zu bekämpfen, um Erbkrankheiten schon auf der Ebene der Gene heilen zu können!

Contra: Das sind zweifellos drei gute Zwecke, die hier vorgebracht werden, und deswegen wird dieses Argument genau bedacht werden müssen, wenn wir uns mit einzelnen Fällen befassen. Nur eines ist ebenso klar: Der gute Zweck *allein* heiligt die Mittel nicht automatisch. Wenn wir beispielsweise einen guten Zweck haben wie den der Sanierung eines stark defizitären Staatshaushalts, dazu als Mittel die Liquidierung einer reichen Oberschicht wählen, so ist wohl einleuchtend, daß dieses Mittel nicht durch den guten Zweck geheiligt wird. Nur bei den Güterabwägungen funktioniert das wechselseitige Bedenken der verschiedenen in Frage stehenden Aspekte. Wenn ein Recht wie das auf Leben ins Spiel kommt, dessen Verletzung kategorisch verboten ist, dann kann kein noch so guter Zweck dessen Mißachtung heiligen. Das in sich schlechte Mittel verdirbt den schönsten Zweck.

9. Wissen ist besser als Nicht-Wissen, und da es sich zum Beispiel bei der befruchteten Keimzelle um nichts anderes als um eine komplexe chemische Verbindung handelt, die eindeutig den Eltern gehört, ist jede Forschung damit erlaubt, wenn die Eltern (das können auch der Forscher und seine Frau sein) sie dafür hergeben.

Contra: In diesem Argument stecken gleich drei Haken, wir ziehen sie nacheinander hervor: »Wissen ist besser als Nicht-Wissen.« Wir haben dies Argument schon angeführt. Es gilt für alle ethisch unproblematischen Fälle, es ist aber in allen Fällen, wo ein kategorisches Verbot einer Handlung ins Spiel kommt, falsch. Wenn ein

KZ-Arzt durch »wissenschaftliche« Versuchsreihen herausfand, wieviel Phenol man einem lebenden erwachsenen Menschen ins Herz spritzen muß, damit er stirbt, dann ist sein Wissen von der Art, daß Nicht-Wissen auf jeden Fall besser gewesen wäre. Der Satz »Wissen ist besser als Nicht-Wissen« taugt also nicht als allgemeines Prinzip, sondern nur als Regel für bestimmte, moralisch unproblematische Fälle.

»Die befruchtete Eizelle ist nichts als eine komplexe organische Verbindung.« So argumentierte beim Hearing des Bundesforschungsministers im Herbst 1983 ein bekannter Biologe. Gewiß, der Satz ist insofern zutreffend, als auch dieser Kollege aus der Biologie eine komplexe organische Verbindung ist mit etwa neunzig Prozent Wasser, der Rest aufgeteilt auf Kohlenstoff, Stickstoff, Wasserstoff, Sauerstoff, Phosphor und ein paar metallische Verunreinigungen usw. Die Frage ist nur, ob die Eizelle und der Professor damit in ihrem Wesen beschrieben sind. Der Professor mag für sich selbst sprechen, die befruchtete Eizelle will ich verteidigen: daß sie ein teleologisch verfaßter Keim ist, aus dem ein Mensch hervorgehen *soll*, wenn nichts dazwischenkommt, und daß die Eizelle mit der Befruchtung als dem einzig und absolut zweifelsfreien Zeitpunkt des Beginns der menschlichen Species zuzurechnen ist. Diese Einschätzung ist wichtig und wird beim »kategorischen Fundament« genauer vorgestellt.

»Die befruchtete Eizelle ist Eigentum der Eltern.« So lautete ein ebenfalls beim genannten Hearing vorgetragenes Argument. Es ist dies die molekularbiologische Version des Schlagwortes »Mein Bauch gehört mir«, das in archaischen Gesellschaften einst wie jetzt auch die Form haben kann »Meine Kinder gehören mir«. Dies letztere gibt insofern zu denken, als man, wenn dem so wäre, in Amerika dann zu Recht diskutieren würde darüber, ob man sich nicht vernünftigerweise als Dreißigjähriger etwa einen Klon, einen genetisch identischen eineiigen Zwilling, nur dreißig Jahre zeitversetzt, von sich herstellen läßt, der dann als lebendes Organersatzteillager für mich zur Verfügung stünde. Wenn ich etwa als Sechzigjähriger einmal eine Niere, ein Herz, vielleicht sogar ein neues Hirn brauche: Der Klon gehört ja mir, und seine Vorzüge sind medizinisch enorm – keine Immunreaktionen, keine große Suche allerorten nach einem Spender des jeweiligen Organs usf ...

Wer dem *nicht* zustimmen will, muß einsehen, daß die Kinder, der Bauch, die befruchtete Eizelle eben durchaus nicht eindeutig einem Jemand gehören, der über sie beliebig zu verfügen hat, sondern daß hier seit der Befruchtung der Eizelle ein Jemand da ist, der selbst Rechte hat gegenüber seinen Eltern, und diese *verdankt* er nicht den Eltern oder Geningenieuren, die ihn gerade so wollten. Diese Rechte ergreift er als naturwüchsig gezeugter Mensch allen anderen Menschen gegenüber – genauso wie dies seine Eltern und Großeltern getan haben. Unsere Eltern haben uns zwar das Leben geschenkt, aber nur in dem Sinn, in dem sie es selbst geschenkt bekommen haben und jetzt weitergeben.

10. Gentechnologie ist eine wissenschaftliche Methode. Methoden sind wertfrei, und Methoden muß man nützen.

Contra: Dieses Argument stammt von einem prominenten Vertreter der Pharmaindustrie.[59] Es übersieht, daß jede Methode, wenn sie nicht mehr nur auf Papier steht, in ihrer Nutzung und Anwendung zugleich Handlung ist und somit nicht wertfrei sein kann. Sie ist rechtfertigungsfähig und darüber hinaus bei allen problematischen Anwendungen rechtfertigungsbedürftig. Die Berufung auf die Wertfreiheit der Wissenschaft und ihrer Methoden geht für jede konkrete Nutzung ins Leere. Die genaue Begründung hierfür findet sich im 3. Kapitel.

11. Wir werden in so vielen Phasen unseres Lebens manipuliert, in der Erziehung, der Schule, durch Zeitung, Fernsehen, Politik usw. Im Vergleich dazu ist die Genmanipulation ganze Größenordnungen weniger einschneidend.[60]

Contra: Der Unterschied zwischen der Genmanipulation (am Menschen, vor allem in der Keimbahn) und anderen Formen der Manipulation besteht darin, daß nicht *an* einer existierenden Person etwas manipuliert wird, sondern *diese selbst.* Gegenüber den Manipulationen durch Elternhaus, Schule oder Presse kann ich auf Distanz gehen, kann mich zu ihnen, spätestens wenn ich erwachsen bin, frei verhalten, schlechte Einflüsse durchschauen, sie nachträglich korrigieren. Das ist bei der Manipulation der natürlichen Identität eines Menschen nicht möglich. Es sei hier auch an ein bereits genanntes Argument erinnert: Die Berufung auf andere, hier andere Manipulationen, ist für moralische Probleme gewichtslos.

12. Gentechnologen sind ausgewiesenermaßen verantwortungsbewußte, sensible Forscher, die sehr wohl ethische Gründe haben, unmoralische Experimente zu unterlassen. Sie brauchen also weder Kontrolle noch Gesetze, sondern das Vertrauen der Öffentlichkeit für diese Arbeit.

Contra: Auch mit diesem Argument haben wir uns schon öfter befaßt und können es hier bei einer Zusammenfassung belassen. Zum ersten sind natürlich Gentechnologen wie die meisten Menschen und Menschengruppen verantwortungsbewußt. Aber schwarze Schafe gibt es überall, kann es überall geben. Dem Biologen, der sagt, er kenne niemanden, der moralisch Bedenkliches in der Gentechnologie machen will, werde ich später Zitate von Nobelpreisträgern aus den sechziger Jahren entgegenhalten. Wenn sich die Forscher moralisch verhalten und auch noch ethische Gründe dafür haben – um so besser. Aber dann müssen diese Gründe offengelegt werden: Warum man denn dies tun und jenes unterlassen will. Für diese Offenlegung gibt es zwei Argumente: Erstens, um zu sehen, ob die Gründe stichhaltig sind, und zweitens, um sie dann denen gegenüber ein- und anwenden zu können, die sich Unmoralisches zum Ziel gesetzt haben.

Über die Notwendigkeit von Kontrollregelungen wird im nächsten Kapitel die Rede sein. Das Vertrauen der Öffentlichkeit, das ja erst einmal – mit guten Gründen! – verlorengehen mußte, bevor man es wiederfordern kann, ist wohl nur durch Offenheit zu erlangen: die Offenheit der Forscher in der Darlegung ihrer Projekte und der Gründe für sie beziehungsweise für bestimmte Unterlassungen sowie die Offenheit der Öffentlichkeit, sich mit diesen Projekten und Argumenten gründlich vertraut zu machen und erst danach zu urteilen. Eine verantwortungsbewußte Wissenschaftsjournalistik kann hier sehr wichtige Dienste leisten.

Aber es gibt auch untaugliche allgemeine Argumente gegen die Freigabe gentechnologischer Experimente und Anwendungen:

13. Die Evolution hat in Milliarden von Jahren unsere gegenwärtige, lebendige Wirklichkeit hervorgebracht nach Maßgabe dessen, was sich genetisch bewährt hat. Manipulationen am Erbgut lebendiger Arten sind daher auf jeden Fall zu unterbinden, weil die Auswirkungen im Evolutionsgefüge prinzipiell unabsehbar sind.

Contra: Abgesehen von der bereits vorgebrachten Kritik »der Evolution« gilt auch hier, daß die Evolution hinsichtlich dessen, was sich in ihr bewährt oder nicht bewährt hat, kein Maßstab für moralische Beurteilungen ist. Schließlich hat der Mensch immer schon manipulierend in die genetische Vielfalt der Natur eingegriffen, und von daher erscheint das neue Können nur als ein quantitativer Fortschritt. Der zweite Teil des Arguments ist aber näher zu bedenken. Gewiß, wir können nicht absehen, was mit unserem Eingriff ins Erbgut noch alles an ökologischen oder genetischen Zusammenhängen mit verändert wird, von denen wir heute (und vielleicht in weiter Zukunft) keine Ahnung haben. Aber es ist ein Charakteristikum von Handlungen überhaupt, daß ihre langfristigen Folgen nicht mit letzter Genauigkeit bekannt sind.

Damit ist natürlich nicht umgekehrt jedes Absehen von langfristigen Folgen gerechtfertigt – vor allem nicht für den Staat! –, sondern es ist geboten, sich möglichst genau, umfassend und zeitlich weitreichend um die Erforschung möglicher Konsequenzen zu bemühen. Hier wird deutlich, daß es vor allem der Staat ist, der sich um vorausschauende Planung und Sicherung bemühen muß.

In der lange geführten Sicherheitsdebatte um die Gentechnologie[61] war es eine stereotype Kontroverse, daß die Gegner vor unvorstellbaren Gefahren warnten und die Befürworter darum baten, man möge doch auch nur eine konkrete Gefahr nennen. Damit schienen die Gegner erledigt. Dabei war, jedenfalls um 1978, die Sachlage in Wirklichkeit so, daß sich so gut wie niemand mit den verschiedenen Sicherheitsrisiken in einem größeren Forschungsprojekt auseinandergesetzt hatte. Die Risiken waren nicht »hypothetisch«, sondern unbekannt (Prof. Signer). Es galt, wie zwei Jahrzehnte zuvor bei der friedlichen Nutzung der Kernkraft, daß man eine wissenschaftliche Karriere nur machen konnte, indem man die kommerziell interessante Forschung vorantrieb, bestimmt aber nicht, indem man Sicherheitsprobleme oder Folgelasten (damals: Zwischenlagerung, Endlagerung des Atommülls) analysierte, die der kommerziellen Nutzung nur im Wege zu stehen schienen.

Inzwischen hat, vor allem nach dem Unfall von Three Mile Island, ein Umdenken stattgefunden, und die Atomkraftentwicklung, jedenfalls in den USA, ist dramatisch reduziert worden. Der Staat sollte aus diesem Beispiel den Nutzen für die Gentechnologie ziehen und, soweit nicht mittlerweile schon geschehen, die Sicherheitsüberlegungen und -forschungen nicht auf Fragen wie Bioreaktorengröße und Laboratoriumsausstattung beschränken, sondern das gesamte Umfeld, so etwa die Folgen der genetischen Verarmung natürlicher Varietäten, einbeziehen.

14. Für den Atomkern gilt genauso wie für den Zellkern, daß mit ihm eine völlig neue Dimension betreten wird, in welcher dem Menschen die Zügel seiner Herrschaft über die Natur aus den Händen gleiten und sich Vorzüge der Macht ins Gegenteil verkehren. Daher sollte nach dem »Sündenfall« mit dem Atomkern wenigstens der Zellkern unbehelligt bleiben.

Contra: Die Atomkernfrage soll hier nicht diskutiert werden, obwohl es aus philosophischer Sicht vermutlich vernünftig ist, alle Atom*waffen* für unsittlich zu halten und gegenüber den Atomkraftwerken Bedenken zu äußern, solange so elementare Probleme wie die Endlagerung ungelöst sind.[62] Aber das gilt nicht deswegen, weil es sich um Atomkerne dreht, sondern weil es sich um die Lebensbedrohung einer potentiell gigantischen Anzahl von Menschen handelt. Daher kann auch aus der Tatsache, daß für einen Atom- wie für einen Zellenbestandteil die Metapher »Kern« von Nüssen oder Äpfeln übernommen wurde, moralisch nicht das geringste geschlossen werden. Es ist ein bildhaftes Argument mit einer gewissen Überredungskraft, und als solches mag es auch »einleuchtend« sein. Aber philosophisch taugt es nicht. Wenn hier später gleichwohl für ein »Hände weg von menschlichem Erbgut!« plädiert wird, so nicht, weil es sich im Zellkern befindet, sondern weil es sich um die einzig zweifelsfreie Struktur der menschlichen Identität handelt.

15. Unsere gegenwärtige Zivilisation ist derart von der Technik bestimmt, daß jedes Mehr an Technik abzulehnen ist. Wir sollten im Gegenteil wieder auf eine Wissenschaft und Technik hinarbeiten, die sich am Maß des Menschlichen orientiert und nicht den Menschen an ihren Maßen mißt oder ihn gar danach konstruiert.

Contra: Diesem Argument ist in seinem zweiten Teil sicher beizupflichten, doch ist die Begründung durch den ersten Teil unrichtig. Gewiß ist unsere Zivilisation sehr weitgehend von der Technik bestimmt, aber doch nicht dergestalt, daß alle Technik von Übel wäre. Das erkennt der zweite Teil des Arguments auch an, wenn für ein »menschliches Maß« plädiert wird. Aber das menschliche Maß kann natürlich auch darin bestehen, daß eine Technik fortentwickelt wird – von den benzinverschlingenden Straßenkreuzern zu Katalysatorautos und (in hoffentlich nicht zu ferner Zukunft) zu noch umweltfreundlicheren Elektroautos, von der Holzhammernarkose zur Lokalanästhesie, von der Ölheizung zur Sonnenheizung. Ich sagte bewußt: Es *kann* dies der Fortschritt sein. Es gilt weder automatisch: Nur durch mehr Technik kommen wir zum menschlichen Maß zurück – denn dabei würde übersehen, daß zum Beispiel ein großer Teil der gegenwärtigen ökologischen Schäden gerade von einem Mehr an Technik stammen – noch gilt immer: Ein Weniger an Technik entspricht dem menschlichen Maß. Sondern es ist hier von Fall zu Fall abzuwägen, worin der Fortschritt und das Menschliche bestehen. Gerade dort, wo die staatliche Förderung für eine technische Entwicklung wesentlich ist, müssen solche Überlegungen einsetzen: sowohl hinsichtlich des Problems, ob diese jeweilige Entwicklung wirklich so viel verspricht, als auch, wie stark alternative technische Lösungen förderungswürdig sind und somit ein pluralistisches Herangehen vielleicht erfolgreicher erscheint als ein eingleisiges. Es sei erwähnt, daß in dieser Frage die Gentechnologie nur eines der Probleme ist. Die moderne Halbleiter- und Computertechnik, das Problem der neuen Massenmedien, die Umweltzerstörung sind andere, nicht weniger bedeutsame Faktoren unserer Wirklichkeit und wären es wert, von dem hier skizzierten moralischen Fundament aus kritisch bedacht zu werden.

Die diskutierten 15 Argumente waren in Teilen zwar richtig, eignen sich jedoch nicht als *allgemeingültige* Rechtfertigungs- oder Ablehnungsprinzipien bei einer Güterabwägung. Wie wir bereits festgestellt haben, kann es immer gültige, allgemeine moralische Gebote, auf die man sich zur Rechtfertigung berufen könnte, nicht geben, wohl aber universale Verbote, die gegen die Möglichkeit zur Rechtfertigung stehen. Das für unser Thema maßgebliche Verbot ist an die befruchtete menschliche Eizelle geknüpft. An ihrer Einschätzung entscheidet sich für alle folgenden Güterabwägungen das moralische Urteil. Diese beiden möglichen Einschätzungen sind schon mehrfach erwähnt worden. Man betrachtet die menschliche Eizelle

1. entweder als komplexe organische Verbindung, die Eigentum der Eltern, nicht aber menschliches Leben mit Personcharakter ist[63] oder
2. als teleologisch verfaßten Keim eines Menschen, der zugleich menschliches Leben ist und den vom Bundesverfassungsgericht erklärten vollen Schutz (»vom Beginn der Zeugung an«) genießt.

Die erste Einschätzung besagt als geltendes positives Recht (im Vergleich mit dem Spruch des Bundesverfassungsgerichts besteht hier ein »rechtsunsicherer Raum«), daß das menschliche Leben erst mit der Einnistung (Nidation) des befruchteten Eis in der Gebärmutter beginnt. Dafür gibt es kluge Begründungen und Interessen, deren Fragwürdigkeit allerdings offensichtlich ist.[64] Bei solcher Sachlage ist das Ei von der Befruchtung bis zur Einnistung völlig rechtlos. Wenn es im Reagenzglas befruchtet wurde, aber nicht wieder in eine Frau eingepflanzt wird, kann man damit solange experimentieren, wie es der Neugier eines Biologen gefällt. In den sechziger Jahren behauptete ein amerikanischer Arzt, er habe einen solchen Keim schon fünf Wochen großgezogen und dann erst auf den Abfall geworfen. Aus dem damaligen Einzelgänger sind jetzt ganze Forschergruppen in England um die Doktoren Steptoe und Edwards entstanden, die 1984 von ihrer »Aufzucht« solcher bei der Retortenzeugung überzähliger Keime berichtet haben. Einer etwa habe immer wieder versucht, sich an der Reagenzglaswand einzunisten. Der Sturm der Empörung, der sich nach der Publikation seiner Ergebnisse erhob, hat Edwards sehr überrascht: Er hatte die »Aufgeklärtheit« der Öffentlichkeit weit überschätzt.

Wenden wir uns der Frage zu, zu welchem Zeitpunkt das menschliche Leben beginnt. Denn es gibt ja nicht nur kluge Begründungen für die Nidation (in der Bundesrepublik hat man sie gewählt, um bestimmte Frühabtreibungsmittel als späte Verhütungsmittel kennzeichnen zu können), sondern auch für den dritten Schwangerschaftsmonat, den sechsten Schwangerschaftsmonat, Geburt und ersten Atemzug (im jüdischen Kulturkreis) oder die Zustimmung des Vaters oder der Gesellschaft. Es gibt und gab auch sogenannte wissenschaftliche, nämlich rassentheoretisch »abgesicherte« Argumente, bestimmte Menschen überhaupt nie beginnen zu lassen. Für alle diese Zeitpunkte sprechen also kluge Argumente, stammesbiologische, eugenische, ethnologische, historische usw. Aber daraus kann man nur einen Schluß ziehen: Das Menschsein eines Menschen von solchen Argumenten abzukoppeln und an das einzig zweifelsfreie Kriterium zu knüpfen, ob ein Mensch Mensch ist: seine biologische Zugehörigkeit zur Gattung. Andernfalls ist ein Neugeborenes weniger schutzberechtigt als ein erwachsener Schäferhund.

Eines der seit Darwin und Haeckel durch die Biologie geisternden Gegenargumente besagt, daß die befruchtete menschliche Eizelle im Verlauf der Schwangerschaft die eigene Stammgeschichte durchläuft, also am Anfang Amöbe, dann Lurch, Fisch, schließlich Affe und dann erst Mensch ist. Dieses »ontogenetische Grundgesetz« (auch »Grundregel«) ist in seiner metaphysischen Schlußfolgerung – daß erst am Ende der Mensch »da sei« – falsch; verzeihlich wäre es als wissenschaftlicher Irrtum jedoch nur gewesen, hätte sich Haeckel nicht primitiver Fälschungen bedient, um dieses »Gesetz« zu stützen – was ihm auch bald nachgewiesen wurde.

Endgültig widerlegt worden ist es von dem weltbekannten Embryologen Erich Blechschmidt.[65] Seine jahrzehntelangen Forschungen kann man so zusammenfassen: Der Mensch *wird* nicht Mensch, sondern er *ist* Mensch von der Befruchtung der Eizelle an, in jeder Phase seiner Entwicklung. Alles, was zum personalen »Ich-

Sein« des Menschen gehört, ist bereits von Anfang an da. Die befruchtete Eizelle enthält alles, was die Persönlichkeit eines Menschen ausmacht, nichts fehlt und müßte etwa nachträglich hinzukommen. Die Ausfaltung und Entwicklung des Menschen ist von Anfang an von der Embryonalentwicklung der Tiere verschieden.

Auch das mehrfach genannte Hearing des Bundesforschungsministeriums hat als das eigentliche ethische Problem der gentechnologischen Forschung am Menschen den Beginn des menschlichen Lebens angesehen. Diese Frage scheint *naturwissenschaftlich* nicht entscheidbar zu sein; die Nidation stellt jedenfalls »naturwissenschaftlich gesehen keine Zäsur dar« (H. Hepp).

Wenn man die Befruchtung der Eizelle nicht kategorisch als den Beginn des menschlichen Lebens betrachtet, dann gibt es überhaupt keine anderen als pragmatische, vorläufige, mit Recht bestreitbare Argumente, es anderswo beginnen zu lassen. Warum sollten nicht auch Embryonen im sechsten Monat abgetrieben werden, um mit ihnen zu forschen? Nobelpreisträger Francis Crick, der Entdecker der Doppelhelix, hat sogar dafür plädiert, »einem Neugeborenen den ›Rechtstitel‹ Mensch erst einige Zeit nach der Geburt zuzusprechen«.[66] Die überzähligen Embryonen wie Neugeborenen sind danach vogelfrei. Und obwohl ich es als kriminell einschätzen würde, wenn Crick beabsichtigte, seine Idee zu realisieren, so ist es aus seiner chemischen Auffassung allen Lebens doch konsequent. Wenn man – mit Nobelpreisträger Josuah Lederberg – den Menschen definiert als

> »Sechs Fuß einer bestimmten molekularen Sequenz von Kohlenstoff-, Wasserstoff-, Sauerstoff-, Stickstoff- und Phosphatatomen – der Länge der festverknäuelten DNS im Kern seiner Keimzellen und in den Kernen jeder Körperzelle«[67],

dann kann man mit ihm machen, was man will. Denn »molekulare Sequenzen« haben soviel Rechte wie Schottersteine.

Nach der zweitgenannten Einschätzung der befruchteten Eizelle ist sie vom Zeitpunkt der Befruchtung ab menschliches Leben in seiner vollen Schutzwürdigkeit, egal ob durch natürliche Zeugung, in der Retorte oder durch Klonierung entstanden. Warum gerade dieser Zeitpunkt? Es ist der einzige zweifelsfreie Zeitpunkt, für den gilt, daß *vor* ihm nichts da ist, woraus menschliches Leben teleologisch und »von selbst« würde. Weder Spermium noch Ei allein sind der Keim, sondern der existiert erst und genau dann, wenn das Spermium das Ei befruchtet hat – und der Mensch da ist.

Mit dieser Einschätzung – einer *Entscheidung*! – erkennt der Mensch die befruchtete Eizelle als teleologisch verfaßten Keim an, aus welchem ein gleich freier Mensch hervorgehen *soll*, wenn nichts dazwischenkommt.[68]

Jeder Mensch tritt in dieser Weise als gezeugtes und geborenes Mitglied in die Gesellschaft ein. Er ergreift seine Rechte, ohne sie anderen verdanken zu müssen. Eine stichhaltige ethische Argumentation zu den verschiedenen neuen Können der Gentechnologie kann nur von der Grundlage aus erfolgen, daß jeder Angehörige der Gattung Mensch jeden anderen Menschen als Wesen gleichen Rechts und gleicher Würde respektiert. Andernfalls könnten die gerade jetzt lebenden Menschen mit ihren Definitionen von »menschlich« und »noch nicht menschlich«, von »lebenswert« oder »lebensunwert« jederzeit die Zahl derer, die dieses Recht beanspruchen dürfen, einschränken. Wer gerade mitredet oder mitentscheidet, könnte sich allein die Menschenrechte reservieren. Und dies gilt nicht nur für die heute lebende Generation: Unser gentechnisches Wissen und Können könnte zu einer ständig wachsenden Macht unserer Generation über die kommenden Generationen führen, und das heißt, von jenen aus gesehen: zu einer Herrschaft der Toten über die Lebendigen.

Ich habe oben gesagt: Nur von diesem kategorischen Fundament aus lassen sich stichhaltige ethische Abwägungen durchführen. Andernfalls gibt es nie andere als vorläufige Gründe, irgendwelche Experimente zu unterlassen. Was soll auch eine 14tägige Eizelle »kategorisch« von einer 15- oder 16tägigen unterscheiden? Eine Art Salamitaktik könnte die Grenze immer gerade so weit verschieben, daß die Forscherneugierde oder die Lust am Machen noch innerhalb ihrer liegt. Daß die vehement vorangetriebenen Forschungen am »künstlichen Uterus« zum Ziel haben, Embryonen bis zu Kleinkindern (»Neugeborenen«) ohne Mutter großzuziehen, diese aber, da ohne »Nidation«, jeglichen Schutzes entbehren, ist eine schon recht greifbare Horrorvision. Nur die moralische wie juristische Anerkennung der Eigenrechte menschlicher Individuen »vom

Beginn der Zeugung an« wird derlei noch verhindern können. Das kategorische Fundament wird bei den nun folgenden Erörterungen der Einzelfälle des neuen Könnens die Grundlage der Güterabwägung bilden, wenn wir uns dem Menschen zuwenden.[69]

Güterabwägungen

Als erster von drei möglichen moralischen Konfliktfällen ist die Güterabwägung genannt worden. Damit meine ich, daß beim in Frage stehenden (neuen) Können keine kategorischen Verbote zu berücksichtigen sind, wohl aber Interessengesichtspunkte gegeneinanderstehen. Die ethische Urteilsbildung verlangt, die richtige Reihenfolge der Gesichtspunkte zu ermitteln und das Vorzugsargument stichhaltig zu begründen. Wie wir schon gesehen haben, ist diese richtige Reihenfolge an die jeweils konkrete Situation geknüpft, und das heißt auch: Sie kann sich mit der Zeit ändern. Damit ist dann aber nicht die frühere Abwägung etwa als falsch erwiesen (wie bisweilen hämisch festgestellt wird), sondern die Situation hat sich eben geändert.

Das markanteste Beispiel dafür sind die Sicherheitserwägungen bei der Gentechnologie. Es war in den USA richtig, den Warnungen einiger Forscher zu folgen und zunächst relativ strenge Vorschriften für den Umgang mit gentechnologisch behandelten Lebewesen zu erlassen, und es war ebenso richtig, diese zu lockern, nachdem die Kenntnis der Zusammenhänge die Möglichkeit, daß versehentlich Krankheitserreger erzeugt werden, ausschloß.

Es ist das Recht der unbeteiligten Bürger, vor den potentiellen Gefahren der Gentechnologie geschützt zu werden. Dieses Sicherheitsproblem wird in allen folgenden Fällen der Güterabwägung auftauchen. Daher nehmen wir es vorweg und erwähnen es im weiteren nicht mehr besonders. Die anderen Fälle sind: Grundlagenforschung, Erzeugung von »interessanten« Stoffen durch gentechnologisch veränderte Mikroorganismen, Verbesserung der genetischen Ausstattung von Nutzpflanzen, Verbesserung der genetischen Ausstattung von Nutztieren, Genetic screening, Gentechnologie am Menschen, Gentechnologie in der Keimbahn. Ein Exkurs wird zu den kategorischen Fällen überleiten.

Die Sicherheitsdebatte um die Gentechnologie hat bis vor kurzer Zeit die Medien und die Öffentlichkeit mehr bewegt als alle übrigen ihrer ethischen Probleme. Elf amerikanische Biologen warnten 1974 vor potentiellen Gefahren durch neukombinierte DNS-Moleküle. Hauptbefürchtung war, daß versehentlich neue Krankheitserreger erzeugt würden, deren Virulenz von keinem natürlichen Feind gehemmt werden könnte. Besonders bedenklich erschien auch die Tatsache, daß vor allem mit Escherichia-coli-Bakterien experimentiert wurde, die im menschlichen Darm in natürlicher Symbiose leben und deren gentechnologisch veränderte Artgenossen sich möglicherweise in Menschen oder Nutztieren mit katastrophalen Folgen vermehren könnten.

Ein Jahr später, bei einer aufsehenerregenden Konfernez in Asilomar, traf sich die Elite der Molekularbiologen, um Konsequenzen aus diesem Aufruf zu diskutieren. Bei der Verschiedenheit der Gefahreneinschätzung durch die Teilnehmer – Risikoüberlegungen beziehungsweise -forschungen hatten ja gerade erst eingesetzt –, auch bei deren unterschiedlichen Interessenslagen hinsichtlich der ökonomischen Verwertung, war es am Ende fast ein Wunder, daß sich die Konferenz, vornehmlich unter dem Druck einiger Juristen, auf Sicherheitsprinzipien einigte, die für die kommenden Forschungen gelten sollten.

In den Jahren nach Asilomar arbeiteten Wissenschaftlerkommissionen im Auftrag von Regierungsbehörden entsprechende Sicherheitsrichtlinien aus, die in den USA 1976, in der Bundesrepublik 1978 erlassen wurden (ein Auszug von letzteren findet sich im Anhang). Die Richtlinien waren streng, die Experimente gemäß ihrer Gefährlichkeit in Klassen aufgeteilt, bei denen jeweils ein entsprechender Sicherheitsaufwand vorgeschrieben war.

Allerdings glaubten schon wenige Jahre später dieselben Wissenschaftler, die Risiken würden erheblich überschätzt und die biologische Forschung durch die Richtlinien unnötig behindert. So hatte man etwa einen besonderen Stamm Escherichia coli gezüchtet (K 12 und andere Weiterentwicklungen), der in »freier Wildbahn« nicht überleben könnte, weil er die Fähigkeit verloren hat, bestimmte lebensnotwendige Nahrungsstoffe selbst zu erzeugen. In den USA sind die Richtlinien daher 1980 weitgehend gelockert worden. In der Bundesrepublik hat man die Vorschriften dahingehend geändert, daß die Gefahrenpotentiale für geplante Projekte durch die zuständige »Zentrale Kommission für die biologische Sicherheit« (ZKBS) nicht mehr so hoch eingestuft werden wie bisher. Diese Korrektur der ursprünglichen Einschätzung ist auch der Grund dafür, warum sich heute so viele Forscher gegen Gesetze zu Humanexperimenten wehren.

Sehen wir uns nun die vier Gefahrenstufen und die mit ihnen zusammenhängende, vorgeschriebene »Sicherheitsausstattung« gentechnischer Laboratorien genauer an.

1. Gefahrenstufe: L1-Labor
In der niedrigsten Gefahrenstufe L1 sind nur Sicherheitsmaßnahmen vorgesehen, die dafür sorgen, daß die im Labor arbeitenden Forscher nicht von Mikroorganismen infiziert werden und kein infektiöses Material aus dem Labor gelangt (am Arbeitsplatz darf nicht gegessen, getrunken und geraucht werden, die Fußböden müssen leicht desinfizierbar sein, Gelegenheit zum Waschen ist vorgeschrieben).

2. Gefahrenstufe: L2-Labor
Zu den Auflagen von L1 kommt hinzu, daß eine »Arbeitsbank« vorhanden sein muß: ein Schrank mit einer Arbeitsöffnung, in dem ein Luftstrom zirkuliert. Der Luftstrom wird permanent keimfrei gemacht. Auch ist ein Sterilisiergerät (Autoklav) zu benutzen, um den gesamten Abfall des Labors bei 160 Grad Celsius zu sterilisieren, bevor er zum normalen Müll hinzukommt. Das Labor ist während der Arbeit geschlossen zu halten; die Türen sind mit dem Hinweis »Biohazard« zu versehen (das ist die Anzeige für »Biologische Gefahr«).

Zutritt zum Labor haben außer den dort arbeitenden Forschern nur die Sicherheitsbeauftragten der jeweiligen Institution und die Kontrollorgane.

3. Gefahrenstufe: L3-Labor
Es gelten die Sicherheitsmaßnahmen L1 und L2 und zusätzlich

muß das L3-Labor von seiner Umgebung abgeschirmt sein, das heißt, es darf nur durch eine zweitürige Schleuse betreten oder verlassen werden. Die Schleuse muß ein Handwaschbecken mit Ellenbogen-, Fuß- oder Sensorbetätigung enthalten. In der Schleuse ist Schutzkleidung anzulegen, beim Arbeiten müssen Einweghandschuhe getragen werden. Zusätzlich muß beim Arbeiten unter L3-Bedingungen das Labor unter einem ständigen Unterdruck stehen, so daß dauernd ein leichter Luftzug von außen nach innen strömt. Dies soll garantieren, daß keine infektiösen Keime nach außen gelangen können. Die gesamte Abluft muß durch ein bakteriendichtes Filter geführt werden; dieses ist regelmäßig zu sterilisieren. Das Labor darf keine an andere Einrichtungen angeschlossene Wasserversorgung enthalten, andernfalls ist jeder Wasserstrom zu desinfizieren. Alleine darf ein Experimentator nur dann im Labor arbeiten, wenn eine von innen auslösbare Alarmanlage existiert.

4. Gefahrenstufe: L4-Labor
Es kommt zu den Auflagen L1 bis L3 hinzu, daß das Labor in einem eigenen Gebäude stehen oder durch einen Flur vom Rest des Forschungsgebäudes deutlich abgetrennt sein muß. Weiterhin haben technische Maßnahmen eine vollständige »Dichtigkeit« des L4-Labors zur Umwelt hin sicherzustellen. Ein Labor dieser Sicherheitsstufe existiert in der Bundesrepublik Deutschland nicht.

Es besteht mittlerweile ein weitgehender Konsens darüber, daß mit diesen Richtlinien die Risiken ein vertretbares Minimum erreicht haben, so daß der reine Sicherheitsaspekt für die Güterabwägung keine bedeutende Rolle mehr spielt. Allerdings sind noch drei Probleme zu beachten:

Einmal trivialerweise, daß das schönste Sicherheitslabor nichts nutzt, wenn sich die »Laboranten« nicht daran halten oder ihre Ausbildung hinter den Erfordernissen herhinkt. Es ist daher von eminenter Bedeutung, daß die Richtlinien nicht nur gelten, sondern daß sie auch von unparteilicher Seite überwacht werden. Schließlich gibt es weiterhin riskante Stämme, vor allem von Viren, etwa in der Impfstoff-Forschung. Auch hier ist die Trennung von Kontrolle und Forschung entscheidend für die Glaubwürdigkeit der Gentechnologen. Und wiederum ist es Sache des Staates, die Risikoforschung zu fördern und die Kontrolle so attraktiv zu gestalten, daß es nicht die in der Forschung zu kurz Gekommenen sind, die sie lustlos und vielleicht mit Ressentiment betreiben. Was die Ausbildung anlangt, so gab es 1974 eine kleine gentechnologische Katastrophe in Neuseeland, weil dort Experimentatoren der Molekularbiologie nicht über ausreichende seuchenbiologische Kenntnisse verfügten.[70] Daß diese für die Forschung erforderlich sind, ist mittlerweile Gemeingut und wird wohl auch überall beachtet.

Zum zweiten gibt es einen gravierenden Unterschied zwischen Laboratoriumsversuch und großflächiger Freilanderprobung. Ein amerikanisches Gericht hat, wie erwähnt, 1984 einem Forscher eine solche Erprobung untersagt, solange nicht im kontrollierbaren, längerfristigen Kleinversuch die Sicherheitsbedenken eindeutig zerstreut werden können.[71] Dies gilt natürlich nicht nur in Amerika.

Auch müssen einige Risiken der geschilderten Versuche zur Stickstoffbindung höherer Pflanzen kalkuliert und gründlich ausgeräumt werden: So könnte etwa der hergestellte Ammoniak als Gas in die Atmosphäre entweichen, sich im Regenwasser auflösen und in den Wasserkreislauf eingeschleust werden. In der Atmosphäre würde dadurch die Ozonschicht – sie schützt vor den UV-Strahlen der Sonne – noch schneller abgebaut als bisher schon, im Wasser könnte Kohlendioxid absorbiert werden, was Klimaänderungen bewirkte.

In eine ähnliche Kategorie fallen Experimente mit zelluloseabbauenden Mikroorganismen. Bei den ölabbauenden Mikroorganismen – bei Tankerkatastrophen höchst erwünscht – ließ sich die beschworene Gefahr, daß die Bakterien auch den letzten Tropfen Diesel aus dem Tank fressen würden, relativ leicht entkräften. Aber beim Zelluloseabbau – da entsprechend konstruierte Mikroorganismen auch lebende Bäume, Sträucher, Gräser usw. befallen könnten – ist es nicht so leicht. Ein Gegenargument lautete: Solche Mikroorgamismen gibt es doch bereits; man sehe sich nur an, was im Urwald innerhalb eines Tages mit einem frisch gefällten Baumstamm passiert: nichts bleibt von ihm übrig. Dieses Argument übersieht jedoch, daß das Beispiel aus einem intakten ökologischen Zusammenhang stammt (dessen innere Mechanismen wir nicht kennen), konstruierte Mikroorganismen dagegen solche gewachsenen Zusammenhänge von Grund auf stören und zerstören können.

Generell gilt für alle möglicherweise riskanten Experimente und Erprobungen eine Umkehrung der Beweislastregel: Nicht die Gefährlichkeit des Experimentes muß vorab bewiesen und dargelegt sein, sondern die Ungefährlichkeit.

Zum dritten können wir mit Jost Herbig festhalten: »Es wäre verhängnisvoll anzunehmen, mit der Bio-Gefahren-Episode seien die gesellschaftlich wichtigen Probleme der Gen-Manipulation gelöst. Sie beginnen gerade erst.«[72]

Grundlagenforschung

Bei der gentechnologischen Grundlagenforschung – darunter ist Forschung zu verstehen, die sich nicht unmittelbar technische oder ökonomische Ziele setzt – sind über das Sicherheitsargument hinaus nur zwei Aspekte von Bedeutung, ein ökonomischer und ein kategorischer.

Der ökonomische Aspekt besagt – aber das gilt für jede andere Grundlagenforschung auch –, daß die Finanzierung der Forschung, in der Bundesrepublik in der Regel durch Steuermittel an Universitäten oder Max-Planck-Instituten, in einem vernünftigen Verhältnis zu den von kompetenter Seite erwarteten Ergebnissen stehen müssen. Das ist meistens der Fall. Aber Wissenschaftler wittern hinter diesem Argument häufig einen Eingriff von außerwissenschaftlicher Seite in ihre verantwortlich-selbstgesteuerte Tätigkeit. Ich will dagegen zwei Beispiele vorbringen. Einmal hat ein von Steuern finanziertes wissenschaftliches Institut vor einigen Jahren ein Großexperiment durchgeführt, bei dem Puls, Blutdruck, Hormonausschüttung von Theaterbesuchern nach der Aufführung von Tragödien, Komödien, Opern, Operetten usw. gemessen wurden. Das mag nun amüsant sein, aber der Spaß hört auf, wenn man liest, daß das Projekt den Steuerzahler 1,5 Millionen Mark gekostet hat. Hier sollte man wohl besser fragen: Ist es dem »Geldgeber« recht, wenn ein Wissenschaftler seine private Neugier in einem solchen Maßstab mit öffentlichen Geldern finanziert? Ich muß zugeben, daß ich es mir nicht verkneifen kann, auch den Bau weiterer Teilchenbeschleuniger mit einem Aufwand in Milliardenhöhe unter diesem Aspekt zu sehen: Ob es nicht noch wichtigere Probleme gibt, die man mit solchen Geldern lösen könnte, als die Erforschung der Elementarteilchen 57 bis 61 oder die Erzeugung des Elements 110, dessen Existenz von 10^{-6} Sekunden man dann einen Namen geben kann?

Der kategorische Aspekt bei der Grundlagenforschung besagt, daß in bestimmten Fällen Grundlagenforschung gar nicht von angewandter Forschung zu trennen ist. Was für Atomreaktoren galt – daß ein Forschungsreaktor ein Atomreaktor mit all dessen Implikationen ist –, gilt auch für den gentechnologischen Umgang mit menschlichem Erbgut: Hier *ist* die Forschung Anwendung, und wenn es kategorische Argumente gibt, diese zu unterbinden, dann gelten sie auch für die Grundlagenforschung. Und selbst für den harmloseren, aber komplexeren Fall der Güterabwägung gilt dies, wie wir gleich beim »Genetic screening« sehen werden.

Erzeugung von »interessanten« Stoffen aus gentechnologisch veränderten Mikroorganismen

Die »interessanten« Stoffe, die sich gentechnologisch effektiver, billiger, reiner, ja sich in manchen Fällen überhaupt erst so herstellen lassen, haben wir an anderer Stelle aufgezählt. Es ist sicher ein positiver Aspekt, daß darunter so viele Stoffe in der Heilkunde dienen sollen beziehungsweise wenigstens deren Kosten senken. Für eine ethische Abwägung der konkreten Forschung auf diesem Gebiet und ihrer Anwendung (Herstellung dieser Stoffe) stehen also – vom Sicherheitsargument abgesehen – kaum konkurrierende Gesichtpunkte im Raum. Dabei sollte man sich aber über eines zunächst klar sein: Daß die auf diesem Wege gewonnenen Stoffe wirklich billiger sein werden, Patient und Krankenkassen weniger belasten, ist ein zwar häufig zu hörendes Argument, stimmt mit der bisherigen Erfahrung aber nicht überein. Der Wissenschaftsjournalist Rolf Andreas Zell merkt an: »Warum sollte Eli Lilly (die Firma, die das gentechnologisch erzeugte Human-Insulin vertreibt) sich auch selbst unterbieten?«[73] Das ist richtig, jedenfalls dann, wenn die Forschung und Herstellung tatsächlich nach marktwirtschaftlichen Maximen erfolgt.

Es ist etwas völlig anderes, wenn der Staat (und damit der Steuerzahler) die Forschung (mit-)finanziert. Dann hat er entweder ein Anrecht auf die immer wieder behauptete Verbilligung, oder zumindest kann er verlangen, daß die dem jeweiligen Unternehmen verbleibenden Gewinne in die Forschung reinvestiert werden. In der Bundesrepublik ist dies übrigens der Fall.

Noch ein Gesichtspunkt erscheint in einer weiterfassenden Beurteilung dieser »Herstellung interessanter Stoffe« wesentlich. Es darf nicht der Eindruck erweckt werden, hier kämen nun endgültig jene Wundermittel, welche die meisten tödlichen Krankheiten, vor allem den Krebs, heilen könnten (z. B. durch Interferon). Wo der Versuch gemacht wird, damit plakativ in den Medien zu werben, handelt es sich um eine zielgerichtete Verharmlosung der medizinischen Komplexität solcher Krankheiten und ihrer Ursachen. Denn die gentechnologische Herstellung eines solchen Stoffes ist nur die eine, gewissermaßen pharmazeutische Seite der Sache. Die andere ist die medizinische Erprobung seiner Wirksamkeit. Und da nehmen sich die gentechnologischen Erfolge bislang sehr viel nüchterner aus, als es zur Zeit des »Gen-Goldrausches« (Christian Schütze) zu Ende der siebziger Jahre prognostiziert worden war. Bei einem menschlichen Blutgerinnungsfaktor beispielsweise, mit dessen gentechnologischer Erzeugung man den Bluterkranken für immer zu helfen glaubte, ist inzwischen erkannt worden, daß es sich nur um einen unter (bislang) 37 Faktoren handelt, die in einem unglaublich komplizierten Zusammenspiel die Blutgerinnung nach einer Verletzung bewirken.

Und ein letztes, noch etwas erweitertes Argument zu diesem Thema. Es sollte selbst im Fall der wirklichen Erfolge (und die gibt es!) gentechnologischer Herstellung »interessanter« und hochwirksamer Stoffe nicht vergessen werden, daß sie ausschließlich in den Rahmen des zwar gegenwärtig dominierenden, keineswegs aber universal-privilegierten Medizinkozepts einer »Iatro-Technologie« (Karl Eduard Rotschuh), einer Arzt-Technologie, gehören, welche Krankheit als einen Maschinenschaden und Therapie als Maschinenreparatur ansieht. Bei der zunehmenden Anzahl psychischer und psychosomatischer Erkrankungen erscheint dieses Konzept überdenkenswürdig.[74] Denn nehmen wir an, es würde die körpereigene Substanz (im Gehirn oder wo immer) isoliert, welche Depressionen behebt, und wir könnten diese gentechnologisch mit Hilfe von Bakterien in großen Mengen herstellen. Es wäre damit also möglich, den an Depression Erkrankten zu heilen. Aber ist das Heilung? Man beseitigt ja nur das üble Gefühl, nicht dessen Ursachen. Und bei solcher Sachlage, den weiter vorhandenen Ursachen, deren natürlichen Wirkung »Depression« nur unterdrückt wird, kann man sich mit Freud die Entwicklung einer klassischen Schizophrenie ohne weiteres vorstellen.

Ein solches Beispiel führt, obwohl nachdenkenswert, freilich über unsere Gentechnologiedebatte hinaus. Aber es soll illustrieren, daß die weite Verbreitung der »Maschinenschaden-Medizin« auf allen Sektoren nicht von vornherein der Diskussion entzogen sein darf.[75] Gewiß, gegen Diabetes kann man heute Arzneimittel nehmen: Das ist gegenüber dem Bohnenschalentee ein beachtlicher Fortschritt. Aber noch besser ist es, so zu leben, daß man gar nicht erst Diabetes bekommt, daß also Pharmazie und Heilkunst nur ein Bestandteil der Diätetik sind wie bei den Griechen: ein Bestandteil der Lehre vom gesunden und richtigen Leben, für den Fall, daß unverschuldet etwas dazwischengekommen ist.

Verbesserung der genetischen Ausstattung von Nutzpflanzen

Auch in diesem Fall ist es so, daß der versprochene Nutzen durch gentechnologisch verbesserte Pflanzen nicht durch eines der Pauschalargumente (13–15) vom Tisch gewischt werden darf. Sowohl unter ökologischen Gesichtspunkten ist es gut, Pflanzen zu züchten, die ertragreicher und widerstandsfähiger sind oder beispielsweise keinen Stickstoffdünger benötigen, da durch sie die Umweltbelastung abnimmt, als auch unter ökonomischen (das ist trivial) und unter dem Gesichtspunkt der Hilfe gegen den Welthunger. Und dennoch gibt es einige Einwände, die wenigstens mit zu bedenken sind, wenn man ethisch abwägt. Sie betreffen nicht die Pflanzen selbst, denen man damit ein Eigenrecht o. ä. zuspräche[76]

– das würde dazu führen, daß wir sie auch nicht mehr essen dürften! –, sondern sie betreffen die jetzigen und künftigen Menschen, die von den neuen Pflanzen Nutzen haben sollen. Das negative Argument (abgesehen von der Sicherheit) ist einfach: Die Neukonstruktion von Arten darf weder zu einer Verminderung der genetischen Artenvielfalt (»genetische Erosion«) noch gar zum Verlust von Arten führen. Ersteres fällt auch noch unter den Sicherheitsaspekt: Monokulturen sind gegen Schädlinge anfälliger und erfordern bisher eine stärkere Düngung und größere Pestizidaufwendungen als Mischkulturen.

Die Vorteile der genetischen Vielfalt von Kulturpflanzenarten haben sich in Jahrtausenden entwickelt. Es haben sich dabei Klima, Wind, Hitze-, Dürre- und Frostperioden genauso in der genetischen Struktur der Nutzpflanzen niedergeschlagen wie Bodenbeschaffenheit, Tageslängen und periodischer Schädlingsbefall. Die Bauern haben sich darauf eingestellt durch (klassische) Auswahl des Saatguts, durch Züchtung, künstliche Bewässerung, Fruchtfolgen und gemischte Pflanzung mehrerer Arten.

Diese in heutiger Diktion »primitiven Sorten« sind zwar in ihrer momentanen Leistungsfähigkeit den hochgezüchteten neuen Sorten unterlegen, bieten dafür aber dauerhaft einen gewissen Ertrag auch für weitere Generationen, und zwar gerade weil sie nur ein Minimum an technischer Ausrüstung, an technologischem Know-how, an Düngung und Schädlingsbekämpfung usw. benötigen.

Der Verlust von Arten hingegen verbietet sich ethisch schließlich auch aus einem anderen Grund. Die vorangegangenen Generationen haben uns die Erde als Erbe übertragen, von dessen Zinsen wir leben, dessen Kapital wir aber nicht angreifen dürfen. Natürliche Arten sind ein solches Kapital. Zwar wurden auch früher Arten durch Menschen ausgerottet oder rotteten sich selbst aus (»die Natur machte es also auch!«), aber die Geschwindigkeit, mit der heute eine gigantische Anzahl von Arten von der Einstufung »unbedroht« hinüberwechselt zu »bedroht« und »praktisch ausgestorben«, erfordert drastische Maßnahmen. Dieses Argument ist ein ökologisch-ethisches Argument und betrifft die Gentechnologie nur am Rande: Mit bedacht werden muß es im diskutierten Fall der Pflanzengentechnologie dennoch.

Das letzte Argument, das in der Bundesrepublik vor allem Jost Herbig[77] vertritt, bezieht sich auf mögliche soziale Konsequenzen des gentechnologischen Fortschritts. Herbig sieht diesen zuerst in Analogie zur »grünen Revolution« von 1950 bis 1970 in Lateinamerika. Die bemerkenswerte Ertragssteigerung (mehrere hundert Prozent) durch leistungsfähigere Pflanzensorten, zugehörige Düngung und Schädlingsbekämpfung brachte nämlich keineswegs allgemeinen Wohlstand, sondern machte nur die Großgrundbesitzer reicher. Das Durchschnittseinkommen von besitzlosen Landarbeitern sank gleichzeitig, die Kleinbauern konnten die notwendigen Kosten für Düngung und Schädlingsbekämpfung nicht aufbringen und verloren ihr Land.

Man könnte sagen: Das gilt nur für die grüne Revolution. Jetzt sollen ja Pflanzen gezüchtet werden, die unabhängig von Dünger und widerstandfähiger gegen Schädlinge sind. Ich betone erneut: Das ist ein gutes Argument, wenn es auch in der Praxis im Hinblick auf die Chemikalienunabhängigkeit erst noch bewiesen sein will und wenn es auch nicht verspricht, das Rad der Geschichte zurückzudrehen. Das Hungerproblem ist so jedoch noch nicht gelöst. Es muß eine in ihrem Konzept wesentlich überdachte Entwicklungshilfe hinzukommen, die sich nicht ausnimmt wie ein Technologietransfer mit anschließendem Exportboom in Länder, die sich all das nicht leisten können. Gefordert ist eine »kleine« Entwicklungshilfe mit Personen, die helfen, die den Verhältnissen angepaßte, häufig vernünftigerweise primitivere Technologien bei den in der Dritten Welt lebenden Menschen einzuführen. China geht hierbei offensichtlich einen besseren Weg als die meisten der westlichen Staaten.

Daß in den Ländern der Dritten Welt Arbeitsplätze durch die Gentechnologie geschaffen würden, ist vermutlich einen Illusion. Richtig ist zunächst, daß beispielsweise die gesamte Fingerhutspflanzen-Landwirtschaft (in Mexiko, zur Herzglykosidgewinnung) oder der Opiumanbau in der Türkei (Morphingewinnung) bankrott geht, wenn Bakterien in Stockholm oder Chicago auch ohne die notwendige Sonne die Glykoside oder Alkaloide produzieren. Wenn die Existenz »chemischer Rassen« unerheblich wird für den Anbaustandort der Pflanzen, dann wird dies in manchem Land der Dritten Welt das Elend verschärfen.

Selbst wenn die Nutznießer größerer Erträge zunächst einmal Nahrungsmittelproduzenten wie die USA und Kanada sein sollten, deren Ernteschäden durch Kälte, Dürre, Schädlinge zurückgedrängt werden, so ist damit nicht notwendig etwas für die Ernährung der Weltbevölkerung getan, die in den nächsten Jahrzehnten auf sechs bis sieben Milliarden anwachsen wird. Es hungern heute schon Millionen, und gleichzeitig werden in den USA, auch in der EG, riesige Mengen von Obst, Getreide und Gemüse vernichtet, um bestimmte Preise halten zu können – all dies subventioniert der Steuerzahler. Hier könnten gentechnologische Fortschritte paradoxerweise weitere Belastungen der Bevölkerung verursachen. Aber das ist keine Sache primär der Gentechnologen, sondern eine der Politiker, und zwar vor allem der Außen- und Entwicklungspolitiker.

Äußerst problematisch erscheinen schließlich auch Vorschläge, dem Waldsterben und anderen ökologischen Schäden durch gentechnologisch neukonstruierte, widerstandsfähigere Arten zu begegnen. Es erinnert mich an einen Besuch in einer westdeutschen Kleinstadt mit chemischer Industrie, bei dem mir, als ich aus dem Zug ausstieg, fast die Luft wegblieb. Zugleich war ich erstaunt, selbst um die Fabriken herum gesunde Bäume, blühende Blumen und Sträucher zu sehen. Von einem befreundeten Chemiker wurde ich aufgeklärt: Das sind Resultate einer intensiven Suche nach resistenten Pflanzen oder besser nach solchen, die in dieser Luft bevorzugt gedeihen. Es gibt sogar Mikroorganismen, für die Schwefelsäure ein angenehmes Milieu oder Schwefelwasserstoff die beste Atmungsluft zu sein scheint. Kurzum: Reparaturen dieser Art wären nicht ökologische Therapie, sondern Kur an den Symptomen. Wem dies als wünschenswert (weil billiger) erschiene, der sollte anstelle jeden Wälderschutzes gleich für die Aufstellung säureresistenter Plastikwälder eintreten.

Verbesserung der genetischen Ausstattung von Nutztieren

Es gelten hier zunächst alle beim letzten Abschnitt vorgebrachten Argumente (Ökonomie, Dritte Welt usw.) und Gegenargumente (genetische Erosion, soziale Implikationen, Sicherheit usw.). Ein wesentlicher Gesichtspunkt kommt allerdings noch hinzu: der Tierschutz. Im Unterschied zu den Pflanzen betrachten wir Tiere als fühlende Wesen, die deswegen vor Furcht, Schmerz, Qual und sinnlosem Tod geschützt werden müssen. Dies gilt auch für die Gentechnologie, in der Forschung genauso wie bei der Anwendung. Und obwohl Tierversuche ein derzeit heiß umstrittenes Problem sind, müssen für die moralische Abwägung einige Argumente auch hier durchdacht werden.

Fast in allen zivilisierten Ländern gibt es einen Tierschutz und gleichzeitig »verbrauchende Experimente« mit Tieren. Der vernünftige Umgang mit Tieren scheint also ein Mittleres zu sein zwischen absolutem Schutz und beliebigem Gebrauch. Wie sehen die Gründe für dieses Mittlere aus (Extreme lassen sich schon mit Schlagworten »begründen«)? Betrachten wir zunächst die Argumente für den beliebigen Umgang mit Tieren. Bei Descartes, so hieß es oben, findet sich das Argument, daß Tiere vernunftlose Wesen sind, Maschinen, die Gott für uns gemacht hat, die nur scheinbar Schmerz empfinden, mit denen wir tun und lassen können, was uns beliebt. Diese These wurde schon widerlegt.

Schmerz empfinden wir Menschen nicht als »Vernunftwesen«, sondern als organisch-lebendige Wesen, und Schmerz ist das gefühlsmäßige Alarmzeichen dafür, daß etwas mit unserem organischen Sein nicht in Ordnung ist. Schmerz enthält in sich den Appell, ihn aufzuheben und zu vermeiden. Gewiß ist auch für den Menschen zugefügter Schmerz bisweilen, etwa in der Medizin, ein notwendiges Übel für kürzere Dauer. Aber der Mensch kann sich im Vergleich zum Tier davon distanzieren, kann die Notwendigkeit des Schmerzes einsehen, durch seine Vernunft »überbrücken«, sich damit trösten, daß er bald nachläßt. All dies kann das Tier nicht, und deswegen ist das Zufügen von Schmerz gegenüber einem Tier rechtfertigungsbedürftig. Die moderate Version des ersten Arguments lautet: Tieren ohne vernünftigen Grund Schmerz zuzufügen soll verboten sein; wenn der Mensch aber Gründe hat, dann ist es erlaubt. Dieses Argument ist in seiner Allgemeinheit falsch, denn der Sadist könnte sagen: »Ich finde meine Erfüllung gerade darin, Tiere zu quälen; warum wollt ihr mich an meiner menschlichen Selbstverwirklichung hindern?«

Das zweite Argument ist eines der klassischen Argumente für

den Tierschutz; es findet sich bei Augustinus wie bei Immanuel Kant und lautet: »Tierquälerei muß verboten sein, weil es den Menschen verroht.« Dieses Argument ist zwar stichhaltig, zugleich aber kurzatmig. Es ist in Wirklichkeit eine nachträgliche, auf den Menschen bezogene Begründung für etwas, das *an sich* falsch ist. Denn wie könnte Tierquälerei ausgerechnet Menschen verrohen, wenn es doch bloß um Tiere geht? Eben deswegen, wie wir gerade feststellten, weil Schmerz und Qual Phänomene des *organischen* Lebens sind und nicht des vernünftigen, und wir mit den Tieren darin engstens verwandt sind.

Man liest auch häufig: Tierschutz ist Menschenschutz. Auch das ist richtig. Diese Begründung bezieht aber wiederum die tierische Subjektivität nur funktional auf den Menschen und erkennt ein An-sich-Gebot des Tierschutzes nicht an. Was aber, wenn nun der Befürworter das Argument umdreht und feststellt: Menschenschutz ist wichtiger als Tierschutz? Hiergegen sind zwei Einschränkungen geltend zu machen. Erstens ist es ja kein Entweder-Oder, sondern Mensch wie Tier verdienen und benötigen Schutz, der Mensch mehr, aber das Tier doch auch. Die gesamte menschliche Kultur beruht darauf, wie Hegel schreibt, daß nicht unentwegt nur das Erstwichtigste, sondern auch das Viert-, Siebt- und Zehntwichtigste getan und berücksichtigt wird. Zum zweiten gilt auch für diesen Satz – Menschenschutz ist wichtiger als Tierschutz –, daß erst der konkrete Fall ein moralisches Urteil erlaubt. Gewiß, der Mensch hat das Recht, sich selbst von einem Leid vergleichbarer Größenordnung freizukaufen, indem er es ein Tier ertragen läßt, in der Forschung wie in der Anwendung. Aber es ist unbestreitbar, daß diese Verhältnismäßigkeit in Tierexperimenten häufig und kraß verletzt wird: Wenn etwa die Tests für ein neues Kosmetikum darin bestehen, daß Tausende von Hasenaugen mit großen Konzentrationen der verwendeten Mittel eingestrichen werden oder Schäferhunde unter Tabaksmasken qualvoll zu Tode kommen, um das Rauchen noch ein wenig »ungefährlicher« zu machen. Tierexperimente sind moralisch nur erlaubt – und selbst dann am Rande des Erlaubten –, wenn erstens der medizinische Wert eindeutig zu wirklicher Krankheit und zum Leiden des Menschen in Beziehung steht, wenn zweitens intensiv nach Alternativen zur Ablösung solcher Experimente gesucht wird und wenn drittens nicht die ganze

Existenz der Tiere in solch dumpfer Schmerzhaftigkeit besteht. Robert Spaemann hat so verstandenen Tierschutz als ein Problem der Menschenwürde aufgefaßt:

> »Solange wir die Rede von Menschenwürde nur als eine Redensart ansehen, mit der die Mitglieder der Spezies Homo sapiens ihre Artgenossenschaft absichern, solange hat diese Rede keinen eigentlich normativen Sinn . . . Wenn Menschenwürde dagegen etwas meint, was den Menschen ›objektiv‹ auszeichnet, dann kann sie nur die Fähigkeit des Menschen meinen, Ehrfurcht zu haben vor dem, was über ihm, was neben ihm und was unter ihm ist (Goethe). Dann aber macht es gerade die Menschenwürde aus, im Umgang mit der Wirklichkeit deren eigenem Wesen Rechnung zu tragen.«[78]

Damit können wir den Bogen zur Gentechnologie zurückschlagen. Es wäre ein signifikanter Verstoß gegen den Tierschutz, Tieren – vor allem höheren – durch Kombination von Erbmaterial verschiedener Arten eine Mischexistenz zuzumuten, die nach vernünftigem Anschein mit Schmerz und Qual verbunden ist. Dies gilt sowohl dann, wenn derlei in der Grundlagenforschung gemacht wird, wenn es dem Aufklären von Evolutionsabschnitten dienen soll[79] oder wenn es sich zum Ziel setzt, noch größere oder bessere Fleischlieferanten zu züchten. Schon bestimmte klassische Formen der Tierhaltung und Tierzucht stellen heute gröbste Verstöße gegen den Tierschutz dar – Kälber, die antibiotika- oder neuerdings interferondurchwirkt ihr Leben liegend im Dunkeln verbringen müssen, um das Fleisch weiß zu halten; Hühnereierfabriken, aber auch die Luxuszucht von Hunden mit ewig kranken Augen usw. Gentechnologische Willkür könnte diese Vergehen noch erheblich steigern: Schweine mit noch viel mehr Rippen, abnorm großen Schinken, überhaupt riesenwüchsige »Fleischerzeuger«, sei es durch einen mehrfachen Chromosomensatz pro Zelle wie bei bestimmten Pflanzen, sei es durch gentechnologische Produktion der zugehörigen Wachstumshormone und anschließende »klassische« Verfütterung oder Injektion (so wie eine Riesenmaus durch Injektion mit Rattenwachstumshormon gezüchtet wurde).

Wir müssen das Selbstgefühl dieser Tiere von der Selbstempfindung übergroß gewordener Menschen aus sehen. Und da findet sich, selbst wenn man den Anteil des *Bewußtseins* von Abnormität abzieht, kaum eine Biographie, die nicht eine extremen Leidens gewesen wäre. Die organische Normalität von Lebewesen ist eben keine statistische, sondern eine normative. Und daher kann man als Fazit für die gentechnologische Forschung und Anwendung vor allem an höheren Tieren wie Säugetieren oder Vögeln festhalten:

1. Solche Experimente und Anwendungen müssen genehmigungspflichtig sein (wie die der diversen Sicherheitsstufen durch die ZKBS), aber natürlich durch eine andere Kommission als die ZKBS, welche dann so zusammengesetzt zu sein hätte, daß auf keinen Fall diejenigen, die solche Experimente und Anwendungen berufsbedingt wünschen, von vornherein eine Mehrheit besitzen. In sie hinein müßten Tierschützer, kompetente Laien, Verhaltensforscher, Philosophen, Juristen.
2. Die Übernahme und Kontrolle eines solchen Tierschutzes müßte in der Bundesrepublik Deutschland aus dem Ministerium für Landwirtschaft ins Innen- und/oder Justizministerium verlegt werden. Denn im ersteren werden Tiere objektiv allein unter dem Gesichtspunkt betrachtet, welchen Nutzen oder Schaden sie für den Menschen bringen, während letztere für Anerkennung von Rechten und deren Verletzung zuständig sind.[80]

Es sei abschließend nochmals betont: Gentechnologische Experimente und ihre ökonomische oder medizinische Verwertung sind nicht prinzipiell ungerechtfertigt, sondern sie sind, vor dem Horizont des Tierschutzes, rechtfertigungs*bedürftig*. Es kann weder mit einer »Wertneutralität der Forschung« argumentiert werden noch mit der Feststellung, es sei doch mit positiven Resultaten für den Menschen zu rechnen. Gewiß werden sich mit den Verschiedenheiten von Tierklassen auch die jeweiligen Argumente, einschließlich der moralischen Beurteilung, ändern – sie werden verschieden sein für Insekten etwa und Schimpansen. Aber grundsätzlich darf die moralische Abwägung nicht vor der Tür des gentechnologischen Tierlaboratoriums ausgesperrt bleiben.

Die Analyse der menschlichen Erbanlagen unter medizinischer Zielsetzung: »Genetic Screening«

Die Analyse der menschlichen Erbanlagen im Hinblick auf potentielle medizinische Defekte stellt heutzutage kein besonderes gentechnologisches Problem mehr dar. Sie ist unter ethischem Aspekt insofern von der gentechnologischen Anwendung unterschieden, als nach der Analyse keine gentechnologischen, sondern konventionelle Eingriffe vorgenommen werden. Dabei sind zwei Fälle zu unterscheiden: die Genanalyse beim geborenen, in der Regel erwachsenen Menschen, und die Genanalyse am ungeborenen menschlichen Leben:

1. Genetic Screening bei Erwachsenen

Der primäre Befund der Güterabwägung scheint in diesem Fall zu sein, daß ein neues Wissen den Menschen über gewisse genetische Defekte aufzuklären vermag und, zu diesem Normalfall des »Wissen ist besser als Nichtwissen«, zweierlei positive ethische Konsequenzen hinzukommen: einmal, daß man einen solchen Menschen in einer genetischen Beratung auf den Charakter der Gefährdung seiner Nachkommen hinweisen kann (vor allem, wenn der Partner ähnlich gefährdet sein sollte); zum zweiten, daß mit einer solchen Erkenntnis eventuellen Berufskrankheiten und Umweltbelastungen des genetisch Gefährdeten vorgebeugt werden kann. Beides sind gute Zwecke. Steht überhaupt etwas dagegen?

Was den ersten Fall anlangt, so meine ich: nicht viel. Allerdings ist dabei auf strikte Freiwilligkeit zu achten. Niemand darf dazu gezwungen werden, seine Erbanlagen analysieren zu lassen; das liegt allein im Ermessen des einzelnen. Es ist aber vernünftig, die Bevölkerung über die Möglichkeiten einer solchen vorbeugenden Analyse aufzuklären – nicht um eine Hysterie zu erzeugen, sondern um Menschen, in deren naher Verwandtschaft gravierende Erbkrankheiten aufgetreten sind, Entscheidungshilfen hinsichtlich ihrer Partnerwahl und ihrer Kinderwünsche zu geben. Dabei ist neben der persönlichen Zustimmung des Analysierten auf dreierlei Weiteres zu achten, wie Erwin Deutsch feststellte[81]: auf Vertraulichkeit, auf Datenschutz und auf die ethischen Probleme im Zusammenhang der Experimente, die zur Erweiterung des neuen Wissens geeignet sind (sich also auf mehr Erbkrankheiten und auf andere Zusammenhänge von genetischer Ausstattung und realisierter Qualität beziehen). Das letztere ist bereits im Zusammenhang mit dem »kategorischen Fundament« angedeutet worden und wird noch einmal ausdrücklich im folgenden erörtert; die anderen Forderungen von Deutsch – Vertraulichkeit und Datenschutz – ergeben sich, um der Übermacht von Privat- und Sozialversicherern entgegenzusteuern.

Dies ist keineswegs Utopie. Jost Herbig berichtet von einem großangelegten Überwachungsprogramm in den Vereinigten Staaten, um die ahnungslosen Träger des Gens der Sichelzellenanämie vor dem Risiko der Weitergabe dieser Erbkrankheit zu schützen. Zwei einfache Bluttests genügten, um ein gefährdetes Paar ausfindig zu machen. »Was als medizinische Vorbeugungsmaßnahme begonnen hatte, schlug jedoch schnell auf die Träger des Gens zurück und artete zu einer Art Rassismus aus. Das Sichelzellen-Merkmal wurde zum Stigma. Industriebetriebe, Armee, Luftwaffe und andere Institutionen weigerten sich, die Mischerbigen zu beschäftigen. Kranken- und Lebensversicherungen erhöhten ihre Prämien.«[82] Manche Bundesstaaten in den USA neigten dazu, umfassende genetische Überwachungsprogramme durchzuführen, andere verlangten von heiratswilligen Schwarzen einen Bluttest auf das Sichelzellen-Merkmal.

Die genetischen Ungleichheiten könnten größte Ungerechtigkeiten mit sich bringen, genetische Defekte dazu führen, daß Personen bloßgestellt oder gar angeprangert werden. Zwar sind Vertraulichkeit wie Datenschutz keine absoluten Güter und müssen unter Umständen eingeschränkt werden, aber sie sind auf jeden Fall höherwertig als die ökonomischen Interessen von Sozial- und Krankenversicherungen.[83]

Der zweite Fall ist die Genomanalyse im Hinblick auf die Gefährdung durch bestimmte Berufs- und Umweltbedingungen. Auch hier ist der Zweck positiv. Wie steht es um die Wirklichkeit? Wir müssen uns an der weiter vorangeschrittenen Entwicklung in den Vereinigten Staaten orientieren. Die »Süddeutsche Zeitung« hat 1983 hierzu folgendes geschrieben:

»Eine ganze Reihe von Großunternehmen ist bereits dabei, oder

> steht kurz davor, sowohl ihre Mitarbeiter als auch künftige Bewerber genetisch zu bewerten. Ziel ist es, die Personen herauszufinden, deren Gene ideale Voraussetzungen dafür aufweisen, daß sie Arbeitsplatzbedingungen meistern und widerstandsfähig gegen Berufskrankheiten sind. Mehr noch, die Ergebnisse der genetischen Tests, meist Blutuntersuchungen, sollen nicht nur eine dominierende Rolle bei Personalentscheidungen spielen, sondern in gesammelter Form auch als Forschungsdateien dienen, mit denen sich bestimmte Gefahren am Arbeitsplatz rechtzeitig erkennen lassen. Nach einer jetzt veröffentlichten Untersuchung des amerikanischen Kongresses gaben 59 von 366 befragten Unternehmen an . . ., innerhalb der nächsten fünf Jahre genetische Tests an ihren Angestellten und Arbeitern durchführen zu wollen. Mindestens 6 Betriebe benutzen die Tests bereits. Der Abgeordnete Gore glaubt, daß diese Praktiken weitreichende Folgen für den gesamten amerikanischen Arbeitsmarkt haben und zur Diskriminierung von Frauen, Rassen, ethnischen Gruppen führen . . . Gerade Unternehmen der chemischen sowie der gummi- und kunststoffverarbeitenden Industrie, die scharfen Gesetzen über den Schutz gegen Gifte am Arbeitsplatz unterliegen, könnten sich die Tests zunutze machen, indem sie nur solche Mitarbeiter anheuern, die besonders widerstandsfähig gegen bestimmte Giftstoffe sind. Ein verführerisches Motiv, Bemühungen um eine ›saubere‹ Umwelt zu vernachlässigen.«[84]

Die angedeutete Gefahr ist real. So sondert etwa der amerikanische Chemiekonzern Dow Chemical Arbeiter aus, die genetisch als krebsanfällig gelten; zwei große Gesellschaften wie American Cyanamid und General Motors verlangen, »zum Schutz ungeborenen Lebens«, von Arbeiterinnen bestimmter Betriebe den Nachweis ihrer Gebärunfähigkeit: »Gefährdete« Chemiearbeiter und -arbeiterinnen werden versetzt oder müssen sich sterilisieren lassen beziehungsweise verlieren den Arbeitsplatz oder, viel effektiver, werden erst gar nicht eingestellt – alles zu ihrem Besten? Oder nicht vielmehr, weil das sehr viel billiger ist als die Arbeitsbedingungen zu verbessern? »Die Aussortierten gelten als untauglich, nicht die Arbeitsbedingungen als unzumutbar . . ., und das Opfer sozialer Benachteiligung wird ›genetisch‹ zum Schuldigen erklärt.« (J. Herbig)

Die Schreckensvision einer staatlich verordneten Einführung und Erfassung solcher Genkarten, so utopisch sie sein mag und hoffentlich auch ist, kann man sich kaum drastisch genug ausmalen; unter dem Signum humanitär-rationaler Lebensplanung würde die genetische »Determination« dem einzelnen sein Schicksal und seine Freiheit aus der Hand nehmen. In freiheitlich-demokratischen Gesellschaften ist hierzu gewiß die Gefahr geringer als in autoritären, in deren marxistischen Varianten Ethik ohnehin zugunsten eines künftigen sozialökonomischen Optimalzustandes suspendiert ist. Das unter Hitler »mißglückte« eugenische Experiment könnte mit ganz anderer Effizienz wiederholt werden. Wir werden das in den nächsten Abschnitten noch näher diskutieren.

Für unsere ethische Bewertung des Genetic screening ist abschließend festzustellen, daß wie beim ersten Fall (der genetischen Beratung von Eltern) unabdingbare Voraussetzung die persönliche Zustimmung des Betroffenen ist. Die Koppelung von Arbeitsplatz und der Bereitschaft zur Genanalyse nebst deren Offenlegung ist moralisch nicht zu verantworten.

2. Die Genanalyse am ungeborenen Leben

Die Genanalyse am ungeborenen menschlichen Leben durch Fruchtwasseruntersuchung bei der schwangeren Frau gilt als großer medizinischer Fortschritt. Sehr frühzeitig läßt sich feststellen, ob ein Kind überhaupt lebensfähig ist, ob es eine schwere Erbkrankheit haben wird oder ob es gesund ist. »Die wenigen Kinder, wenigen gewünschten Kinder«, so lautete eine Empfehlung der Bundesärzte-Kammer, »sollen gesund zur Welt kommen.«[85] Zugleich ist es auch möglich, das Geschlecht des Kindes zu bestimmen. Soweit das isolierte Können und sein guter Zweck, der – handelte es sich um einen Normalfall – wiederum gemäß des Arguments »Wissen ist besser als Nichtwissen« die ethische Abwägung entscheiden könnte. Aber ist dies ein Normalfall, läßt sich die Fruchtwasseruntersuchung in dieser Weise isolieren? Dafür müssen wir uns die praktischen Auswirkungen dieses Könnens und Wissens ansehen, wobei erneut die amerikanischen Erfahrungen viel weitergehen als unsere.

Zunächst: Die »konventionelle« Methode nach Analyse des Kindergenoms ist bei erkanntem Erbschaden die Abtreibung, das heißt, das menschliche Leben wird getötet. Zu deren Rechtfertigung wird beispielsweise von Hans Martin Sass ein Fall beschworen, bei dem schwerste physische und psychische Behinderungen dem Kind ein menschenunwürdiges Leben voll Leiden und den Eltern ein Leben voll Entbehrung und der Gesellschaft ein großer Aufwand zugemutet werden. Aber sehen wir uns die Wirklichkeit an. In Amerika werden viele Abtreibungen (bis zum 6. Monat frei, ohne Angabe von Gründen, nach der Fruchtwasseruntersuchung vorgenommen, weil das Kind nicht das »richtige« Geschlecht hat! Bestimmte erkennbare Erbkrankheiten, deren Therapie beim geborenen Kind lediglich eine mehrjährige Diät erfordert, werden von bis zu neunzig Prozent der Eltern nicht akzeptiert; das Kind wird im Mutterlieb getötet. Denn das ist die Kehrseite des oben zitierten Satzes der Bundesärztekammer: Die »Gewünschtheit« erstreckt sich offensichtlich auch darauf, was Eltern sich subjektiv zuzumuten wünschen. Lieber einen Sohn als eine Tochter zu haben genügt in den USA offensichtlich, um nach der Gendiagnose letztere abzutreiben.

Man wende nicht ein, daß in China früher die Mädchen eben erst nach der Geburt getötet wurden oder im Islam den Frauen ein nach unseren Begriffen menschenunwürdiges Dasein zugemutet werde. Das wäre das »Relativismus Argument«, und dagegen haben wir schon festgehalten, daß in der Tat verschiedene Kulturen dem, was von Natur aus gerecht ist, verschieden nahe gekommen sind. Von Natur aus ungerecht ist es aber mit Sicherheit, aus Bequemlichkeit oder willkürlichem Wunschdenken menschliches Leben zu töten.

Doch dies ist nur die eine praktische Folge des neuen Könnens. Die andere besteht im Problem, daß es Behinderte gibt, bei denen also die Krankheit übersehen oder gar nicht nach ihr gesucht wurde. Wie wollen die sich eigentlich selbst sehen und verstehen? Hätte man sie nicht eigentlich abtreiben sollen? Ein schöner Zweck, gewiß, das Nicht-mehr-vorhanden-Sein von Behinderten! Aber wenn der jedes Mittel rechtfertigen würde, müßte man die jetzt lebenden Behinderten eigentlich umbringen, und Frauen, die Behinderte gebären, könnten zwangsweise sterilisiert werden.

Freilich wären die Behinderten lieber gesund als behindert, wenn man sie fragt. Doch die Frage lautet richtig: Wollen sie leben oder nicht? Behindert sein ist ein schweres Schicksal, für den Behinderten wie häufig für die Eltern. Aber ist denn Schicksalslosigkeit ein Anzeichen von Lebensqualität?[86] Ich kenne manche Eltern mit einem behinderten Kind, selbst Conterganskind, die zugeben: Hätten sie das vorher gewußt, hätten sie abgetrieben. Und jetzt denken sie mit Entsetzen daran. Die Liebe zum Kind und die Achtung vor dem Leben können auch mit einem behinderten Kind eine glückliche Familie ermöglichen.

Johannes Reiter hat darauf hingewiesen, daß die stärkste Behinderung nicht die körperliche Einschränkung, sondern die Selbsteinstufung ist, die der Behinderte von der Umwelt als eigene Meinung übernimmt und verinnerlicht: daß er anderen zur Last fällt, volkswirtschaftlich teuer ist usw. Aber es ist umgekehrt ein Zeichen für das moralische Niveau einer Gesellschaft, wie sie sich ihren Schwachen, ihren Ungeborenen und Alten gegenüber verhält. Archaische Gesellschaften machten kurzen Prozeß mit ihnen, das ist bekannt. Aber auch das Naziregime machte kurzen Prozeß, und zwar in einem Maßstab, der auch den heute für negative Eugenik plädierenden Wissenschaftlern Unbehagen bereitet.

Wollte man diese beiden praktischen Folgen des neuen Könnens – Abtreibung der aus mancherlei Gründen ungewünschten Kinder, zunehmende Ächtung des Status der existierenden Behinderten – auf einen philosophischen Nenner bringen, so handelt es sich um den Prozeß der zunehmenden Instrumentalisierung menschlichen Lebens, der zwangsläufig einhergeht mit dem Verlust der Achtung vor dem Leben. Beides schlägt sich zwar in »klassischen«, aber inhumanen Paradoxien nieder. Auf der einen Seite etwa findet sich, wieder einmal, die Beurteilung von Erbmaterial als »wertvoll« oder »minderwertig«. Genetisch minderwertige Bevölkerungsschichten, so der Chemie-Nobelpreisträger Crick, müßten davon abgehalten werden, sich wie bisher zu vermehren. Man sollte Kinder am einfachsten hoch besteuern oder, so ein anderer Nobelpreisträger, es sollten Menschen mit einem Intelligenzquotienten unter 100 für jeden IQ-Punkt darunter 1000 Dollar bezahlt werden, wenn sie sich sterilisieren ließen.

Umgekehrt liefern »eugenisch verantwortungsbewußte« Menschen wie einige amerikanische Nobelpreisträger ihr Sperma auf Samenbänken ab, um es als Intelligenzreservoir für fortgeschrittene Frauen und die Nation zur Verfügung zu stellen. Es ist nur zu bedauern, daß die Wissenschaft es früher noch nicht beherrschte, die tiefgefrorenen Komplementäreier von Madame Curie oder Marilyn Monroe zu präservieren.

Eigene Kinder zu haben bedeutet in dieser tapferen neuen Welt, sie mit dem unverantwortlichen Nachteil einer geringeren Intelligenz und einem bescheideneren Aussehen auf den Lebensweg zu schicken als die fortschrittlich gezeugten oder im Reagenzglas kombinierten. Man kann den Zeitpunkt fast schon absehen, zu dem Kinder gegen ihre Eltern wegen »mangelhaften Erbgutes« klagen werden. Die Folgerung kann nur sein, daß Eltern, bevor sie ein Kind zeugen dürfen, ihre Genkarten analysieren lassen müssen. Kinder zu zeugen ist ein begründungspflichtiges Unternehmen (Hans Martin Sass).

Der bekannte Genetiker Bentley Glass kündigte 1970 in seiner Abschiedsrede als Präsident der einflußreichen amerikanischen Förderungsorganisation AAAS an,

> »unbegrenzter Zugang zu einer staatlich regulierten Abtreibung in Verbindung mit den gegenwärtigen perfektionierten Techniken zur Entdeckung von Chromosomenanomalien im wachsenden Fötus wird uns von einigen Prozent aller Geburten befreien, die heute unkontrollierbare Defekte darstellen. . . Man wird genetische Kliniken bauen, in denen man bald bis zu hundert verschiedene rezessive Erbdefekte in ihren Trägern entdecken können wird, die dann gewarnt oder daran gehindert werden, Nachkommen zu haben. . . Kein Elternpaar wird in dieser Zukunft das Recht haben, die Gesellschaft mit einem mißgestalteten oder geistig unfähigen Kind zu belasten.«[87]

Die Kehrseite dieser Argumente besteht nun darin, daß eine andere medizinische Sensationstechnik, die In-Vitro-Befruchtung (»Retortenbabys«), gerade deswegen erfunden wurde, damit Eltern *eigene* Kinder haben können und dies auch dann, wenn die genetische Mutter das Kind nicht selbst austragen kann – mit Hilfe einer »Mietmutter«. Wir werden gleich darauf zu sprechen kommen. Erst aber muß das Paradox noch aufgelöst werden: Auf der einen Seite soll der Fortschritt darin bestehen, auf die Fortpflanzung des eigenen Erbguts zu verzichten, auf der anderen Seite besteht er darin, all denen die Fortpflanzung mit eigenem Erbgut zu ermöglichen, denen das bislang verwehrt war. Das Paradox löst sich auf, wenn wir hören, daß Steptoe, der »Vater« des ersten In-Vitro-Babys, seine Forschungen zum Teil durch Abtreibungen finanziert hat. Es löst sich auf, weil klar wird, daß es um medizinische Sensationen ging und weniger um Hilfe. Man braucht nur an die zweite In-Vitro-Befruchtung zu erinnern, die ausgerechnet in Kalkutta gelang. Man möchte glauben, daß die dort für das Experiment benötigten Gelder besser hätten verwendet werden können – wenn es wirklich um Kinder gegangen wäre. Zum dritten sei noch die Frau erwähnt, die schon mehrere Kinder von drei verschiedenen Ehemännern hat, nun aber noch In-Vitro-Vierlinge bekommt von einem Mann, von dem sie schon wieder geschieden ist. Wie soll man da noch den Ärzten glauben, die beteuern, daß Eltern von Retortenkindern nur nach sorgfältigsten ethischen Kriterien ausgewählt werden?

Das zweite Paradox ist ganz kurz zu formulieren: Daß es jene gesellschaftlichen Gruppierungen sind, die eine Fristenlösung (d. h. Freigabe) der Abtreibung bis zum dritten, fünften, sechsten Monat fordern, bei denen das Buch »Das Seelenleben der Ungeborenen«[88] ein Bestseller ist. In ihm wird nachgewiesen, daß Seelenregungen bis in die vierte Woche zurückverfolgt werden können, daß das Gehirn in seinen beiden Hälften bereits nach 14 Tagen da ist. In den USA ist kürzlich eine Abtreibung (6. Woche) mit einem Endoskop im Mutterleib gefilmt worden. Der Embryo öffnete nicht nur den Mund zu einem imaginären Schrei, sondern versuchte sich wegzubewegen und sich zu wehren, bevor er zerschnitten wurde (Ectomie). Der Leiter der größten Abtreibungsklinik in New York hat, nachdem er den Film gesehen hatte, seinen Beruf aufgegeben. Es genügt manchmal in der Tat zu *sehen,* was man tut, um die moralische Unrechtmäßigkeit der Handlung schlagartig zu begreifen.

Wir haben das Problem, wie menschliche Embryonen einzuschätzen sind, bereits erörtert. Hier ist noch die Genanalyse durch Fruchtwasseruntersuchung genauer zu betrachten. Natürlich ist der Arzt, der sie erfunden hat, kein unmoralischer Mensch: Es ging um einen guten Zweck. Wenn sich aber zeigt, daß die praktische

Anwendung des neuen Wissens den guten Zweck ins Gegenteil verkehrt, dann kann es vernünftig sein, eine Begrenzung der Anwendung gesetzlich durchzusetzen. Eine weit überwiegend schlechte Nutzung eines neuen Wissens macht das Nichtwissen, von den extremen Fällen abgesehen, zum moralisch Besseren, zum Schutz des ungeborenen menschlichen Lebens. Und das kann nur bedeuten, daß Fruchtwasseruntersuchung dort zu verantworten ist, wo tatsächlich ein schwerster Schaden droht, also in potentiell tragischen Fällen. Sie sollte der Entscheidung des verantwortlichen Arztes überlassen bleiben, nachdem er sich mit den Eltern beraten hat. Hingegen sollte die *Geschlechtsbestimmung* durch Fruchtwasseruntersuchung, die sich zum Ziel setzt, Kinder mit unerwünschtem Geschlecht zu töten, moralisch geächtet und gesetzlich unterbunden werden, wie es in der Bundesrepublik praktiziert wird.

Gentechnologie am existierenden Menschen – somatische Gentherapie

Generell stellt die Gentherapie wie jedes andere medizinische Verfahren einen Eingriff in das Leben einer Person dar, und insofern ist die damit verbundene Verantwortlichkeit des Eingreifenden und des Betroffenen kein grundsätzlich neues ethisches Problem, jedenfalls solange es sich um das Leben des Individuums handelt und nicht um den Personcharakter des Menschen selbst. Solange das kategorische Fundament nicht verletzt ist, sehe ich keinen Grund, die somatische Gentherapie prinzipiell abzulehnen. Die Zustimmung der Betroffenen beziehungsweise der Eltern kann eingeholt werden, der Eingriff wird dem Arzt überantwortet. Kein neues Problem also, wohl aber noch ein großes, denn diese Eingriffe liegen auch nach Einschätzung der Mediziner und Biologen in der Dimension der Organtransplantationen, und darüber ist die Diskussion keineswegs verstummt.

Nehmen wir an, es wären solche gezielten Eingriffe an genetisch geschädigten Menschen durchführbar und hätten Aussicht auf Heilerfolg. Ist dieses Können dann immer gerechtfertigt? Wir klammern die Frage des Eingriffs an der befruchteten Eizelle zunächst aus – Gentherapie in der Keimbahn – und widmen uns nur dem Fall, bei welchem die Therapie frühestens an sich bereits differenzierenden Organen des Embryos im Mutterleib (oder später am geborenen und erwachsenen Menschen) einsetzt.

Auch hier muß die moralische Beurteilung etwas weiter ausholen, denn das eigentliche Problem besteht darin, Kriterien für »krank« und »gesund« zu finden, nach denen dann der entsprechende Eingriff vorgenommen wird. Man nehme nur an, Homosexualität wäre in den Genen verankert: Sollen das die Eltern nun schon im Erbgut, vor der Geburt, ausgleichen können, damit das Kind »normal« wird, so daß eine Sappho, ein Leonardo oder Michelangelo nicht erst vom Psychiater oder durch Hormone, sondern schon im Mutterleib »geheilt« werden können (oder abgetrieben)? Man sieht, daß die Rechtfertigung des gentherapeutischen Eingriffs für verschiedene Krankheiten verschieden ist.

Wenn Jost Herbig und andere feststellen, daß »gesund« und »krank« keine biologischen, sondern soziale Kategorien sind[89], so schießen sie sicher über das Ziel hinaus: Auch im Bereich der genetisch bedingten Krankheiten gibt es klare Fälle wie Mongolismus oder die Bluterkrankheit, die von der biologischen Norm abweichen, unabhängig von sozialen Einschätzungen. Solche Krankheiten heilen zu können, würde wirklich einen Fortschritt darstellen (wenn auch das oben zu den Behinderten Gesagte zu berücksichtigen ist).

Aber neben den wenigen klaren Fällen ergäbe sich eine riesige Grauzone von beispielsweise nicht schwerwiegenden Erbkrankheiten oder gar Wünschbarkeiten im Sinn der positiven Eugenik, die den Eltern und Ärzten plötzlich in die Hand gegeben wären, und dies ist äußerst bedenklich. Akut ist das Problem bereits bei der Anwendung des Wachstumshormons an sogenannten »Kleinwüchsigen«: Nach welchen Kriterien sollen wohl Eltern die Körpergröße ihrer Kinder »programmieren«?

Selbst wenn der Eingriff am existierenden Menschen nicht mit dem kategorischen Fundament in Konflikt käme, sind die Kriterien des Ungewünschten oder Gewünschten am Menschen von großer moralischer Fragwürdigkeit. Zumal eines ja gewöhnlich von den eugenischen Technologen übersehen wird: Daß es immer wieder Abweichungen von der biologischen Normalität sind, Behinderungen, die Menschen zu Kompensationen, zu »Sublimierungen« (Freud) antreiben und sie kulturell und sozial große Leistungen vollbringen lassen. Dies zugunsten einer Durchschnittsnormalität absichtlich zu verändern, wäre gerade soziologisch sehr unklug. Freilich kann man vor dem Umkehrschluß nur warnen: nämlich den Wunsch zu hegen, durch genetischen Einbau kleiner Behinderungen die Kompensationsleistungsbreite zu testen. Kein Mensch darf einem anderen Menschen ein solches Schicksal absichtlich zumuten.

Insoweit also die Gentherapie am existierenden Menschen nicht mit dem kategorischen Fundament in Konflikt kommt, kann die Güterabwägung von Fall zu Fall verschieden, für oder gegen die Dimension solcher Eingriffe sprechen. Während negative Kriterien – gravierende Erbkrankheiten – hierbei eine positiv ausschlaggebende Rolle spielen können, vor allem bei geborenen Menschen, sind positive Kriterien – gewünschte Eigenschaften – moralisch nicht zu verantworten, wie noch zu zeigen ist. Im letzten Kapitel wurde von der einzigen bislang durchgeführten somatischen Gentherapie (Martin Cline) berichtet. Trotz der Unverantwortlichkeit seines Versuchs ist festzuhalten: Es stehen keine kategorischen Argumente gegen eine solche Therapie. Sie haben die Dimension von Organtransplantationen, und deren ethische Güterabwägung soll an anderer Stelle behandelt werden. Hier genügt es, ihre Verträglichkeit mit dem kategorischen Fundament zu bemerken. Allerdings gibt es auch noch ein weiteres Problem bei der somatischen Gentherapie, das dieser vorausliegt: die Forschung, und dieser wenden wir uns nun zu.

Gentherapie in der Keimbahn

Für die moralische Beurteilung der Gentherapie in der Keimbahn ist dreierlei zu unterscheiden: die Forschung, die negative Eugenik und die positive Eugenik. Alle Fälle müssen vor dem Hintergrund des kategorischen Fundaments gesehen werden, und sie entscheiden sich durch dieses.

Vom kategorischen Fundament aus sind Forschung und Anwendung an menschlichen Keimen nicht zu trennen. Experimente verletzen hier jedenfalls den grundrechtlichen Schutz des ungeborenen menschlichen Lebens – vom Moment der Befruchtung an. Damit sind Experimente mit befruchteten Eizellen oder Föten auch dann nicht zu rechtfertigen, wenn sie sich zum Ziel setzen, schwere genetisch bedingte Krankheiten wie beispielsweise den Mongolismus im genetischen Bereich heilen zu können. Es ist klar, daß diese moralisch gebotene Einschränkung der Forschung auch für die somatische Gentherapie Folgen hat. Forschung und Experimente dürfen prinzipiell nicht mit menschlichen Keimen und Embryonen unternommen werden.

Setzen wir den Fall, die Forschung wäre an höheren Säugern oder mit menschlichen Gewebekulturen so weit gediehen, daß sie Experimente an menschlichen Keimen nicht benötigt und ihre Ergebnisse erfolgversprechend gegen Krankheitsursachen auf molekularer Ebene eingesetzt werden können. Auch dann verbietet sich der Eingriff an der befruchteten Eizelle kategorisch. Hier wird nicht ein existierender Mensch geheilt, sondern die personale Identität eines Menschen manipuliert, und zwar ganz unabhängig davon, ob die betreffende genetisch verankerte Eigenschaft oder Krankheit gewünscht wird oder nicht. Es wird durch solche Manipulation nicht die Heilkunde verbessert, sondern ihr fundamentales Gebot verletzt.

Der schon mehrfach genannte Philosoph Sass hat für die differenziertere Beurteilung der Gentherapie in der Keimbahn vorgeschlagen, einen Unterschied zu machen zwischen der befruchteten Eizelle nebst den aus ihr hervorgehenden noch omnipotenten Zellen (nach 3 oder 4 Teilungen, bei 8 oder 16 Zellen kann noch aus jeder dieser Zellen der vollständige Organismus hervorgehen) und dem sich danach spezialisierenden, ausdifferenzierenden Keim. Während ersteres noch nicht personales menschliches Leben sei und daher für die gentechnologische Forschung wie Anwendung freigegeben werden müßte, beginne mit dem Verlust der Zellomnipotenz und der Spezialisierung der Personcharakter des menschlichen Lebens, der geschützt sein müsse.

Ich übernehme diese Unterscheidung, doch muß die ethische Folgerung aus ihr offensichtlich genau umgekehrt sein. Die genetische Grundlage auch des menschlichen Personcharakters ist einwandfrei und endgültig festgelegt im Moment der Befruchtung der Eizelle; nichts weiter ist nötig oder käme sonst von irgendwoher dazu. Eben dies gilt für die noch omnipotenten Keimzellen. Gewiß, sie werden de facto nicht alle zu Menschen, aber daß sie das nicht werden, ist eine Sache der Natur und nicht des Menschen, der dann etwas so »machen dürfte wie die Natur«.

Dagegen beginnt mit dem Verlust der Omnipotenz die Differenzierung am menschlichen Embryo in die verschiedenen Organe. Eingriffe an bereits spezialisierten Zellen oder Zellkomplexen kämen nicht mehr mit dem kategorischen Fundament in Konflikt, sondern wären moralisch gesehen nicht schwerwiegender oder bedenklicher als Organtransplantationen – wobei natürlich das Experimentieren mit einzelnen Embryonen moralisch genauso verboten ist wie das mit der befruchteten Eizelle. Von daher ergeben sich als moralische Abwägungs-Resultate für die negative Eugenik:

- Experimente im obigen Sinne sind kategorisch verboten.
- Gentherapie in die Keimbahn ist kategorisch verboten.
- Gentherapie in frühen Stadien des Embryos ist zwar nicht kategorisch verboten, muß aber in Abwägung gesehen werden entweder zu anderen, später einsetzenden medizinischen Verfahren oder zur medizinischen Vertretbarkeit, das heißt, der Vorteil muß die Gefahren klar überwiegen, und zwar für das ungeborene Leben, nicht etwa für die Eltern oder die Gesellschaft.

Diese drei Resultate machen es äußerst unwahrscheinlich, daß Gentherapie am somatischen, aber ungeborenen Leben je mit moralisch vertretbarer Erfolgswahrscheinlichkeit vorgenommen werden könnte, im Gegensatz zur somatischen Gentherapie am (vor allem) erwachsenen Menschen. Der Zweck mag so gut sein, wie er will. Wenn für den Verlauf seiner Durchführung Verstöße gegen das kategorische Fundament notwendig sind, dann wird dadurch der Zweck selbst moralisch untragbar. Bei geborenem Leben mag die Sachlage besser sein.

Die positive Eugenik ist noch fragwürdiger. Das betrifft etwa das genetische Heranzüchten gewünschter Eigenschaften wie größerer Intelligenz, ökologisch besserer Anpassung (z. B. an die schlechtere Luft oder eine Verminderung der Anfälligkeit gegen Radioaktivität) oder bessere Arbeitsfähigkeiten. »Der wieder angepaßte Mensch, Alptraum oder Wunschtraum, auf jeden Fall eine biologische Notwendigkeit. Die Hochschule und die Industrie kennen ihre Verantwortung.« – So heißt es in einer These der berühmten CIBA-Konferenz in London im Jahr 1962 – und analog 1981 im Osten in der DDR-Zeitschrift »Humanitas«: »Da nicht alle Schadfaktoren und pathogenen Einflüsse aus der Umwelt und Lebensweise zu eliminieren sein werden, sollte man den Menschen selbst verändern« – nämlich durch biologische Umkonstruktion, ohne »Platz für idealistische Interpretationen des Verhaltens und der psychischen Leistungsfähigkeit des Menschen«.[90]

Solche Überlegungen werden bei Diskussionen gewöhnlich als maßlose Übertreibung, böswillige Science-fiction, Unterstellung gegenüber verantwortungsbewußten Forschern betrachtet, die niemals so etwas tun würden. Der Gegenbeweis ist natürlich schon deswegen nicht anzutreten, weil eine Forschung auf diesem Felde – sollte es sie geben – mit guten Gründen das Tageslicht und die Publizität meiden würde. Aber das genannte CIBA-Symposium, dessen Ergebnisse auch in deutscher Sprache vorliegen[91], legt geradezu beispielhaft Zeugnis dafür ab, was man von der Verantwortlichkeit von Forschern wie den Nobelpreisträgern Josuah Lederberg, Hermann Joseph Muller, Francis Crick und anderen Molekularbiologen halten darf. Viele der dort gemachten eugenischen Vorschläge nehmen sich aus wie ein »Musterkatalog der Hölle«, ein »neolithischer Schlachthof unserer Zeit« (Erwin Chargaff). Einige dieser Thesen seien im folgenden kurz zusammengefaßt[92]:

Lederberg hielt die Bedenken gegen eine gezielte genetische Erzeugung eines Kindes mit vier Armen und Händen »für eine infantile Eigenliebe des Menschen«.

Muller schlug eine rigorose Auslese von hochwertigen Samenspendern (etwa in der Preisklasse von »Lenin, Newton, Darwin, Einstein, Marx«) vor, neben der die geschlechtliche Fortpflanzung »nur noch für Experimente zugelassen werden darf«.

Crick meinte, daß »der Staat dem Speisesalz Chemikalien beimischen solle, um Kinderzeugung durch genetisch unerwünschte Paare zu verhindern«.

Haldane war überzeugt, daß »viele Eltern bereit sind, das Leben ihrer Kinder zu riskieren in der Hoffnung, sie könnten (genetisch konstruierte) übernormale Kräfte entwickeln«. Edwards forderte dafür die entsprechende Forschung durch Experimente an In-Vitro-Kulturen menschlicher Embryonen.

In diesem Zusammenhang verlangten viele weitere Forscher die Produktion tier-menschlicher Mischlinge. Die Insemination von Affen mit Menschensamen und die von Frauen mit Affensamen sei schon erprobt, wenn auch leider noch erfolglos (Lederberg). Taylor nennt hierbei schon gar nicht mehr die Forschung als Zweck, sondern: »Wenn es einträglich ist, tier-menschliche Mischlinge zu züchten, dann werden wir dies auch tun« – für Weltraumraketen, Ein-Mann-Torpedos, Bergwerke usf.

Man hat sich bei der Konferenz feinsinnigerweise schon Gedanken über die rechtliche Stellung der Mischlinge gemacht, etwa wie der Tierschutz ergänzt werden müsse. Solchen schönen Misch-Experimenten gegenüber, meint Wilhelm Kütemeyer, »mutet die experimentelle direkte Beobachtung des menschlichen Sexualverkehrs in einem Laboratorium der Universität Saint Louis bei Hunderten von Personen (vornehmlich aus dem Universitätsbereich) während vieler Jahre, mit allen nur möglichen kontinuierlichen Messungen aller Organe und Organteile durch die anwesenden Forscher noch fast idyllisch an«.[93]

Nun hat sich zwar in den letzten zwanzig Jahren herausgestellt, daß zwischen diesen tapferen neuen Zielen und ihrer Realisierung (noch) enorme naturwissenschaftliche Hindernisse stehen. Aber »es ist die Brutalität der Ziele, die zählt« (Chargaff).[94] Das alte Argument: »Ich kenne aber niemanden, der . . .« muß mit einer solchen Beispielsammlung als völlig überholt gelten. Man kann weder einwenden, daß diese Forscher »einsame Verrückte« gewesen seien – es war im Gegenteil die angelsächsische Elite der Biologie und Medizin –, und auch nicht, daß das doch immerhin zwanzig Jahre zurückliege: Tausende von jungen Forschern haben Labors und Lehrpläne dieser »Elite« passiert, und ein Mann wie Crick vertritt seine eugenischen Thesen 1984 genauso wie früher. Wenn sich Biologen heute über den Vertrauensverlust der Öffentlichkeit beklagen, so sollten sie sich daran erinnern, daß die Geister von ihren Fachgenossen gerufen worden sind. Wer soll noch Vertrauen in die »verantwortliche Selbstkontrolle der Forscher« haben, wenn solche Eliten die Maßstäbe der Forschung setzen?

Gewiß, noch handelt es sich um Science-fiction-Überlegungen; die naturwissenschaftlichen Probleme einer gezielten Herstellung gewünschter Erbeigenschaften sind gegenwärtig noch unabsehbar, und so können wir uns bei der moralischen Erörterung relativ kurz fassen. Ist schon die Argumentationslage bei der negativen Eugenik fast ausschließlich gegen diese gerichtet, so fällt auch das letzte dort positive Argument jetzt weg: der klare Fall einer nicht gewünschten, schweren Erbkrankheit.

Bei der positiven Eugenik wird mit subjektiven Wünschen von Eltern, Ärzten oder Geningenieuren operiert, die willentlich und wissentlich Menschen konstruieren. Fundamental verletzt wird dabei das Recht auf Naturwüchsigkeit der Abstammung und einer niemandem zu »verdankenden« personalen Identität (beziehungsweise deren genetischer Grundlage). So wird das Recht auf Unverletztlichkeit der Person mit Füßen getreten und ebenso der Gleichheitsgrundsatz durch (positive wie negative) Diskriminierung von Personen und Personengruppen, die für bestimmte Zwecke »gezüchtet« würden. Man kann sich fragen: Warum gibt es eigentlich so kluge Menschen, die derart leichtfertig über die genetische Konstruktion »gewünschter Eigenschaften«, über Embryonenexperimente usf. reden? Offensichtlich, weil diese Leute die Gefahr, manipuliert oder abgetrieben zu werden, schon hinter sich haben. Eine Unterscheidung in »vernünftige« und »unvernünftige« Kriterien für positive Eugenik ist absolut unerheblich. Sie führt sich aber auch dadurch ad absurdum, daß die dabei konkurrierenden Gesichtspunkte von keinem Menschen »abgewogen« werden dürfen. So wird nun bisweilen rhetorisch-suggestiv gefragt, ob es nicht ein guter Zweck sei, Menschen mit durchschnittlich höheren Intelligenzleistungen und besserer Erinnerungsfähigkeit zu konstruieren. Aber erweist es sich nicht bisweilen als Gnade, etwas vergessen zu können? Und hört man nicht häufig, daß Intelligenzhöhe und Lebensglück in einem umgekehrt proportionalen Verhältnis zueinander stehen, wie Benn schreibt: »Der Geist, das große Gegenglück des Lebens«? Wer könnte die Verantwortung dafür übernehmen, daß er jemandem einen Intelligenzquotienten aufzwingt, der diesem vielleicht ein unglückliches Leben beschert? Die Antwort ist einfach: Willentlich darf das niemand.

Der Einwand, es geschehe doch dasselbe, wenn zwei besonders kluge Eltern zusammen Kinder hätten, ist ohne jeden empirischen Rückhalt. Jeder kennt genügend Beispiele aus seiner eigenen Umgebung, in denen dies durch Erfahrung widerlegt wird. Ein älteres

Sprichwort lautet: »Lehrers Kinder und Pfarrers Vieh gedeihen selten oder nie«, und George Bernard Shaw hat das Angebot einer berühmten Schönheit, mit ihr ein Kind zu zeugen, das seine Intelligenz und ihr Aussehen hätte, abgelehnt mit dem Hinweis, das Risiko sei ihm zu hoch, daß das Kind ihre Intelligenz und sein Aussehen hätte. Dieses Problem ließe sich heute durch das Klonen in den Griff bekommen, wie gleich zu sehen sein wird. Generell können wir für den Fall der positiven Eugenik aber festhalten, daß es hier nichts zu diskutieren oder verantwortlich abzuwägen gibt. Eine Diskussion von Menschen über die Wünschbarkeit von Eigenschaften anderer, erst herzustellender Menschen aus dem Labor ist in Wirklichkeit eine Diskussion mit Gott. Der aber hat den Menschen nach seinem Bilde geschaffen.

Das Klonieren von Menschen

Das Klonieren von Menschen, also die Herstellung zeitlich versetzter eineiiger Zwillinge, gleichgültig, ob dies mit eigenem Erbmaterial (nur bei Frauen möglich) oder mit fremdem geschieht, ist unsittlich – aus dem von Hans Jonas ausführlich dargestellten Grund[95], daß dabei das Recht auf Unkenntnis der eigenen Biographie verloren wird und der neue Mensch unzumutbaren Erwartungen ausgesetzt ist. Es ist unsittlich wegen des Rechts eines Menschen auf die Naturwüchsigkeit seiner Abstammung, die ihn als Wesen gleichen Rechts allen anderen gegenübertreten läßt und nicht als Wesen von Gnaden der Samenspender und Geningenieure.

Ethisch nicht zu rechtfertigen und dementsprechend zu unterbinden sind auch alle Experimente, die sich das Klonieren von Menschen zum Ziel setzen. Es gibt keine Trennung zwischen Forschung und Anwendung, denn gemäß des kategorischen Fundaments *ist* eine lebende, befruchtete Eizelle bereits der Gattung Mensch zugehörig und genießt daher den entsprechenden Schutz. Ethisch nicht zu rechtfertigen und deswegen auch zu unterbinden sind weiterhin alle diejenigen Experimente an höheren Säugern, die zum Ziel haben, über diesen Umweg das nötige Wissen für das Klonieren von Menschen zu schaffen.

Die Argumente, die zugunsten des Klonierens von Menschen vorgebracht werden, sind, abgesehen vom prinzipiell nicht zu rechtfertigenden Charakter des Eingriffs, überdies ausnahmslos empirisch zu widerlegen. Zum einen ist die Vortrefflichkeit eines Menschen, den man durch Klonieren für eine andere Generation wiederholen möchte, nur zum Teil abhängig von seiner genetischen Ausstattung, und die ihm entgegengebrachte Erwartungshaltung kann gerade dazu führen, daß diese Vortrefflichkeit nicht auftritt. Zum zweiten stammen die Kriterien, nach denen der gewünschte Klon hergestellt wird, aus einer Generation *vor* der Zeit, zu der er als erwünschter auftritt, und da mag das Erwünschtsein schon lange vorbei sein, zumal die Wünsche höchst subjektiv sind: Einstein, Schweitzer, Mozart will man klonieren, aber keine tragischen Genies wie Nietzsche, Beethoven oder Kafka. Darin steckt das Richtige, daß kein Mensch »verantwortlich« einem anderen eine Leidensbiographie aufbürden darf. Wenn aber die Dummen glücklicher wären, wie könnte man dann intelligenten Klonen das Leben zumuten? Zum dritten kann aus dem Erbgut eines großen Staatsmannes oder Nobelpreisträgers auch ein großer Verbrecher hervorgehen, da die herausragenden Fähigkeiten ja nicht notwendig dort angewandt werden, wofür sie gedacht sind: Denn auch der klonierte Mensch bleibt frei. Goethe hielt sich bisweilen der größten Verbrechen für fähig. Wer weiß, ob sie ein Goethe-Klon nicht auch begangen hätte. Wenn man sich im übrigen die im CIBA-Symposium vorgebrachten Kriterien für wertvolles Erbgut ansieht, dann laufen sie eindeutig auf einen Schwerpunkt zu: die analytisch-technische Intelligenz von Naturwissenschaftlern, deren maximale Solidarität in der Bereitschaft zum Teamwork besteht. Es keimt der Verdacht, als seien die Lehren (»Meme«) der Soziobiologie, die des »egoistischen Gens« (von Muller schon in den dreißiger und vierziger Jahren vertreten), in den Gehirnen dieser Nobelpreisträger auf fruchtbaren Boden gefallen: Das CIBA-Symposium nimmt sich vor diesem Hintergrund als äußerst raffiniertes Manifest einer Gruppe von Nobelpreisträgergenen aus, die sich – obwohl genetisch nicht näher verwandt – »solidarisch« zusammentun wie eine Räuberbande, um das Wohl ihrer Gene zu befördern und ihre Unsterblichkeit zu sichern.

Es muß noch einmal in aller Klarheit gesagt werden, daß das

moralische Problem beim Klonieren nicht darin besteht, daß sich der Spender des Erbmaterials, wie ein Wissenschaftsjournalist schrieb, komisch vorkäme, wenn er seinen eigenen eineiigen Zwilling, vielleicht dreißig Jahre jünger, auf der Straße träfe. Das moralische Problem ist das Selbstverständnis dieses Klons, dem die naturwüchsige Gleichheit aller Menschen vorenthalten würde durch unverantwortliche Selbstverliebtheit seines Erzeugers. Daß dabei noch reale Interessen im Hintergrund stehen – in den Vereinigten Staaten ist das schon diskutiert worden –, daß nämlich ein solcher Klon ein lebendes Ersatzteillager für etwaige Organtransplantationen bis hin zur Gehirntransplantation sein könnte, verdient unter moralischem Aspekt keine Antwort, sondern, wie Aristoteles schreiben würde, schärfste Zurechtweisung und die gesetzliche Strafandrohung, die einem solchen Verbrechen angemessen ist.

Exkurs

Abtreibung – Retortenbaby – Fremdbefruchtung – Mietmütter – Chimären

Es ist nicht zu vermeiden, an dieser Stelle auch einige nichtgentechnologische Probleme des Umgangs mit ungeborenem menschlichem Leben wenigstens zu streifen, weil sie teils notwendige Voraussetzungen für gentechnologische Manipulationen am Menschen sind, teils deren Beiprodukte.

Abtreibung

Daß vom kategorischen Fundament aus die Abtreibung im Normalfall moralisch nicht gerechtfertigt werden kann, ist trivial.[96] Bemerkenswerterweise sind diejenigen, die am häufigsten mit jungen Müttern wie mit Frauen und deren abgetriebenen Embryonen zu tun haben, in ihrer weit überwiegenden Mehrheit nach wie vor gegen jede Freigabe über die strikte medizinische Indikation hinaus – die Ärzteschaft. Die mittlerweile zu achtzig Prozent angewandte »soziale Indikation« für die Abtreibung gipfelt im Extrem darin, daß »ein Kind nicht zu wollen bereits eine ausreichende soziale Indikation sei«. Sie ist im übrigen auch eine Schande für unsere kinderfeindliche Gesellschaft und den Staat. Zwar kann und soll dieser Mißbräuche nicht um jeden Preis verhindern, aber er könnte positive Anreize, Kinder zu behalten, noch in einem vorstellbar anderen Maß schaffen, als er es tut.

Daß kürzlich eine Frau in einer Tageszeitung[97] das menschliche Leben im Mutterleib als »Parasiten« bezeichnete, der die Mutter als seinen Wirt befallen habe und dessen Leben erst durch den »verantwortlichen« Entschluß der Mutter symbiotisch werde, ist eine Perversion humanen Denkens. Diesem Geist entspringen auch die »Humanembryonen verbrauchenden Experimente« (so der Fachausdruck).[98] Im Sommer 1984 wurde ruchbar, daß bestimmte Firmen mit der bei Abtreibungen »angefallenen« menschlichen Embryonen zu kosmetischen Zwecken experimentiert haben, daß darüber hinaus die Firma »Flow Laboratories« gewerbsmäßig mit Embryonen und Embryoteilen nach Katalog handelt (auch ausgefallene Wünsche wurden erfüllt, z. B. »Neger (männlich), embryonische Lunge«.

Es ging ein Aufschrei der Empörung durch Parteien und Öffentlichkeit: Viele sahen den Tatbestand der Leichenschändung aus rücksichtslosen Unternehmerinteressen heraus erfüllt. Doch ergibt sich hier eine kleine Unstimmigkeit: denn unter den Empörten waren an prominenter Stelle auch diejenigen, welche die Abtreibung bis zum dritten oder gar sechsten Monat (in Amerika) generell freigeben wollen. Die »Menschenwürde« des Embryos scheint erst dann zu beginnen, wenn er umgebracht ist.

Was sich meines Erachtens dahinter verbirgt, ist allerdings keine »kleine Unstimmigkeit«, sondern die bereits genannte Perversion des Denkens. Das gilt nicht weniger für jene Embryonen, deren experimenteller Verbrauch erst durch künstliche Befruchtung und anschließendes Großziehen im Reagenzglas oder im künstlichen Uterus ermöglicht wird. Embryonenbänke, die bereits in England und den Vereinigten Staaten existieren, stehen dem Zugriff neugieriger Biologen jederzeit zur Verfügung. Die schon mehrfach genannten Engländer Steptoe und Edwards sind auch hier führend, wenn sie auch ihr offensichtlich schlechtes Gewissen den Begriff des »Experiments« durch den der »Beobachtung« ersetzen läßt. Nur: Was ist ein Experiment anderes als eine Beobachtung unter bestimmten Bedingungen? »Die Heuchelei«, sagten die Moralisten des 17. Jahrhunderts, »ist die Verbeugung des Lasters vor der Tugend.«

Retortenbaby, Fremdbefruchtung und Mietmütter

Isoliert betrachtet kommt die Retortenzeugung (»In-vitro-Fertilisation«) nicht mit dem kategorischen Fundament in Konflikt. Bei der Frage allerdings, was mit den nach hormoneller Stimulation der Mutter überzählig erzeugten und dann auch befruchteten Eiern geschieht, ist das Problem schon wieder akut. In manchen Ländern beziehungsweise Kliniken wurden und werden sie einfach weggeworfen, in manchen tiefgefroren (in der Erwartung, die jeweilige Mutter würde sie sich Jahr für Jahr einpflanzen lassen). Forscher wie Steptoe und Edwards[99] machen Experimente mit ihnen. Beschwichtigend wird dazu oft gesagt, daß die experimentelle Forschung jetzt doch so weit sei, daß mit großem Aufwand nur noch jeweils ein Ei stimuliert, »geerntet«, werde. Warum eigentlich, wenn die Schutzlosigkeit dieses befruchtenden Eies geltendes Recht ist und ein Forscher die Unterbindung von Experimenten als »Anschlag auf seine Forscher-Menschenwürde« einstuft?

Es hört sich so an, als sollten »emotionale Bedenken der unaufgeklärten Bevolkerung« zerstreut werden. Wie gesagt, Retortenzeugung und Wiedereinpflanzung des Keimes in die Mutter kollidieren nicht mit einem kategorischen ethischen Verbot.

Aber wie steht es um die Güterabwägung? Die Befürworter führen die Hilfe an, die man bislang kinderlosen Ehepaaren angedeihen lassen kann. In Wirklichkeit handelt es sich um eine zunehmende Instrumentalisierung des menschlichen Lebens (von den rechtlichen Problemen abgesehen) in einem doppelten Sinn. Einmal der Eltern, die sich selbst ausschließlich als Mittel sehen – Samen- und Eispender, Sperma und Eier als Handelsware mit Gütezeichen demnächst! –, zum anderen des Kindes, das als Mittel zum Zweck der Selbstverwirklichung o. ä. gesehen wird.

Man hört auch immer wieder, so ein Kind könne eine Ehe retten. Dabei erscheint die Retortenzeugung nur als Kehrseite der genannten Forderung, die Abtreibung freizugeben: Zum einen steht das Kind der »Selbstverwirklichung« der Eltern im Weg – also weg damit –, zum anderen wird es für diese benötigt – also her damit. Nicht von ungefähr ist die Abtreibungsrate bei künstlich gezeugten Kindern doppelt so hoch wie bei natürlich gezeugten. Es entspricht der Mentalität, daß man das, was man irgendwo bestellt hat, auch wieder abbestellen und zurückschicken kann, wenn man es sich anders überlegt hat oder das Produkt den Vorstellungen nicht entspricht.

Natürlich müssen die befürwortenden Argumente ernst genommen werden. Es kann im konkreten Fall die Tendenz zur Instrumentalisierung und zugleich Auflösung der traditionellen Familie ihnen gegenüber das geringere Übel sein. Aber es muß mit großen Bedenken erfüllen, daß nicht mehr nur wenige Universitätskliniken, sondern auch die ersten kommerziellen Anbieter auftreten, in Amerika schon werben: Man möge doch so frühzeitig wie möglich, gleich nach der Partnerwahl (mit oder ohne Ehe), befruchtete Eizellen einfrieren lassen und später, nach erfolgter Karriere o. ä., wieder einpflanzen. Man kann sich leicht vorstellen, daß man es dann folgenlos mit Samen und Eiern von mehreren Partnern machen kann und dann je nach Wunsch diesen oder jenen Keim wählt usf.

Natürlich hat es immer Familienplanung gegeben. Aber gegenüber einer solchen Dimension der Abkoppelung von den natürlichen Eltern-Kind-Zusammenhängen kann die moralische Beurteilung nur lauten: Im Normalfall ist das abzulehnen, besondere Einzelfälle sind rechtfertigungsbedürftig in der Verantwortung von Arzt und Eltern, wenn auch rechtfertigungsmöglich. Daß sich die Türen hier auch für einen gigantischen Mißbrauch öffnen könnten, ist nicht von der Hand zu weisen. Schließlich ist die Retortenzeugung Voraussetzung für fast alle weiteren Manipulationen, die mit menschlichen Keimen gemacht werden können.

Fremdbefruchtung mit dem Samen eines anonymen anderen Mannes oder dem befruchteten transplantierten Ei einer anderen Frau steht nicht gegen das kategorische Fundament und ist insofern erneut ein Problem der Güterabwägung. Drei Dinge spielen dabei neben dem positiven Zweck – Erfüllung des Kinderwunsches – eine Rolle: die genannte Instrumentalisierung des Lebens, die absichtliche Zumutung, ein Kind seine leibliche Mutter oder seinen leiblichen Vater von vornherein nicht kennen zu lassen, und zum dritten rechtliche Probleme (Doppelvaterschaft, Doppelmutterschaft). Was das zweite Problem anlangt, so hört man oft, es gebe doch häufig Kinder, die ihren Vater, ihre Mutter nicht kennten und doch glücklich aufwüchsen. Das ist richtig. Es ist aber ein Unterschied, ob im Verlauf eines oder mehrerer Schicksale unverantwortet ein solcher Fall eintritt und sich zum Guten wendet, oder ob einem Kind wissentlich und willentlich dieses Schicksal von Anfang an zugemutet wird.

Unter diesem Aspekt muß auch der Fall jener Französin gesehen werden, die von ihrem toten Ehemann (Sperma auf der Samenbank) noch ein weiteres Kind haben wollte. Natürlich gibt es auch sonst Kinder, die ohne Vater heranwachsen, welche die Mutter alleine großzieht. Aber diese Mütter haben das wohl nicht von Anfang an »geplant«! Und wenn doch, dann gilt für sie dasselbe wie für diese Französin: Daß das wissentliche, willentliche Zumuten eines solchen Schicksals dem Kinde gegenüber moralisch unvertretbar ist.

Das Problem der Mietmütter – das Einpflanzen des befruchteten Keimes in eine andere als die natürliche Mutter – ist schon Gegenstand einiger öffentlichkeitswirksamer Berichte in den Medien geworden. Von einer Mietmutter ist der Satz berichtet worden: »Das ist ein Job wie jeder andere, und nach neun Monaten habe ich 25 000 DM verdient.« Als das Kind dann geboren war und diese Mietmutter ihren eigenen Kindern erzählen mußte, es sei in der Klinik gestorben, waren die psychologischen Probleme offensichtlich doch nicht mehr dieselben wie bei »jedem anderen Job«.[100]

Die Instrumentalisierung hier der Frau sowohl durch die Mietenden als auch durch die Mietmutter selbst hat ein Niveau erreicht, das den ehedem feministischen Ausdruck der »Gebärmaschine« in einem gespenstischen neuen Licht erscheinen läßt: Prostitution und Zuhälterei auf einem ganz anderen Niveau als bisher. Es handelt sich um eine krasse Verletzung der Menschenwürde, auch dann, wenn die Mietmutter dem zustimmt. Daß es hier »big business« zu machen gibt – der Vermittler der Mietmutter und der Mietenden kassiert selbst dieselbe Summe wie die Mietmutter – macht das Problem nicht sympathischer. Fritz K. Beller hat zu Recht darauf hingewiesen, daß sich bei einer solchen Eltern-Kind-

Genese die Familie als natürliche Einheit immer schneller auflöst und diese »Atomisierung« der Gesellschaft den glücklichen Lebensvollzug nicht befördert, sondern blind zerstört.

Chimären

Mit diesem letzten Fall, der Erzeugung von Mischwesen mit menschlichem und tierischem Erbmaterial (Fachausdruck: »Interspezies-Interaktion zur Vereinigung von menschlichem und nichtmenschlichem Erbgut«), befinden wir uns zwar erneut in der Gentechnologie; ich behandle ihn aber hier im Exkurs, weil er eher in die Horrorszene gehört als in moralische Abwägungen. Zwar wäre bei der Erzeugung eines solchen Mischwesens das kategorische Fundament scheinbar nicht verletzt – es handelt sich ja um keine menschlichen Keime –, wohl aber der Begriff der Menschenwürde: Schließlich entsteht hier Leben, an dem menschliches Erbmaterial mit beteiligt ist. Eine moralische Rechtfertigung ist völlig ausgeschlossen. Die Instrumentalisierung menschlichen Lebens (des Samen- oder Eispenders) ist hier bis zum Zynismus gediehen. Man weiß nicht, wieviel von einem Menschen, wieviel von einem Tier bei einer Großzucht herauskäme, aber jede mögliche Grenze der Zumutung ist von Anfang an überschritten.

Dies gilt unabhängig davon, ob so etwas überhaupt medizinisch-technisch machbar ist, ob es irgend jemand machen will oder schon gemacht hat. Hier gebietet sich neben der moralischen Verachtung eine rechtliche Regelung aufs dringlichste.

Zwei Sonderfälle sind dabei zu berücksichtigen. Beim mehrfach erwähnten Hearing des Bundesministeriums für Forschung und Technologie zum Problem der Anwendung zellbiologischer und gentechnischer Methoden am Menschen kam zur Sprache, daß solche Interaktionen sehr wohl gemacht und auch ethisch für vertretbar gehalten werden, jedenfalls für die diagnostische Verwertung solcher Experimente. »Es kann zum Beispiel durch die Überprüfung des Eindringens von menschlichen Spermien in Hamstereier die Kapazitationsfähigkeit und die Penetrationsfähigkeit von Spermien isoliert und dargestellt werden, was mit anderen Verfahren nicht möglich ist« (Eberhard Nieschlag).[101]

Die einzige Begründung, warum man sich dabei auf das Zwei-Zellen-Stadium beschränken will, besteht darin, daß der gegenwärtige medizinische Zweck nicht mehr erfordere. Das heißt, von ethischen Bedenken war gar nicht die Rede.[102] Es ist zu befürchten, daß im selben Moment, in dem auch nur irgendein medizinisches Interesse, irgendeine Neugierde auftritt, die entsprechende Forschung auch weiterbetrieben wird. Und dagegen, scheint mir, kann man moralisch nur sagen: Principiis obsta! – Wehret den Anfängen! Wenn Nieschlag dagegenhält, anders könne man diese Fähigkeiten nicht ermitteln, so würde ich daraus die Folgerung ziehen: Dann ermittelt man sie eben nicht. Und hier nun die Notwendigkeit dieser Entwicklung für eine erfolgreiche Retortenbabyzeugung anzuführen, bedeutet in Wirklichkeit nur ein weiteres Argument gegen dieses Verfahren.

Der zweite Sonderfall ist die Verschmelzung von somatischen Zellen von Menschen und Tieren, deren Weiterentwicklung aus den Gewebekulturen zu Individuen ausgeschlossen ist. Obwohl dies mit dem kategorischen Fundament nicht in Konflikt kommt, halte ich es aus den Gründen der Selbstinstrumentalisierung für moralisch unerlaubt, solange nicht die medizinischen Vorteile solcher Verfahren gründlich und offen auf den Tisch gelegt werden. Auch hier gilt wie bei den Sicherheitserwägungen: Im (moralischen) Zweifelsfall muß gegen das Experiment entschieden werden.

Extreme und tragische Fälle

An anderer Stelle ist für die moralische Urteilsbildung neben der reinen Güterabwägung und den Problemen, bei welchen ein kategorisches Verbot zu berücksichtigen ist, noch eine dritte Art von Fällen angeführt worden, bei denen mehrere solcher Verbote ausschließend gegeneinander stehen. Es ergab sich als einzige allgemeine Regel, daß es keine allgemeine Regel gibt, daß nur der konkrete Einzelfall vielleicht Entscheidungshilfen geben kann, wenn auch eine solche Entscheidung irgend jemandes Rechte immer kategorisch verletzt. So die Situation, wenn das Leben der Mutter gegen das des Kindes steht oder wenn ein Unfallchirurg nur eines von zwei eingelieferten Opfern retten kann. Es gibt weitere Fälle: den bereits zitierten eines Kindes, dessen schwerste psychische und physische Behinderungen oder Lebensunfähigkeit schon im Mutterleib diagnostiziert werden kann, oder den Fall, wo ein behindertes Kind eine Familie bereits extrem belastet und ein zweites behindertes Kind diese mit Sicherheit zerstören würde (der Schutz von Ehe und Familie ist schließlich auch ein Grundrecht): Darf man dann abtreiben?

In diese Kategorie gehört auch die Sterbehilfe bei einem von schwersten Leiden und Schmerz gezeichneten Menschen. Ich kann nur wiederholen: Alle diese Fälle zeichnen sich dadurch aus, daß es *keine* allgemeine Regel gibt, nach welcher hier moralisch zu urteilen wäre, und daß aus ihnen auch keine solche Regel zu gewinnen ist, die sich dann als verbindliche Maßgabe beispielsweise für das Problem Abtreibung oder Sterbehilfe verwenden ließe.

Die Möglichkeit einer solchen Regel wird gewöhnlich suggeriert, wenn etwa Julius Hackethal sehr publikumswirksam Sterbehilfe als Pflicht des Arztes bezeichnet oder Hans Martin Sass den Fall des schwerstgeschädigten Embryos bei seinem Plädoyer für allgemeine Eugenik verwendet und Kinderkriegen zu einer rechtfertigungsbedürftigen Handlung erklärt. *Nichts* läßt sich aus solchen ja immer auch mit Superlativen gekennzeichneten Fällen (»größte Schmerzen«, »schwerste Behinderung« etc.) an allgemeinen Regeln für die anderen Fälle (Schmerzen, Behinderung) gewinnen.

Der Rat, den der behandelnde Arzt, der Freund, das Familienmitglied geben kann, ist immer an den konkreten Fall geknüpft und kann sich mit diesem ändern. Es gibt auch Familien, die von zwei behinderten Kindern nicht zerstört werden. Kein endlicher Mensch kann sich anmaßen, eine definitive moralische Entscheidung in einem solch extremen, tragischen Fall angeben zu können. Und daraus wird auch zugleich klar, daß solche Fälle keine Sache für Staatsanwälte und Richter, vor allem auch nicht für eine sensationsgierige Öffentlichkeit sind[103], sondern in der Verantwortung allein der Betroffenen stehen, die sich dafür nicht im Diesseits zu rechtfertigen haben. Die Nähe der Tragik zum Aufleuchten des Göttlichen kann den Glauben und die Hoffnung auf einen gnädigen Richter nur bestärken.

Nach dem Abweisen einer Reihe von häufig als allgemeine Regeln angesehenen Argumenten pro und contra Gentechnologie ist das einzige taugliche Scheidungsinstrument von Güterabwägung und prinzipiellen Verboten ermittelt worden, das kategorische Fundament, das die befruchtete Eizelle als menschliches Leben betrachtet. Im Vergleich dazu können die Verfechter des Fulgurationismus, des Biologismus und der Soziobiologie nur sowohl gröber als auch schlechter argumentieren:

- Der Fulgurationismus zeigt seine Inkonsistenz, da bei ihm die Wahrheit der wissenschaftlichen Weltsicht alle ethischen Verbote als naturwissenschaftlich erklärbar ansehen muß und diese damit ihren Charakter sittlicher Sollensforderung, den der Fulgurationist sonst vertreten könnte, verlieren.
- Der Biologismus dürfte keine Einschränkungen von irgendwelchen Experimenten anerkennen außer denjenigen, die sich aus Sicherheitsrisiken ergeben, und die Begründung dafür kann über den Artegoismus der Spezies Mensch nicht hinausgehen.
- Die Soziobiologie kann konsequent nur das prinzipielle Vorantreiben aller Experimente und ihrer Anwendung fordern. Die Soziobiologie ist der letzte Ausdruck davon, daß »Naturwissenschaft und Technik die sittliche Grundlage der Zivilisation vielleicht für immer zerstört haben« (Max Born)[104] oder, drastischer, »daß nach den gegenwärtigen Anzeichen die Welt darauf erpicht ist, senkrecht in die Hölle zu fahren, und dies wahrscheinlich auch tun wird«. (Gordon Rattray Taylor nach dem CIBA-Symposium 1962)[105]

Aus dem kategorischen Fundament hat sich hingegen ergeben, daß eine große Anzahl konkreter gentechnologischer Forschungen und Anwendungen erlaubt sind, wenn spezielle Güter abgewogen werden wie Sicherheit oder Tierschutz. Gute Zwecke heiligen aber selbst in nicht-kategorischen Güterabwägungen nicht alle Mittel, so daß auch hinter der menschlichen Gentherapie im somatischen Bereich ein großes Fragezeichen bleibt. Als moralisch-kategorisch verboten stellten sich die Genmanipulationen an befruchteten menschlichen Eizellen und deren omnipotenten Nachfolgern heraus (egal, ob zur Forschung oder zur Therapie), ebenso die »Embryonen verbrauchenden« Experimente, positive Eugenik, Klonieren, Chimären. Was nun im letzten Kapitel noch interessieren muß, ist die Einbettung dieser moralischen Urteile in den allgemeineren Horizont unserer Wirklichkeitserfahrung, zu dem soziale, politische, rechtliche Aspekte gehören.

Politische und rechtliche Aspekte der Gentechnologie

Mit der ethischen Beurteilung der verschiedenen gentechnologischen Möglichkeiten ist zwar der primäre Zweck unserer Untersuchung erreicht, doch steht die Antwort auf eine Frage noch aus: Was folgt daraus für die Praxis, wenn dies die ethische Situation ist? Wir haben gezeigt, daß die Trennung in Gesinnungs- und Verantwortungsethik abstrakt ist, daß der Gesinnungsethiker ebenso Handlungsfolgen in sein Denken mit aufnehmen muß wie der Verantwortungsethiker (beispielhaft beim Politiker) seine Handlungen aus einer moralischen Gesinnung heraus vollbringen muß, wenn es ihm wirklich um Verantwortung zu tun ist.

Ebenso abstrakt wären die hier dargestellten ethischen Abwägungen (mit ihrem scheinbar gesinnungsethischen Übergewicht), würden nicht noch die Konsequenzen für die Wirklichkeit mit bedacht, innerhalb deren die Ethik nur ein (wenn auch sehr wesentliches) Element ausmacht. Denn Ethik und Politik fallen nicht zusammen. Sosehr ein Politiker ein moralischer Mensch sein soll, so klar ist auch, daß er seine Privatmoral nicht zum obersten Prinzip seines politischen Handelns machen darf. Die Geschichte allein der letzten zwanzig Jahre hat immer wieder Beispiele dafür gezeigt, daß ein moralisch integrer Mensch nicht schon deswegen ein guter Politiker sein muß, und umgekehrt ein Mensch von fraglicher persönlicher Moralität sich ausgezeichnet auf Politik verstehen kann.

Das ist hier nicht zu vertiefen. Es interessiert insoweit, als sich aus der ethischen Beurteilung eines Phänomens nicht automatisch deren Umsetzung in die politisch-gesellschaftliche Praxis ergibt. Zwar ändert sich durch diese Erweiterung nichts an der ethischen Situation, wie sie sich in den isolierten Fällen ergeben hat. Doch die weiter gefaßte politisch-gesellschaftliche Beurteilung muß die Isolation verlassen, muß das Schwergewicht von der eher gesinnungsethischen Ausrichtung unserer Untersuchung ein Stück näher zur Verantwortungsethik rücken: gewissermaßen in die Mitte.

Eine solche Notwendigkeit kann am Beispiel »Abtreibung« veranschaulicht werden. Nehmen wir an, eine politische Partei wollte den Abtreibungsparagraphen in seiner jetzigen Form (erweitertes Indikationsmodell) revidieren und wieder die strengere Fassung (nur medizinische Indikation) zum Gesetz erheben. Der Koalitionspartner der Partei zieht nicht mit und läßt die Koalition daran zerbrechen, geht eine andere ein, und diese beschließt nun zwar auch eine Reform des Paragraphen, aber hin zu einer Abtreibungsfreigabe im Sinn der Fristenlösung. Damit hätte die ursprüngliche Absicht der ersten Partei in der politischen Praxis zunächst einmal exakt das Gegenteil des Gewollten hervorgebracht. Freilich möglicherweise nur kurzfristig: Die nächsten Wahlen könnten eben wegen dieses Vorgangs andere Mehrheitsverhältnisse zur Folge haben o. ä. All dies ist bei der Umsetzung von ethischen Beurteilungen in einer demokratisch-pluralistischen Gesellschaft mit zu bedenken, auch dann, wenn man der Überzeugung ist, Abtreibung sei, von tragischen Fällen abgesehen, ethisch prinzipiell unvertretbar.

Auf unser Problem der Gentechnologie angewandt, bedeutet diese Horizonterweiterung konkret die Frage nach dem Verhältnis des Staates zur Gentechnologie. Dabei müssen drei Bereiche unterschieden werden:

- der Einfluß des Staates durch Förderung und Subventionierung,
- der Einfluß des Staates durch rechtliche Regelung bis hin zu Gesetzen,
- internationale Probleme.

Diesen drei Bereichen wenden wir uns nun zu.

Forschungsförderung

Die deutsche Bundesregierung schätzt die Gentechnologie als eine der »Schlüsseltechnologien für die Zukunft unserer Industriegesellschaft« ein (Heinz Riesenhuber 1983). Daraus folgt natürlich, daß die Förderung der Gentechnologie in einem großen Maßstab erfolgt. Die dabei aufgewendeten Summen werden nicht immer direkt vom Forschungsministerium bereitgestellt: auch die Deutsche Forschungsgemeinschaft (DFG) oder die Max-Planck-Gesellschaft, welche ihre Etats großenteil aus Steuermitteln (von Bund und Ländern) erhalten, unterstützen die gentechnologische Forschung. So wendet die DFG für die biologische Grundlagenforschung ca. 40 Millionen Mark im Jahr auf. Daß die Industrie, vor allem die chemische und pharmazeutische, ihrerseits große Summen einsetzt, versteht sich bei der erhofften Rentabilität von selbst. Die politische Sachlage besteht nun natürlich nicht allein darin, Geld an die Forschungsinstitute zu verteilen. Was ergibt sich an Notwendigkeiten?

Zunächst einmal muß sichergestellt sein, daß die Projekte förderungswürdig sind vor dem Hintergrund eines politisch-sozialen Gesamtkontextes, soweit dies möglich ist. Die Kommissionen, die derlei zu entscheiden haben, sollten nicht ausschließlich aus denjenigen bestehen, deren persönliches, wissenschaftliches wie ökonomisches Interesse mit dem jeweiligen Projekt übereingeht. Zum zweiten darf die Forschungsförderung nicht einfach eine Subventionierung großindustrieller Labors darstellen. Kleinere Institute und Institutionen haben generell dieselbe Berechtigung wie die großen privaten Labors. Daß für den Staat die Universitäten eigentlich den Vorrang haben müßten vor der Industrie und Privateinrichtungen, versteht sich von selbst. Wenn man liest, daß es an der Ludwig-Maximilians Universität in München nur einen Lehrstuhl für Biochemie gibt (in Harvard etwa 30) und neunzig Prozent der dortigen Mitarbeiter von der Industrie bezahlt werden, dann braucht man sich über deren (vom Industriestandpunkt aus gesehen völlig berechtigten) nutzen- und gewinnorientierten Einfluß nicht zu wundern.

Hier ergibt sich eine weitere, schon mehrmals genannte Pflicht des Staates: nämlich all diejenigen Projekte zu fördern, die als nicht unmittelbar gewinnversprechende nicht von privater Hand unterstützt werden. Hierzu gehört beispielsweise die Sicherheitsforschung, und zwar nicht nur im engeren Bereich der Laborsicherheit, sondern auch die Erforschung der Probleme »genetischer Erosion«, auch der Verarmung des natürlichen Arten- und Varietätenschatzes bei Nutzpflanzen und Nutztieren. Wenn auch das Argument gegen die Gentechnologie, daß wir nicht wissen, was wir alles im natürlich gewachsenen Evolutions- und Ökogefüge mitverändern, als universales nicht für die ethische Abwägung taugte, so ist es doch wichtig zu erforschen, was sich eben mit ändern könnte.

In ebendiesem Sinn ist es notwendig, daß die Förderung nicht eventuellen biotechnologischen Alternativen zur Gentechnologie das Wasser abgräbt. In den siebziger Jahren hat die enorme staatliche Förderung der Atomkraft dazu geführt, daß die Alternativen – Kernfusion, Sonnenenergie, Energiesparmöglichkeiten usw. – fast vollständig vernachlässigt wurden. Diese Alternativen sind erst in ein besseres (Forschungsförderungs-)Licht gerückt worden, als – nicht zuletzt unter dem Eindruck des Unfalls im Kernkraftwerk Three Mile Island und des amerikanischen Kernkraftstopps – sich der Druck der Öffentlichkeit dahingehend auswirkte, daß die Wirtschaftlichkeit des Großunternehmens »Kernkraft« in einem weiteren Rahmen kalkuliert wurde als zuvor, das heißt unter Einbezug der Zigmilliarden Fördersummen, der Sozialkosten und vor allem der Folgekosten (Atommüll- Zwischenlagerung, Endlagerung usw). Auch durch die ausgezeichnete Arbeit einer Energie-Enquete-Kommission des Deutschen Bundestages zeigten sich die Alternativen auf eine vorteilhafte Weise.

Wenn hieraus etwas zu lernen ist, so dies, daß nicht durch übermäßige Förderung nur einer Möglichkeit vorschnell Sachzwänge geschaffen werden (wie etwa Arbeitsplätze), die dann hinterher als Argument für einen weiteren Ausbau dieser einen Möglichkeit dienen und eventuell notwendige Korrekturen völlig unnötig erschweren.

Für die Gentechnologie bedeutet das konkret, daß auch die traditionelle Pflanzen- und Tierzucht erhalten und gefördert werden muß, gerade im Hinblick auf die Unsicherheit hinsichtlich der Folgen der genetischen Erosion. Es ist als positiv festzuhalten, daß die bisher genannten Forderungen an die staatliche Forschungsförderungspolitik weitgehend deren Richtlinien entsprechen.[106] Auch die Arbeit von hierher gehörigen Kommissionen (zu Risiken und ethischer Problematik) ist in diesem günstigen Licht zu sehen.

Neben der Sicherheits- und der Alternativ-Forschung muß ein weiteres, besonders heikles Gebiet dem Staat angelegen sein: die Förderung der Kontrolle von Forschung und Anwendung bei der Gentechnologie. Es ist in der Tat so, daß jemand, der ein gentechnologisches Labor kontrollieren soll hinsichtlich der Einhaltung von Sicherheitsrichtlinien oder der Übereinstimmung von genehmigten Projekten mit ihrer Durchführung (etwa bei der roten Gentechnologie), so gut in der Gentechnologie beschlagen sein muß, daß er selbst in diesem Labor arbeiten könnte – und natürlich viel mehr Geld verdienen und Karriere machen würde, anstatt nach dem Bundesangestelltentarif als Kontrolleur bezahlt zu werden. Entsprechende Anreize und Druckmittel müßten die Situation verbessern können, wie es auch in der Justiz gelungen ist – wo glänzende Staatsanwälte glänzenden Verteidigern gegenüberstehen.

In der Gentechnologie haben Überlegungen hierzu kaum begonnen, ja, ein häufig zu hörendes Gegenargument gegen jede gesetzliche Regelung in der Gentechnologie lautet: »Wie wollt ihr denn das kontrollieren?« Die Entkoppelung von Forschung, Förderung und Kontrolle ist ein wesentliches Element dafür, daß das Vertrauen der Öffentlichkeit in die Forschung wieder zunehmen kann, ein Element, das in seiner Wichtigkeit nur vergleichbar ist mit dem Offenlegen geplanter Forschungsvorhaben in den Bereichen, die ethisch problematisch sind, also vor allem in der Humangentechnologie. Ohne diese beiden Elemente wird zwischen Gesellschaft und gentechnologischer Forschung das Mißtrauen eher zu- denn abnehmen.

Zu einer potentiellen Verquickung von Militär und Gentechnologie, etwa zur Erzeugung besonders resistenter und virulenter Bakterien und Viren, kann man nur sagen, daß für biologische Waffen einer solchen Unspezifität gegenüber der Zivilbevölkerung, vielleicht gar mit dieser als Zielgruppe, dasselbe gilt wie für die Atomwaffen: Sie sind zutiefst amoralisch, und die Tatsache ihrer Existenz läßt sich im Grund nur dann hinnehmen, wenn die gegenwärtige Tendenz in der Politik deren radikalen Abbau bezweckt. Wenn man liest, daß bei Manipulationen mit dem asiatischen Grippevirus ungewollt eine Art entstand, welche ohne lange Inkubationszeit sofort ins Gehirn eindringt und – am Tier getestet – binnen Stunden zum Tod führt, und daß die ersten Interessenten für eine Anwendung die Verteidigungsministerien Rumäniens und Frankreichs gewesen sind[107], dann packt einen das Grauen.

Ein letztes ist zum Bereich der Förderung durch den Staat noch anzufügen; es hat wieder im engeren Sinne mit Ethik zu tun. Wenn man den Mangel an naturwissenschaftlicher Bildung bei Philosophen, Theologen oder Juristen beklagt, so ist das berechtigt, vor allem gegenüber denjenigen, die sich in die Debatten um die Moralität oder Wünschbarkeit bestimmter naturwissenschaftlicher Forschungen und ihrer technischen Anwendung einschalten. Es zeigt sich allzu häufig, daß Horrorvisionen zwar mehr Eindruck aufs Publikum machen, dafür aber jeder wissenschaftlichen Grundlage entbehren.

Wenn dies zugestanden ist, dann gilt ebensosehr, daß ethische Stellungnahmen von Naturwissenschaftlern bisweilen von einer großen Naivität zeugen. Ich würde meinen, daß dies noch schlimmer ist als der erste Fall, denn diese Forscher sind es dann immer wieder, die in den diversen Ethikkommissionen die Entscheidungen über die *ethische* Zulässigkeit bestimmter Projekte fällen.

Dem ist nur durch zweierlei abzuhelfen: Bei den Ethikkommissionen müssen in Ethik kompetente Mitglieder zugezogen werden, und vor allem sollte eine Einführung in die Ethik, als Individual- wie als Sozialethik, auch zum Lehrangebot, wenn nicht gar zum Lehrplan angehender Naturwissenschaftler, Mediziner und Techniker gehören. Sehr viele ethische Probleme, wie sie zur Praxis etwa der Mediziner oder Gentechnologen gehören, lassen sich verantwortlich entscheiden, wenn man einmal das Repertoire an Regeln und Grundsätzen kennt, das die Philosophie seit 2500 Jahren erarbeitet und weitergegeben hat. Es könnte sich ein völlig anderes Diskussionsniveau (auch bei Diskussionen mit sich selbst!) einstellen, wenn man wenigstens mit einem Teil dieses Repertoires vertraut wäre und nicht für jeden Fall nur die selbstgezimmerten Einsichten zur Verfügung hätte.

Dieser Vorschlag – Integration von Ethik ins naturwissenschaftliche Lehrangebot – ist natürlich ein Aufruf an zwei Seiten: an die Philosophen, Theologen, Juristen, diese anzubieten und sich nicht im Elfenbeinturm heroischer Wissenschaftlichkeit zu verstecken, und auch an die Naturwissenschaftler, solche Angebote dann intensiv zu nutzen.

Interdisziplinäre Diskussionen sind häufig deswegen so unerquicklich, weil man sich nicht klarmacht, daß es notwendig Diskussionen innerhalb eines philosophischen Horizontes sind. Wenn man nur der Reihe nach hört: Was sagt der Theologe dazu, was der Jurist, was der Biologe, was der Chemiker, dann sprechen sie entweder *nur* als Theologe, Jurist etc. – und dann ist es kein *inter*disziplinäres Gespräch, sondern ein *multi*disziplinäres –, oder sie sagen, was sie für das Richtige und Wahre halten – und dann handelt es sich um philosophische Ansprüche.

Philosophie ist nicht allein das, was an den diversen Seminaren und Instituten für Philosophie an den Universitäten oder bei gewissen Volkshochschulvorträgen stattfindet, sondern wie gesagt: Wer immer sich Gedanken um die Wahrheit einer Ansicht, um die Richtigkeit eines Handelns, um ein sinnvolles Leben im Ganzen macht, der philosophiert damit auch. Die hochspezialisierte akademische Philosophie nimmt diesen ihren eigenen Ausgangspunkt häufig nicht (mehr) zur Kenntnis. Das Desinteresse der Öffentlichkeit an Philosophie ist die logische Folge davon, und es ist außerdem die schlimme Folge davon, weil beim Verlust der von jeder Generation zu leistenden Begründung der Moralität diese selbst immer tiefer sinkt.

Gewiß ist eine solche Erweiterung des Lehr- und Denkangebots nicht der goldene Schlüssel zur Lösung aller anstehenden ethischen Probleme von Naturwissenschaft und Technik. Aber zweierlei könnte eine durch Ethik ergänzte Fachkompetenz den Forschern zurückgeben: einmal das Vertrauen der Öffentlichkeit, der gegenüber nicht mehr die genannten dürftigen Argumente geltend gemacht werden, und zum zweiten das Vertrauen des Forschers in seine eigene Arbeit. Denn man sollte nicht übersehen, daß die in (falsche) Technikfeindlichkeit umgeschlagene Technikkritik auch die Forscher selbst verunsichert hat. Eine wichtige Konsequenz aus dem doppelten Vertrauen wäre, daß der persönliche Ermessensspielraum in ethisch problematischen Situationen wieder so weit gefaßt sein könnte, wie das im Vertrauensverhältnis zwischen Patient und Arzt traditionell der Fall ist.

Regelungen und Gesetze

Die Diskussion um die Notwendigkeit rechtlicher Regelungen bis hin zu einem Gentechnologiegesetz wird seit Jahren äußerst kontrovers geführt – das Argumentationsspektrum reicht von der Forderung nach einer restriktiven Gesetzgebung bis hin zum Verlangen, auch die geltenden Sicherheitsrichtlinien (Anhang I) aufzuheben.

Sehen wir uns zunächst die beiden Seiten an.

Die Gegner von speziellen Regelungen und Gesetzen bringen vor, daß damit nur bürokratische Hindernisse für eine sich in schnellem Fluß befindliche Forschung errichtet würden. Sie stufen das Sicherheitsrisiko als imaginär ein – es gebe für die Arbeiten mit gefährlichen Substanzen schließlich ein Bundesseuchengesetz – und halten bei der schwierigen Kontrollsituation die Selbstverantwortlichkeit des Forschers für die beste Garantie gegen Mißbräuche. Zu berücksichtigen sei allerdings ein »Akzeptanzproblem«: Wenn öffentlicher Druck auf die Forschung, zum Beispiel über den Umweg der Politik, ausgeübt wird, so ist es nötig, sich Gedanken über eine bessere Darstellung der Projekte zu machen. Die unaufgeklärte Bevölkerung muß dazu gebracht werden, den von ihr noch nicht begriffenen Fortschritt zu akzeptieren, ja, ihn aus eigenem Interesse zu wünschen.

Die Befürworter von speziellen Regelungen bis hin zum Gesetz wollen den Forschern dieses Vertrauen nicht entgegenbringen. Das Interesse der Öffentlichkeit muß danach sowohl im Hinblick auf ihre Sicherheit (nicht nur die der Forscher) als auch auf die Verhinderung und Verfolgung von Straftaten gewährleistet sein. Hinzu kommt neben dem »Akzeptanzproblem« das Problem der »Sozialverträglichkeit«: Die Gentechnologie soll sich im Einklang mit den gesellschaftlichen Interessen befinden, sie soll der Allgemeinheit zugute kommen und nicht nur Forschern, Aktionären und Großindustriellen. Die Gesellschaft soll also den Rahmen vorgeben, innerhalb dessen geforscht und produziert werden darf und soll.

Soweit die Argumentationslage. In beiden Positionen steckt manches Bedenkenswerte, wobei aber abzusehen ist, daß sich erneut für verschiedene Fälle des gentechnologischen Könnens verschiedene Konsequenzen ergeben hinsichtlich der Notwendigkeit, Regelungen zu treffen.

Zunächst einmal ist es sicher falsch, vorschnell nach neuen Gesetzen zu rufen, ohne geprüft zu haben, ob die bereits geltenden nicht für eine Regelung ausreichen und lediglich durch juristische Interpretation anwendbar gemacht werden müssen. Mehrere solcher Gesetze sind bereits genannt worden: das Bundesseuchengesetz, das Tierschutzgesetz und die im Grundgesetz verankerten Persönlichkeitsrechte des Menschen. Ein Problem scheint auf den ersten Blick eher darin zu bestehen, daß es zu viele Gesetze gibt, daß also verschiedene Gesetze und Rechte gegeneinanderstehen können, wie etwa das hohe Rechtsgut der Forschungsfreiheit (Artikel 5 des Grundgesetzes) gegen das der Menschenwürde oder, weniger dramatisch, das des Tierschutzes. Hier muß ethisch und juristisch im konkreten Fall abgewogen werden.

Zum zweiten steht dem Staat nicht nur die »Keule« des restriktiven Gesetzes als Regelungsinstrument zur Verfügung, sondern eine Reihe flexibler Möglichkeiten, um Ungewünschtes zu verhindern. Albin Eser hat in einem Beitrag »Recht und Humangenetik«[108] die wichtigsten Normierungsinstrumente aufgezählt: »Am wenigsten einschneidend sind rein administrativ-prozedurale Absicherungen in Form von Anzeige- und Protokollierungspflichten, ohne daß deren Verletzung zwangsläufig sanktioniert wird.« Dies könnte zunächst die Selbstverantwortlichkeit des Forschers stärken. Im weiteren sind »Überwachungsmechanismen in Betracht zu ziehen. Dies kann entweder durch Selbstkontrollorgane der Forschergemeinde (wie etwa Ethikkommissionen) oder erforderlichenfalls auch durch behördliche Instanzen geschehen ... Noch stärkerer Sanktionscharakter ist der Förderungsentziehung beizumessen, und zwar entweder dadurch, daß einem Vorhaben von vornherein die Förderung verweigert wird oder daß bei planwidriger Durchführung die Förderungsmittel zurückverlangt werden oder sonstwie zu erstatten sind.« Darüber hinaus kann bei eingetretenen Schädigungen Schadensersatz bei einem nachweisbaren Verschulden des Forschers eingeklagt werden, oder außerdem kann schon der Schadensfall als solcher – also auch ohne Verschulden des Forschers – den Haftungsfall auslösen (»Gefährdungshaftung«). »Sollten selbst diese verwaltungs- und zivilrechtlichen Sicherungen nicht als hinreichend erscheinen, bleibt als schärfstes Mittel die strafrechtliche Sanktionierung, wobei freilich auch diese unterschiedlich streng sein kann: angefangen von der bloßen Ahndung von prozeduralen Pflichtverletzungen durch Geldbußen über die Strafbewährung von bestimmten Schädigungen bis hin zum totalen Verbot bestimmter Forschungen bei Strafe.«

Zum dritten ist als allgemeine Überlegung vorauszuschicken: Wenn es tatsächlich eine Gesetzeslücke für ein früher unbekanntes neues Können gäbe, wäre eine gesetzliche Regelung nicht nur wünschenswert, sondern geboten. Dies gilt auch hier nicht nur wegen des zu schützenden Rechtsguts, sondern liegt ebenso im Interesse der Forscher, wenn Rechtssicherheit geschaffen wird, welche sie von einem permanenten Rechtfertigungsdruck entlastet. Es sollte klar sein, daß ein solches Recht nicht nur auf staatliche Forschungsinstitutionen anzuwenden ist, sondern auf alle Laboratorien und Produktionsstätten, das heißt, daß hinsichtlich der Verbindlichkeit von Regelungen Rechtsgleichheit herrscht. Dies ist bei den gegenwärtigen Sicherheitsrichtlinien nicht der Fall: Industrielle Betriebe halten sich zwar vielfach freiwillig an die Regelungen, sie müssen dies aber nicht tun und müssen auch nichts offenlegen. Es wäre unverständlich, diesen Zustand auf Dauer aufrechtzuerhalten.

Sehen wir uns nun die einzelnen Fälle an: Was das Sicherheitsproblem betrifft, so gilt das gerade Gesagte. Ebenso wie das Bundesseuchengesetz für alle Betriebe und Laboratorien rechtsverbindlich ist, sollten es die Sicherheitsrichtlinien (Anhang I) sein, wenn sie auch gegebenenfalls einem neuen Stand der Forschung anzupassen sind. Da das Kontrollinstrument die Zentrale Kommission für Biologische Sicherheit (ZKBS) ist, kann die Anpassung auch erfolgen, indem bestimmte Projekte durch neuere Erfahrungen als weniger gefährlich eingestuft werden als bisher – und so ist dies in der Vergangenheit gehandhabt worden.

Entsprechende Richtlinien werden gegenwärtig über die Laborsicherheit hinaus auch für die beabsichtigte Freilanderprobung, für die Abfallbehandlung und für industrielle Verfahren ausgearbeitet.

Die ZKBS als maßgebliche Instanz sollte natürlich jeden Anschein einer zu engen Liaison mit den Antragstellern vermeiden, und dies vor allem dadurch, daß sie die sogenannten »kompetenten Laien« mit einbezieht. Die Auseinandersetzung zwischen Biologen und anderen Bürgern in der amerikanischen Universitätsstadt Cambridge[109] hat gezeigt, daß Laien – analog den Schöffen bei Gericht –, nachdem sie sich mit den biologischen Grundlagen vertraut gemacht haben, entsprechende »Fälle« verantwortlich mit den Forschern diskutieren konnten und in der Lage waren, die gefällten Entscheidungen mitzutragen.

Für die gesamte grüne Gentechnologie sehe ich nur ein über die Sicherheitsfrage hinausgehendes gesetzliches Regelungsbedürfnis: das Problem der Patentierbarkeit von gentechnologisch neukonstruierten Lebewesen und der zugehörigen Konstruktionsverfahren. Beides ist in den USA wie in der Bundesrepublik möglich, wenn auch umstritten.

Die Patentierbarkeit eines Verfahrens hat zwei Haken. Einmal den, daß die Konkurrenz nach Veröffentlichung das Verfahren kennt und unter Umständen in nur kleiner Abwandlung selbst nutzen kann. Zum anderen hat es den Haken, daß Patente, die – um dieses zu verhindern – möglichst weit gefaßt sind, das Gegenteil des Beabsichtigten erreichen: »Rundumschlag-Patente, mit der Absicht, den Rest der Welt auszuklammern, werden nicht funktionieren. Sie sind derart universell formuliert, daß jeder Spezialfall so interpretiert werden kann, daß er seinen eigenen erfinderischen Gehalt hat.« (Christian Birr)[110]

Es wird im Ermessensspielraum der Richter liegen, wie weit der Patentschutz gehen wird. Der deutsche Biologe Peter Hans Hofschneider hält es allerdings für möglich, daß es, wie in der Mikroelektronik, letztlich gar nicht mehr auf Patentschutz ankommen wird, sondern nur noch auf »time to the market« – die Zeit, in der das Produkt auf den Markt kommen kann.[111]

Ein kleineres Problem aus juristischer Sicht ist die Eingrenzung eines Patents auf gentechnologisch manipulierte Bakterien oder Pflanzensorten, da auf der Ebene der DNS eine geschützte Sorte sofort erkennbar ist (etwa an den Angriffsstellen durch die Restriktionsenzyme). Dafür ist das Problem in einer anderen Hinsicht um so größer: Wie soll man Lebewesen, die ja Subjekte sind, patentieren können? Das erste amerikanische Patent dieser Art wurde begründet mit dem Hinweis, daß der in Frage stehende Mikroorganismus näher bei chemisch-organischen Verbindungen anzusiedeln sei als bei den Säugetieren. Das darf aber nicht das entscheidende Argument sein, denn dann könnten sich Menschen ihre Spermien und Eier patentieren lassen und all das, was daraus hervorgehen könnte, ebenso: Es bedeutete einen Rückfall in archaische Zeiten, in welchen Kinder ohne Einschränkung *Eigentum* der Eltern waren, ohne jeden rechtlichen Rückhalt für ihr Eigen-Sein. Auch wenn man nicht gleich die Monopolisierung ganzer Lebewesenklassen befürchten muß, so ist doch über das Problem der Patentierung von Leben noch zu wenig nachgedacht worden, in juristischer wie philosophischer Hinsicht.[112] Der Vorschlag von Jost Herbig, nicht Patentrechte, sondern nur Nutzungsrechte (eingeschränkter Patentschutz) nach Art des Sortenschutzes für Nutzpflanzen zu erteilen, hat viel für sich:

> »Auf Nutzpflanzen wird ein eingeschränkter Patentanspruch gewährt. Danach muß eine Sorte neu, homogen sowie beständig sein und – das ist entscheidend – ›landeskulturellen Wert‹ besitzen, einfacher: Sie muß günstige Eigenschaften für das Agrarsystem haben. Wie diese Vorbehaltsklausel des ›landeskulturellen Werts‹ bisher ausgelegt wurde, spielt keine Rolle. Rechtlich wichtig ist der soziale Vorbehalt. Und im Fall biotechnisch verwertbarer Organismen könnte ein solcher Vorbehalt benutzt werden, um die sozialen und ökologischen Notwendigkeiten unserer Zeit zu berücksichtigen.«[113]

In der roten Gentechnologie gilt bei Tieren das bereits zum Tierschutz Gesagte. Hier ist kein neues Gesetz vonnöten, vielmehr erstens eine restriktive Anwendung des bestehenden Gesetzes und zweitens die Entkoppelung von Gutachter-, Kontrollkommissionen und Interessensvertretern. Es ist verständlich, wenn die Tierexperimentatoren sich gegen Ethikkommissionen wehren, die über die Zulässigkeit bestimmter Versuche entscheiden und in denen sie selbst nicht die Mehrheit besitzen. Der Tierexperimentator ist dem Wohl des Tieres so wenig verpflichtet wie ein Schweinezüchter seinen Schweinen. In ihm selbst treffen die Argumente für das Tier auf die für das Experiment. Man muß nun zwar nicht unterstellen, daß die Argumente für das Tier völlig untergehen, aber die Ausgangslage ist doch die, daß der Forscher das Experiment wünscht. Aus diesem Grund müßte der Tierexperimentator als Mensch, als sittliches Wesen, fordern, wie Robert Spaemann schreibt, »daß die Frage der Zulässigkeit seiner Versuche durch Menschen entschieden wird, die nicht durch das primäre Interesse am Versuch und seinen Ergebnissen bestimmt sind und deshalb insofern befangen sind ... Es würde sie als Menschen deshalb ehren, wenn sie sich selbst für befangen erklärten und die Rolle des Richters in eigener Sache von sich weisen würden«.[114] Ich will nur ergänzend wiederholen, daß es für den Fall, sie wollten dies nicht von selbst tun, Sache des Gesetzgebers ist, eine solche Entkoppelung vorzunehmen, nicht nur bei den diversen Kommissionen, sondern zunächst an oberster Stelle: die Zuständigkeit für den Tierschutz muß vom Landwirtschaftsministerium ins Justizministerium verlagert werden.

Die heikelsten rechtlichen Probleme ergeben sich naturgemäß bei der Gentechnologie am Menschen. Auch hierzu ist im letzten Kapitel schon einiges vorweggenommen worden, so daß hier lediglich die Konsequenzen zu ziehen sind.

Die Genomanalyse des Menschen, ob es sich nun um einen speziellen Krankheitsfall handelt oder um ein »Genetic Screening« kleinerer oder größerer Menschengruppen, ist rechtlich dann nicht regelungsbedürftig, wenn die bereits vorgestellten Bedingungen in der Praxis erfüllt sind: die Zustimmung des Betroffenen (beziehungsweise der verantwortlichen Eltern bei Untersuchungen an Kindern und Ungeborenen), die im Arzt-Patient-Verhältnis zu wahrende Vertraulichkeit, schließlich der Datenschutz im Fall von Anzeigepflicht. Diese bereits im geltenden Recht verankerten Bedingungen bedürfen keiner Ergänzung, sondern nur ihrer Anwendung, etwa für den Fall, daß tatsächlich Arbeitgeber ein »Genetic screening« von Arbeitnehmern oder Aspiranten verlangen sollten.

Daß in den USA eine genetische Untersuchung größerer Bevölkerungsgruppen gerichtlich angeordnet wurde, um die strittige These, Schwarze seien (genetisch bedingt) weniger intelligent als Weiße, ist zum einen überflüssig, wenn man sieht, wer (ein weißer Nobelpreisträger) diese These aufgestellt hat. Sie ist zum zweiten geprägt von der absurden Auffassung, Intelligenz lasse sich an den Genen ablesen. Sie hat zum dritten insofern einen bedenkenswürdigen Vorbildcharakter, als jedes Ansinnen an Gerichte, sich mit derlei zu beschäftigen, von vornherein abgewehrt werden sollte. Auf die Bekräftigung von rassistischen Vorurteilen sollten sich Genetiker möglichst nicht verstehen.

Für die Gentherapie am existierenden Menschen muß aus rechtlicher Sicht zweierlei vorgebracht werden: das Problem der Experimente und das Problem der Rechtfertigbarkeit schwerwiegender Eingriffe am Menschen durch Kommissionen. Beides ist bereits behandelt worden, so daß hier eine kurze Zusammenfassung unter juristischer Perspektive genügt. Für die Forschung gibt es sowohl national wie international zahlreiche Richtlinien über medizinische Versuche am Menschen. Sie haben zwar keinen Gesetzescharakter, sind jedoch als »Sorgfaltsstandard« auch rechtlich relevant[115]:

1. Die Forschung muß von medizinisch gesichertem Interesse sein. Grundlagenforschung am Menschen ohne direkt absehbare Verbesserungen ist nicht zu rechtfertigen.
2. Eine »medizinische Vertretbarkeit« muß bestehen, das heißt, der Vorteil muß die Gefahr überwiegen, wobei zweierlei gegeneinander aufzurechnen ist: der Vorteil für den einzelnen mit dem Vorteil für die Allgemeinheit, wenn letzterer mit einem höheren Risiko für den Patienten verbunden ist. Es darf zum Beispiel nicht wegen der allgemeinen Absicherung einer Medikamentenwirkung im Doppelblindversuch die eine Patientengruppe zu ihrem Nachteil weiterhin mit Placebos behandelt werden, um den »wissenschaftlichen Standards« zu genügen, wenn während der Versuchsreihe der behandelnde Arzt zur Überzeugung gekommen ist, daß es sich bei der getesteten Substanz um ein im positiven Sinn hochwirksames Medikament handelt. Ebenso ist der bekanntgewordene Fall eines amerikanischen Professors zu verurteilen, der eine am Samstag in die Klinik eingelieferte, an Mittelohrentzündung erkrankte Patientin nicht sogleich mit Antibiotika behandeln wollte, um am Montag seinen Studenten eine klassische Mittelohrvereiterung vorführen zu können. Der Fall wäre vermutlich gar nicht bekanntgeworden – da ein Medizinstudent im Wochenendpraktikum

die Frau dennoch behandelte –, wenn nicht der Professor den Studenten hätte anschließend von der Universität weisen wollen.

3. In allen Kollisionsfällen zwischen Allgemeinwohl und Patientenwohl muß der Patient (oder die Verantwortlichen) aufgeklärt und die entsprechende Einwilligung eingeholt werden. Hierbei sind besondere Regeln für sogenannte »captive groups« zu beachten, für Gruppen also, »die sich nicht leicht wehren können, bei denen man die Zustimmung unter allen möglichen, manchmal hohen ethischen Postulaten auf eine Weise erlangt, die nicht als frei zu bezeichnen ist«.[116]

Alle diese Einschränkungen gelten, wie gesagt, nicht nur für die somatische Gentherapie, sondern sie sind der anerkannte Standard für die medizinische Forschung am Menschen.

Eben dies gilt auch für das zweite hier zu behandelnde Problem, die sogenannten Ethikkommissionen. Ethikkommissionen können keine Verantwortung abnehmen oder übernehmen, wie bereits festgestellt wurde. Verantwortlich ist der behandelnde Arzt oder der mit Menschen umgehende Molekularbiologe, und er muß es bleiben. Ihm vertraut sich der Patient an, ihm erlaubt er den Eingriff in die Unverletzlichkeit seiner Person und nicht einer mehr oder weniger anonymen Kommission. Die Funktion von Ethikkommissionen ist daher darauf beschränkt, möglichst alle ethisch relevanten Argumente zusammenzustellen und damit dem Arzt oder Forscher eine Entscheidungshilfe anzubieten. Dafür ist es unerläßlich, daß auch Nicht-Mediziner und Nicht-Biologen in solche Ethikkommissionen eingegliedert werden – Philosophen, Theologen, Juristen, kompetente Laien –, und dies um so mehr, als sich die von Ärzten diagnostizierte Tendenz zum Abbau des traditionellen ärztlichen Ethos verstärkt.[117] Das Vertrauen in sogenannte Sachverständige ist zu Recht nicht allzu groß. Allzu häufig widersprechen Sachverständige einander, selbst bei der Einschätzung von scheinbar rational aufklärbaren medizinischen Befunden. In allen diesen Situationen darf sich der Arzt (oder der Mikrobiologe in der Gentechnologie) nur auf sich selbst, sein Abwägen, sein waches und geschärftes Gewissen in Verantwortlichkeit gegenüber dem Patienten oder den erforschten Gegenständen verlassen – wobei als Rahmen selbstverständlich all diejenigen Dinge gesetzlich zu regeln sind, die mit dem kategorischen Fundament in Konflikt kommen.

Für die Gentherapie in der Keimbahn gilt gemäß der Unterscheidung im kategorischen Fundament, daß Forschung und Anwendung nicht *an* einer Person, sondern *mit* einer Person stattfinden. Sie verletzen somit den grundgesetzlichen Schutz menschlichen Lebens. Gleichzeitig ist festzuhalten, daß die aus dem Paragraphen 219d des Strafgesetzbuches resultierende Rechtlosigkeit der nichteingenisteten, befruchteten Eizelle den Fall jener *Lücke* darstellt, der eine gesetzliche Regelung als dringend geboten erscheinen läßt. Hier gelten weder die Argumente gegen ein »vorschnelles Gesetzemachen« noch die Sorge vor einer Hindernisse auftürmenden Bürokratie, noch die Feststellung, daß »keine erkennbaren Risiken vorliegen« im Vergleich mit der Verletzung der Personwürde eines Menschen. Und das ist nicht nur meine Meinung; in der Empfehlung des Europarates zur Gentechnologie von 1982, Anhang 2, wird nachdrücklich gefordert, »die Unantastbarkeit des genetischen Erbes gegen künstliche Eingriffe« in den Menschenrechtskatalog aufzunehmen und entsprechende Schutz- und Strafbestimmungen zu erlassen. Ebenso hat das Bundesverfassungsgericht keinen Zweifel daran gelassen, daß mit der Unantastbarkeit der Menschenwürde auch die individuelle Eigenart und Unverfälschtheit des Menschen gewährleistet sein soll.[118]

All dies gilt selbstverständlich ebenfalls für »Embryonen verbrauchende« und andere Experimente mit menschlichen Keimzellen, auch wenn sie nur somatisch-gentechnologische Zielsetzungen verfolgen. Es ist dabei gleichgültig, ob eine Einwilligung von seiten der Eltern, der »Samen- und Eispender«, vorliegt oder nicht. Der Gesetzgeber schützt ja sogar materielle Güter gegen ihre Besitzer, wenn sie hinreichend wertvoll sind (§ 304 StGB). Um wieviel mehr ist ein solcher Schutz geboten bei existierenden Menschen gegenüber ihren »Besitzern«.

Zum Schluß der rechtlichen Überlegungen müssen wir wenigstens mit einigen Sätzen auf die im Exkurs behandelten Probleme eingehen. Dem ethischen Plädoyer gegen die Abtreibung (oder für die Straffreiheit nur bei der medizinischen Indikation) steht politisch das oben genannte Beispiel entgegen. Diese Debatte soll hier nicht aufgenommen werden.

Hinsichtlich der In-vitro-Befruchtung, der »heterologen Insemination« (Befruchtung durch einen anonymen Samenspender), ist zu bemerken, daß strafrechtliche Maßnahmen *gegen* diese neue Technik nicht erforderlich scheinen und wohl auch nicht rechtfertigungsfähig sind. Allerdings werden Ehe und Familie in Artikel 6 des Grundgesetzes geschützt; während es in der gegenwärtigen Diskussion aber zumeist die Eltern sind, die abgesichert sein wollen in ihrem Selbstverwirklichungs- und Glücksstreben, ist von den Kindern erschreckend wenig die Rede: daß Kinder nämlich das Recht haben, ihren Vater und ihre Mutter zu kennen[119], nicht nur um ihrer späteren Identitätsprobleme willen, sondern auch, um ihre Rechte gegenüber den Eltern geltend machen zu können, in der Fürsorge, in der Ausbildung bis hin zu den Erbschaften. Während dies beim Retortenbaby von Eheleuten unproblematisch ist (weshalb sich auch Ethikkommissionen und Theologen häufig auf die Zulässigkeit nur bei solchen Eltern zurückziehen), hat ein Kind, das durch heterologe Insemination gezeugt wurde, zwei Väter (einen leiblichen, einen in der Familie), und ein Kind, das von einer Leihmutter ausgetragen wurde, zwei Mütter. Selbst in den Fällen, in denen all das ohne Komplikationen vor sich geht, ist die rechtliche Situation noch weitestgehend ungeklärt. Aber es mehren sich Nachrichten über Problemfälle, je selbstverständlicher und unproblematischer diese Techniken betrachtet und angewandt werden, ja für sie geworben wird:

- daß eine Frau, die ihr Kind von einer Leihmutter austragen ließ, dieses nicht annehmen wollte, weil es behindert war;
- daß eine Leihmutter, nachdem sie das Kind austrug, es nicht hergeben wollte, weil sie es zu liebgewonnen hatte;
- daß ein Vater ein heterolog gezeugtes Kind nicht als sein Kind anerkannt hat.

Man kann die Beispiele fast beliebig vermehren, vor allem, wenn man noch den künstlichen Uterus in die Überlegungen mit einbezieht. Nur eines ist all diesen Fällen gemeinsam: daß die Kinder dabei auf der Strecke bleiben.

Für die im Exkurs genannten Problemfälle gilt generell, daß eine rechtliche Regelung *im Interesse der Kinder* dringend geboten ist.

Für den Fall der »Interspezies-Interaktion«, der menschlich-tierischen Chimären, ist mit Albin Eser festzuhalten, daß er den Tatbestand der Verletzung der Menschenwürde erfüllt: einer Verdinglichung und Erniedrigung menschlichen Erbguts um irgendwelcher begrenzter medizinischer Zwecke oder der Befriedigung von Forscherneugierde willen. Auch hier ist eine rechtliche Regelung angezeigt, und zwar im Sinn des kategorischen Fundaments.

Internationale Probleme

Die Erörterung internationaler Probleme der Gentechnologie kann hier nur den Charakter eines Ausblicks haben. Drei Aspekte erscheinen wesentlich: die unterschiedliche rechtliche Regelung von Forschung und Anwendung in verschiedenen Ländern und die sich daraus ergebenden Konsequenzen, die gentechnologischen Hoffnungen für die Dritte Welt, die Errichtung einer internationalen Institution für ethische und rechtliche Probleme der Medizin und Biologie.

Mit dem ersten Aspekt, der unterschiedlichen rechtlichen Regelung der Gentechnologie in verschiedenen Ländern, haben wir uns bereits auseinandergesetzt. Es ist also nur zu wiederholen, daß für den Fall rechtlicher Regelungen der Hinweis auf Abwanderungstendenzen – damit verbundenem Verlust von Arbeitsplätzen, von ökonomischen Fortschritten oder von internationaler Wettbewerbsfähigkeit – als stichhaltiges Argument in die ethische wie politische Abwägung mit einbezogen werden muß, solange es sich nicht um kategorisch verbotene Forschung handelt. Wenn ein Forscher, der mit befruchteten menschlichen Eizellen zu experimentieren wünscht und dies, wenn es bei uns gesetzlich verboten ist, dann eben in Neuseeland oder England tut, spricht dies nicht gegen das Verbot. Der Fall der kategorischen Amoralität dieses Tuns läßt keinen Vergleich mit anderen Ländern zu.

In abgeschwächter Form gilt das auch für die nicht kategorisch abgelehnten gentechnologischen Möglichkeiten, bei welchen die

Güterabwägung – unter Einschluß des Abwanderungs- oder Arbeitsplatzarguments – zu einer Ablehnung der Anwendung führen könnte. Mag sein, daß die anderen uns nicht für diese Moralität bewundern, sondern uns für die Dummen halten. Das geschieht dem moralisch Handelnden seit ältesten Zeiten, daß er von Amoralischen als der Dumme angesehen wird – klassisch für mich ist hier eine Jugenderfahrung im Internat, wo einer dem anderen Limonade aus dem Kasten stahl und zu mir sagte: Der ist doch selbst blöd, wenn er das offen stehen läßt. Derlei nennt man Zynismus.

Darüber hinaus ist es durchaus nicht ausgemacht, daß wir die Dummen sind, wenn wir den gentechnologischen Umgang mit Menschen rechtlich klar regeln.

Der Biologieprofessor Ethan Signer vom renommierten Massachusetts Institute for Technology hat bei der ersten Gentechnologiekonferenz des Bundesforschungsministeriums 1978 gesagt, daß es den Deutschen gerade aufgrund ihrer geschichtlichen Erfahrungen gut anstünde, auf angewandte Humangentechnologie dieser Art zu verzichten. Denn eine solche klare Regelung kann auch Vorbild- und Signalcharakter haben, und warum sollten die ethisch besseren Argumente nicht auch andere Länder überzeugen?[120]

Das Problem der Beseitigung des Hungers in der Dritten Welt und der Ernährung von sechs oder sieben Milliarden Menschen in dreißig Jahren ist schon bedacht worden. Zu ergänzen ist, daß nach einer Untersuchung der Weltgesundheitsorganisation eine Steigerung der effektiven Kalorienproduktion um durchschnittlich vier Prozent genügen würde, um die gegenwärtige Weltbevölkerung angemessen zu ernähren.

Ich zitiere nochmals Signer:

> »Der Grund, warum Menschen hungern, hat nichts mit DNS, mit Biologie oder Technologie zu tun. Er hat mit Politik zu tun, mit der Verteilung der Nahrungsmittel und des Einkommens, und alle Vorteile, die durch Gentechnologie entstehen können, werden unter genau denselben Einschränkungen leiden.«[121]

Die Gentechnologie kann mit ihren Möglichkeiten des schnellen Experimentierens und Züchtens gewiß sehr wertvolle Beiträge zum Ernährungsproblem leisten; aber gelöst wird es sicher nicht ohne ein gleichzeitiges Umdenken in der Entwicklungshilfepolitik und ohne die Bereitschaft zu größeren Opfern in unserer Wohlstandsgesellschaft, welche die Erinnerung an ihr eigenes Elend vor vier Jahrzehnten und die dann erfolgte Hilfe so schnell und so erfolgreich verdrängt hat.

Das letzte hier anzusprechende Problem ist ein Vorschlag. Die internationale »Koordination« von Forschungsvorhaben, von großtechnischer Anwendung, ökonomisch verheißungsvollen Produktionsmöglichkeiten und schließlich auch deren moralischer, politischer, rechtlicher Bewertung in der Gentechnologie (wie in anderen wissenschaftlichen Bereichen auch) verläuft gegenwärtig normalerweise nach den Prinzipien des Frühkapitalismus in unmittelbarer Konkurrenz. Das ist zunächst einmal kein Vorwurf; eine gut funktionierende freie Marktwirtschaft mit klaren, sozial begründeten Einschränkungen braucht den ethischen Vergleich mit anderen Wirtschaftsordnungen nicht zu scheuen und sollte dies auch nicht.[122] Deswegen ist sie noch lange kein Optimum. Eine aufgeklärte Zivilisation wie die westliche müßte in der Lage sein, über das nationalstaatliche Eigeninteresse hinaus, bei dem Ethik und Ökonomie allzu oft aufeinanderstoßen, Forschung und Anwendung von Technologien auf einem gewissen Standard von Recht und Ethik zu koordinieren – nicht zuletzt um das Vertrauen der Öffentlichkeit zurückzugewinnen.

Eine internationale Institution, sei es eine Universität, sei es ein Forschungsinstitut, mit wahrhaft *inter*disziplinärer Besetzung als Symbol für diese Öffnung der Forschung wäre von erstrangiger Bedeutung. In ihr sollten nicht nur die politischen, rechtlichen, philosophischen Implikationen neuer (Bio-)Technologien diskutiert und erarbeitet werden (auch zur Beratung der Politiker), in Zusammenarbeit mit einem Zentrum für die neuen biophysikalischen Möglichkeiten, sondern auch die Alternativen zur gegenwärtigen wissenschaftlich-technischen Rationalität bedacht werden.

Es wäre abendländischer Hochmut, von der Lebensweisheit, der Diätetik östlicher Kulturen oder auch der Griechen nichts lernen zu wollen. Ein allzu großer Teil späterer medizinischer Erfordernisse und »Sachzwänge« rührt von einem ungesund geführten Leben her und nicht etwa von bösartigen Zufällen.

Nachwort

Sechs Kapitel sind Sie mir durch das Dickicht erst evolutionstheoretischer, dann moralphilosophischer, dann wieder biologischer, philosophischer und schließlich politisch-rechtlicher Überlegungen gefolgt. Vielleicht haben Sie nach dieser Mühe den Eindruck, so ähnlich hätten Sie sich das doch selbst gedacht, und wenn Sie Biologe oder Mediziner sind, dann mögen Sie fragen: »Wozu dieser Umweg? Daran hätte ich mich doch auch gehalten ohne dies langwierige Ausholen.« Ich kann darauf nur antworten: Um so besser. Von Anfang an war es nicht mein Ziel, etwas ganz Neues, ganz Originelles zu schreiben. Ich wollte auch nichts patentieren lassen. Mit Robert Spaemann gesprochen: »Originell sind wir ohnedies nur in bezug auf das Falsche. Die Wahrheit liegt allein bei Gott.«

Es ist diesem Buch um die *Begründung* dieses für wahr Gehaltenen und seine Verteidigung gegen gute und schlechte Gegenargumente zu tun. [123] Für solche Begründungen gilt (leider) Hegels Wort: »Der Weg des Denkens ist der Umweg.« Es ist freilich zu hoffen, daß das in den ersten drei Kapiteln gelegte Fundament für ethische Beurteilung noch zu mehr taugt als nur zur Bewertung gentechnologischen Könnens. Das aber mag die Zeit und ein jeder von Ihnen selbst entscheiden.

Und ein Letztes: Nicht das Rechthaben ist das Ziel meiner Überlegungen, sondern die Wahrheit. Deswegen freue ich mich über jede Kritik. Aber es muß dafür zweierlei gelten. Erstens muß sie öffentlich sein und nicht Widerlegung in den Seminaren vor den Schulbuben. Und zweitens sollte mir die Möglichkeit zur Antwort gegeben sein. Denn die »Paradoxien des Autors« stehen bisweilen nicht im Text, so Friedrich Nietzsche, sondern im Kopf des Lesers.

Appendix

Anmerkungen

1 Dr. H. Riesenhuber in einem Interview von »Bild der Wissenschaft«, Nr. 4 (1984), S. 123

2 St. Weinberg, Die ersten drei Minuten, München 1977

3 Der interessierte Leser sei verwiesen auf das Buch von M. Eigen, Das Spiel, München 1975, oder auf die kürzeren Zusammenfassungen in den leichter verständlichen Büchern von H. v. Ditfurth, C. Bresch oder R. Riedl

4 Vgl. dazu das in seinem wissenschaftlichen Teil ausgezeichnete Buch von H. v. Ditfurth, Der Geist fiel nicht vom Himmel, Hamburg 1976. Für eine Kritik des philosophischen Gehalts dagegen R. Spaeman/R. Löw, Die Frage Wozu, München 1981, S. 239–300 sowie das 2. Kapitel hier

5 Viele solcher Beispiele finden sich in den im 2. Kapitel ausführlich besprochenen Büchern von R. Dawkins und E. O. Wilson. Naturwissenschaftlich viel besser fundiert als diese ist freilich die Überlegung von J. Herbig, Im Anfang war das Wort, München 1984

6 K. Lorenz, Die Rückseite des Spiegels, München 1974, S. 48

7 Ebenda, S. 54

8 G. Vollmer, Evolutionäre Erkenntnistheorie, Stuttgart 1975, S. 81f.

9 Für eine genauere Diskussion vgl. R. Löw, Evolution und Erkenntnis. Tragweite und Grenzen der Evolutionären Erkenntnistheorie in philosophischer Absicht, in: Die Evolution des Denkens (hrsg. von K. Lorenz und F. M. Wuketits), München 1983, S. 331–360, sowie die vier Aufsätze von W. Stegmüller, F. Kambartel, H. M. Baumgartner und R. Spaemann in dem Band Evolutionstheorie und menschliches Selbstverständnis (hrsg. von R. Spaemann und R. Löw), Weinheim 1985

10 In: Biologie in unserer Zeit, Nr. 14 (1984), S. 94

11 Sie ist die Grundstruktur all jener Bücher oder Artikel über die Evolution, die am Ende, nach der Darstellung des rein faktischen, natürlichen, wahren Programms vom Urknall bis zum Menschen, plötzlich für eine Rückbesinnung auf Pflichten und Werte, für Askese oder Demut plädieren. In der Evolution kam all das als es selbst nicht vor, und jetzt wird es genau von denen gefordert, die jedem Sollenscharakter vorher den Boden untergraben haben.

12 H. Krieg, Marquartsteiner Vorträge, Stuttgart 1946; die folgenden Zitate sind den Seiten 22–30 entnommen. M. Eigen argumentiert ähnlich: »Da wir Gerechtigkeit nicht im vorhinein berechnen können, bleibt uns zu ihrer Verwirklichung *nur* der evolutionäre Weg.«, in: M. Eigen a. a. O., S. 158

13 C. Bresch, Zwischenstufe Leben, München 1977, S. 297; es ist dies den Gedanken von Teilhard de Chardin nah verwandt (aber ohne dessen religiöse Dimension), die heute wieder sehr beliebt sind

14 Diese Bezeichnung wurde vom englischen Philosophen G. E. Moore (als »naturalistic fallacy«) in seinem Buch »Principia Ethica« (deutsch: Stuttgart 1970) eingeführt.

15 Dieser naturalistische Fehlschluß wird übrigens auch in anderen »Definitio-

nen« begangen: etwa durch das Gleichsetzen von »gut« mit »sozialfunktional« oder mit »psychisch angenehm«. Man kann sich die Gegenbeispiele leicht selbst ausdenken, etwa die Vorstellung einer Gesellschaft von größtmöglicher sozialer Funktionalität wie eine Diktatur, unter der wir gewiß nicht leben wollen, oder die Erinnerung an den Marquis de Sade, dessen psychische Annehmlichkeit in der physischen Qual seiner Opfer bestand.

16 Das gilt im übrigen dann auch für alle Versuche, aus dem Evolutionsweltbild eine »Ethik der Erkenntnis« (J. Monod) oder ein »Ethos der Wissenschaft« (H. Mohr) herzuleiten.

17 W. Wickler, Die Biologie der 10 Gebote, München 1981, S. 132

18 Um es klarzustellen: Diese Interpretationen *können* wir vornehmen, müssen aber nicht. Descartes z. B. schrieb, daß Tiere nur kunstvolle Automaten seien ohne Wahrnehmung, ohne Gefühle. Aber schon das macht deutlich, daß die Interpretation keine des Könnens *oder* Müssens ist, sondern eine des *Sollens*. Es ist einfach vernünftig, den Tieren in Abstufung all jene Wahrnehmungen und Emotionen zuzuschreiben, die wir an uns selbst als organische Wesen kennen. Als Wickler im »Spiegel« einmal fragte, woher wir denn wüßten, ob offensichtlich gesunde Hühner leiden, wenn sie in engen Käfigen gehalten würden, da antwortete ihm der große Tierkenner K. Lorenz: Wickler möge sich nur mit einigen seiner Kollegen ein paar Wochen in einen entsprechenden Käfig einsperren lassen, mit minimaler Bewegungsfreiheit im eigenen Kot, so lange, bis sie sich gegenseitig kratzen und nacheinander hacken würden. Dann möge er sich bitte die Frage nochmals stellen.

19 Nach Beendigung des Manuskripts – zu spät also, um mich ausführlich zu wetzen –, kam mir ein bemerkenswertes Buch in die Hände: Der Beitrag der Biologie zu Fragen von Recht und Ethik, Berlin 1983 (hrsg. von M. Gruter und M. Rehbinder). Es zeigen die lesenswerten Beiträge des Buches nicht nur, daß Dawkins kein einsamer Verrückter ist, sondern daß seine soziobiologischen Grundannahmen von einer offensichtlich hochreputablen Gruppe von Anthropologen, Rechtssoziologen, Psychologen, ja Rechtsphilosophen geteilt wird. So schreibt z. B. R. Alexander: »Menschliche Interessen lassen sich verallgemeinert als fortpflanzungsbezogen darstellen. Der einzelne Mensch bemüht sich, die Überlebenschancen seines eigenen Erbguts zu verbessern. Ethische, moralische und rechtliche Fragen entstehen durch Interessenskonflikte, die ihrerseits auf unserer genetischen Unterschiedlichkeit beruhen.« (S. 173) Ch. Boehm schreibt als Schlußfolgerung seines Beitrags, »daß die Moral ein Ergebnis des Selektionsdruckes gewesen ist, der infolge einer Veränderung der Anpassungsmechanismen bei der Verlagerung des Lebensbereichs vom Baum auf den Erdboden entstand.« (S. 206) Und E. Hirsch stellt fest: »Die einzige ehrliche Antwort, die man auf diese Frage (wer die »Ethik« bestimme, nach der man sich zu richten habe) geben kann, lautet: Diejenige Gruppe, welche die politische Macht besitzt zu dekretieren, was rechtens sein soll.« (S. 184) Der Schluß für alle Ethik ergibt sich von selbst: »Die Einsicht und Überzeugung von der sittlichen Notwendigkeit und der moralischen Werthaftigkeit der in den Gesetzen enthaltenen Verbote verlangen heißt: die soziale Wirklichkeit nicht sehen und wahrhaben wollen.« (S. 291)

20 Vgl. zur Kritik der Soziobiologie auch den Aufsatz von W. Vossenkuhl, Die Unableitbarkeit der Moral aus der Evolution, in: Die Verführung durch das Machbare (hrsg. von P. Koslowski u. a.), Stuttgart 1983, S. 141–154, sowie bes. das Buch von P. Koslowski, Evolution und Gesellschaft, Tübingen 1984

21 So etwa H. Mohr im von K. Lorenz herausgegebenen Buch (Anm. 9), S. 23, wo von »partieller Identität« die Rede ist. Dies ist ein untauglicher Versuch, um aus einem (vor allem naturwissenschaftlich) undefinierbaren Begriff (so schon Platon), der zu seiner Verwendung immer ein vergleichendes Bewußtsein benötigt und voraussetzt, einen scheinbar objektiven Begriff zu machen. Aber er mißlingt. Auch für die Feststellung von Identität benötigen wir Bewußtsein; vgl. hierzu die genaueren Ausführungen bei Spaemann/Löw (Anm. 4), S. 165ff., 256f.

22 H. Mohr (Anm. 10), S. 95; über das Buch, Anm. 20 »Verführung . . .«

23 Vgl. hierzu R. Löw, Philosophie des Lebendigen, Frankfurt 1980, S. 34–75.

24 So die Terminologie von T. Kuhn in dem Buch: Die Struktur wissenschaftlicher Revolutionen (viele Auflagen)

25 Vgl. R. Spaemann/R. Löw (Anm. 4), S. 60ff., 243ff.

26 Ich gehe hier nicht auf die innerbiologischen Schwierigkeiten der Evolutionstheorie ein, die vorzüglich zusammengefaßt sind im Buch von A. Locker (Hrsg.), Evolution – kritisch gesehen, Salzburg/München 1983 (besonders hervorzuheben sind die Beiträge von Locker, Illies, Rutte)

27 Vgl. R. Löw (Anm. 9) sowie ders., Darwinismus und die Entstehung des Neuen, in: Evolution und Freiheit (hrsg. von P. Koslowski u. a.), Stuttgart 1984, S. 54–74

28 A. Locker hat in einem Vortrag einmal folgende Analogie zur Illustration herangezogen. Wir sehen einen Film, einen Trickfilm über die Evolution, bei welchem anschaulich die Entwicklung der verschiedenen Arten auseinander gezeigt wird. Wie ist dieser Film zustande gekommen? Bild für Bild hat ein Evolutionstheoretiker am Schreibtisch mit seiner Phantasie das entworfen und gezeichnet, was uns hinterher in einer Bewegung auf dem Film erscheint. Wenn man den Film sieht, denkt man natürlich nicht an dieses schöpferische Entwerfen des Evolutionstheoretikers. Und so hätten wir uns auch die Evolution vorzustellen: daß die in der Evolution auftretenden Lebewesen Geschöpfe, Gedanken Gottes sind, die sich nach seinen Entwürfen fortentwickeln, aber eben nicht nur im Film, sondern dreidimensional, real existent, selbstzentriert-subjektiv.

29 Die folgenden Überlegungen verdanken drei Büchern sehr viel: R. Spaemann, Moralische Grundbegriffe, München 1982; L. Strauss, Naturrecht und Geschichte, Frankfurt 1977, sowie M. Kriele, Recht und Praktische Vernunft, Göttingen 1979. Der Kontrast dieser drei zum unter Anm. 19 zitierten Buch könnte nicht krasser sein.

30 Man kann sich auch einen 75jährigen Ethnologen vorstellen, der gerade den Nobelpreis erhalten hat für seine Untersuchungen an einem Menschenstamm, bei dem sich die 60jährigen an einen Baum hängen müssen, und jene, die sich nicht mehr lange genug halten können, also kräftemäßig untauglich sind, ausgemerzt werden. Dem Nobelpreisträger ist es gelungen darzutun, wie vernünftig das für die Erhaltung des Stammes ist. Aber würde er in ihm leben wollen? Würde er diese Regel nicht für *an sich* ungerecht halten, wenn man ihn zu einem solchen Leben zwänge, und dies deswegen, weil das Leben dem Menschen grundsätzlich nicht genommen werden darf aus irgendwelchen Funktionalüberlegungen?

31 B. Sitter versucht in seinem Buch: Plädoyer für das Naturrechtsdenken. Zur Anerkennung von Eigenrechten der Natur, Basel 1984 (analog zu manchen Veröffentlichungen von K. M. Meyer-Abich), ein von Natur aus Gerechtes

durch menschliche Setzung einzuführen. Dies ist, so symphatisch die Konsequenzen sind, für den Gerechtigkeitsgedanken paradox. Es ist gewissermaßen ein funktionales Argumentieren zugunsten eines nicht-funktionalen Verständnisses von Wirklichkeit. Durch funktionale Argumentation kann aber dieses nicht-funktionale Verständnis gerade nicht erzeugt werden, sondern es löst dieses entgegen seiner eigenen Intention auf. Vgl. dazu R. Spaemann, Über die Unmöglichkeit einer universalteleologischen Ethik, in: Philosophisches Jahrbuch, Nr. 88 (1981), S. 70–89

32 Vgl. R. Spaemann (Anm. 29)

33 Vgl. R. Spaemann (Anm. 31)

34 H. v. Ditfurth hat im Sommer 1984 Aufsehen erregt mit seiner im »Spiegel« publizierten Behauptung, jede Hilfe, jede Spende für die hungernde Bevölkerung der Dritten und Vierten Welt vermehre und vervielfache in Wirklichkeit das Elend dort. Der Zweck, den er mit dieser Behauptung verfolgte, ist ehrenwert: Unser mitteleuropäisches Gewissen darf sich nicht mit solchen kleinen Hilfen zufriedengeben. Aber der Weg ist falsch. Es gibt nämlich kein »mitteleuropäisches Gewissen«, sondern immer nur einzelne Gewissen. Aber niemand von uns braucht sich von einem anderen vorwerfen zu lassen, daß er nicht persönlich in die Dritte Welt fährt und etwas gegen den Hunger der Menschen dort tut. Hingegen tut jeder von uns etwas Gutes, wenn er auf seine Weise konkrete Verantwortlichkeit übt und den Hunger lindert durch eine Spende. Das gilt – und ich glaube auch, dies war die Zielgruppe für Ditfurths Argumente – nicht in diesem Maße für das Entwicklungshilfeministerium. Hier über einen größeren und effektiveren Einsatz von Mitteln nachzudenken ist dringendes Gebot. Aber noch einmal: Kein einzelner von uns hat eine Verantwortung für den Totalzustand der Welt, und umgekehrt ist jeder gerechtfertigt, der abseits der Weltgeschichte das Gute tut (Hegel).

35 R. Spaemann, Verantwortung, in: Persönliche Verantwortung (Lindenthal-Institut-Colloquium Köln) 1982, S. 24. Aus diesem Aufsatz ist im folgenden einiges paraphrasiert.

36 R. Spaemann (Anm. 29), S. 74

37 Das Beispiel Wehrdienstverweigerung aus Gewissensgründen ist bekannt. Es ist eine sehr schlechte Methode, die Gewissensgründe in einem mündlichen Verfahren zu prüfen. Da ist der bevorzugt, der sich rhetorisch besser vorbereitet hat, während es dem, der sich echt auf sein Gewissen beruft, passieren kann, daß er den rhetorischen Fallen seiner Prüfer nicht gewachsen ist. Ein gerechteres Verfahren wäre gewiß das der »unangenehmen Alternative« – z. B. einer verlängerten Zivildienstpflicht, aber ohne alle weitere »Gewissensprüfung« –, wie dies R. Spaemann schon seit langem vorschlägt.

38 R. Spaemann (Anm. 29), S. 15

39 Vgl. R. Spaemann (Anm. 35), S. 26ff; daraus auch die folgende Zusammenfassung

40 R. Spaemann (Anm. 29) diskutiert den Fall eines SS-Mannes, dem befohlen wird, ein jüdisches Kind zu töten, und dem gesagt wird, wenn er sich weigerte, würden dafür zehn weitere erschossen. Auch wenn sich dieser SS-Mann weigert, das eine Kind zu erschießen, ist er in keiner Weise verantwortlich für den Tod der zehn anderen, denn die gebotene, in sich schlechte Tat kann durch keine Abwägung gerechtfertigt sein.

41 Vgl. R. Spaemann/R. Löw (Anm. 4), S. 97–112

42 Nach Bronn, zit. bei: N. Binder: Biotechnologie – Aufgaben, Möglichkeiten,

Schwerpunkte der Forschung in der Biotechnologie, hrsg. vom Bundesministerium für Forschung und Technik, Frankfurt 1978, S. 9.

43 Genaueres findet sich z. B. in: Biotechnologie (Anm. 42).

44 Umgekehrt kann man auch Substanzen einsetzen, welche die Schädlinge »nicht riechen können«, d. h. nicht mögen, was heute in vielen Insektenabwehrmitteln vielfach geschieht.

45 In: Biotechnologie (Anm. 42), S. 131

46 Genaueres findet sich anschaulich dargestellt z. B. bei H. v. Ditfurth, Am Anfang war der Wasserstoff, München 1971, oder C. Bresch, Zwischenstufe Leben, München 1977; mit Blick auf die Gentechnologie besonders Winnacker, Gene und Klone, Weinheim 1984

47 Vgl. J. Herbig, Der Bio-Boom, Hamburg 1982, S. 15ff.

48 Das Schema von F. Cramer ist dem Buch: Chancen und Gefahren der Genforschung, München/Wien 1980, S. 6, entnommen (= Band 4 der Sozialwissenschaftlichen Reihe des Battelle-Instituts e. V., hrsg. von J. Schariod und R. V. Gizycki).

49 Darstellung nach: Biotechnologie (Anm. 42), S. 221

50 Abgebildet nach: F. Cramer (Anm. 48), S. 9

51 Eine Erbkrankheit heißt monogen, wenn sie nur durch ein Gen (oder dessen Absenz) bewirkt wird, im Gegensatz zu multifunktionellen Erbkrankheiten wie Schizophrenie.

52 Der Name »Antigen« hat mit den Genen gar nichts zu tun; er ist nur die Bezeichnung für einen Fremdstoff, der im Organismus Immunabwehrreaktionen hervorruft.

53 Zit. nach: J. Herbig (Anm. 47), S. 127

54 K. Illmensee, Entwicklungsgenetische Konsequenzen eines experimentellen Eingriffs am Säugerembryo, in: Die Verführung durch das Machbare (hrsg. von P. Koslowski u. a.), Stuttgart 1983, S. 23 (= CIVITAS, Resultate, Bd. 3)

55 Zit. nach: Gentechnologie. Chancen und Risiken. Dokumentation eines Fachgesprächs im Bundesministerium für Forschung und Technologie, Hrsg. vom Bundesminister für Forschung und Technologie, München 1984

56 Vgl. Gentechnologie (Anm. 55), S. 139

57 Ebenda, S. 15

58 Zum Problem der Ethikkommissionen vgl. F. K. Beller, Zusammensetzung und Aufgabe von Ethikkommissionen, in: Schriften der Vereinigung der Freunde der Medizinischen Fakultät der Universität Münster, Münster 1980, ders., Warum Ethikkommissionen notwendig sind, in: Ärztliche Praxis, Nr. 33 (1981), S. 823, sowie bes. A. Eser, Zum rechtlichen Wert von Ethik-Kommissionen, in: Deutsche Medizinische Wochenschrift, Nr. 107 (1982), S. 443–447

59 W. Frommer (Anm. 48), S. 51

60 Gentechnologie (Anm. 55), S. 51

61 Vgl. dazu J. Herbig (Anm. 47), S. 45ff., und: Chancen (Anm. 48), S. 103–204

62 Vgl. R. Spaemann, Technische Eingriffe in die Natur als Problem der Politischen Ethik, in: Scheidewege, Nr. 9 (1979), S. 476–497

63 So der Tenor von Prof. Lenz in: Gentechnologie (Anm. 55), S. 69: »Zu diesem Zeitpunkt (nach Befruchtung des Eies und ersten Teilungen) ist das, was ich im Mikroskop sehe, für mich nicht vom Ei irgendeines anderen Säugetieres zu unterscheiden.« Wenn das ein Argument ist, dann kann ich auch einen Menschen, den ich wie eine Ameise 300 Meter über mir im Fels klettern sehe, abschießen: Denn ich habe ihn als Ameise gesehen.

64 Vgl. F. K. Beller, Ethische Probleme am Beginn des Lebens, in: Entstehung des Lebens (hrsg. von H. Seebass), Münster 1980

65 E. Blechschmidt, Wie beginnt das menschliche Leben?, Stein am Rhein, 4. Aufl. 1976

66 Zit. nach dem Vortrag von F. K. Beller, Ethische Probleme der Fetal- und Neugeborenenperiode, im Druck

67 Zit. nach: J. Herbig, Die Geningenieure, München 1978, S. 85

68 Das ist der Sinn von Teleologie: Die Zweckursache ist nicht eine »immaterielle Ursache«, die von der Zukunft aus »zieht«, sondern sie ist im Organismus präsent von Anfang an; vgl. R. Spaemann/R. Löw (Anm. 4), S. 13–23, sowie R. Löw, Natur und Zweck, in: Scheidewege, Nr. 14 (1984/85), S. 342–358

69 Es sei beiläufig festgehalten, daß dieses kategorische Fundament bislang vor allem in der Abtreibungsdebatte eine Rolle spielte. Nur zwei größere Gruppierungen haben sich für das Fundament entschieden stark gemacht, die katholische Kirche und die Ärzte in ihrer überwiegenden Mehrheit.

70 Vgl. den Bericht von Prof. Sutton in: Chancen (Anm. 48), S. 188–193

71 Vgl. die Berichte in den Tages- und Wochenzeitungen, z. B. DIE ZEIT, Nr. 22 vom 25.5.1984, DER SPIEGEL Nr. 41 (1984), S. 268f.

72 J. Herbig (Anm. 47), S. 53

73 In: Bild der Wissenschaft (Anm. 1), S. 84

74 R. Hohlfeld hält die Verhinderung gesundheitspolitischer Alternativen für besonders bedenklich. Sosehr er die gentechnologische Biosynthese von komplizierten Peptidhormonen, von ungefährlichen Antiseren bis hin zum Interferon begrüßt, so sind doch auch die Probleme offensichtlich: »Jede neue Möglichkeit oder jeder Niveausprung in der biomedizinischen Technologie verstärkte die Tendenz zur Reduktion von Krankheit auf einen biochemisch-pharmakologisch reparierbaren Defekt. Die totale Abhängigkeit des Patienten von der Medikation bleibt erhalten. Unter Lebensbedingungen, unter denen rund drei Viertel aller chronischen Erkrankungen durch Milieufaktoren ausgelöst sind, bleibt damit der Blick für die präventiven und psychosozialen Aspekte, wie z. B. bei Diabetes Lebensgewohnheiten, Streß, Diät, weiterhin verstellt. Die sozial wünschbare Lösung, durch Veränderung von Umwelt und Verhalten die Entstehung dieser Krankheiten überhaupt zu verhindern, wird durch die kurativ orientierte Pharmaindustrie und die ärztlichen Standesorganisationen verhindert. Ein dem Phänomen angemessener Pluralismus der Forschungsstrategien ist daher in der Gesundheitsforschung bisher nicht zustande gekommen. Die starke Konzentration auf die neue Bio-Technologie kann also im Forschungs- und gesundheitspolitischen Bereich problematische Folgen haben.« In: Chancen (Anm. 48), S. 209f.

75 Vgl. hierzu die beiden Aufsätze zur Lebensverlängerung von L. und P. Koslowski in: Die Verführung durch das Machbare. Ethische Konflikte in der modernen Medizin und Biologie (hrsg. von P. Koslowski u. a.), Stuttgart 1983, S. 75–100

76 Vgl. dazu die Anm. 31

77 J. Herbig (Anm. 47), S. 224

78 R. Spaemann, Tierschutz und Menschenwürde, in: Tierschutz (hrsg. von V. Händel), Frankfurt 1984

79 Vgl. J. Dahl, Der unbegreifliche Garten und seine Verwüstung, Stuttgart 1984; darin besonders: »Hühnerzähne im Mäuseauge«, S. 105–108

80 Vgl. auch J. Dahl, Handgemenge auf einem dünnen Seil – Ein Zwischenruf der Tierschutzfrage, in: Scheidewege, Nr. 14 (1984/85), S. 214–221

81 Gentechnologie. Chancen und Risiken (Anm. 55), S. 111

82 J. Herbig (Anm. 47), S. 145f. Vgl. dazu auch den Aufsatz von W. van den Daele, Gen-Technologie und Arbeitnehmerinteressen, in: Probleme und Perspektiven der Gentechnologie. Dokumentation der Tagung der Friedrich-Ebert-Stiftung vom 20.3.1984, S. 66–73

83 Vgl. E. Deutsch in: Gentechnologie. Chancen und Risiken (Anm. 55), S. 112

84 Zit. nach: U. Eibach in: Gentechnologie. Chancen und Risiken (Anm. 55), S. 116

85 Gentechnologie. Chancen und Risiken (Anm. 55), S. 125

86 Vgl. R. Spaemann, Schicksalslosigkeit als Lebensqualität?, in: DIE ZEIT, 16.2.1979, S. 34

87 J. Herbig (Anm. 47), S. 143

88 T. Verny, Das Seelenleben des Ungeborenen, München 1981

89 J. Herbig (Anm. 47), S. 146

90 C. Gaul, zit. nach: J. Herbig (Anm. 47), S. 144

91 Man and his Future. A CIBA foundation volume, hrsg. von G. Wolstenholme. London 1963, deutsch: Das umstrittene Experiment: Der Mensch. 27 Wissenschaftler diskutieren die Elemente einer biologischen Revolution, München 1966. Vgl. dazu die ausgezeichnete philosophische Diskussion in: Menschenzüchtung (hrsg. von F. Wagner), München 1969

92 Zusammengefaßt in: F. Wagner (Anm. 91)

93 Zit. nach: F. Wagner (Anm. 91), S. 125

94 E. Chargaff, Wenig Lärm um viel, in: Scheidewege, Nr. 8 (1978)

95 H. Jonas, Laßt uns einen Menschen klonieren, in: Scheidewege, Nr. 12 (1982), S. 462–489

96 Ich kann mir daher auch nicht die Argumentation zu eigen machen, daß der »Schutz des Kindes« in allen Fällen gegen den »Schutz der Mutter« (in sozialer, ökonomischer usw. Hinsicht) abzuwägen ist. Das Recht auf Leben ist kategorial, das auf Komfort nicht. Vgl. dazu den ausgezeichneten Essay von I. Busche, Ist Schwangerschaft eine Krankheit?, in: FAZ vom 18.7.1984, S. 10

97 Süddeutsche Zeitung vom 20./21.10.1984

98 Vgl. dazu (vorbildlich): B. Holtz, Der Fötus als Laborratte, in: Weltwoche Nr. 32, 1984

99 Vgl. den Bericht über die Tagung der Naumann-Stiftung in Bonn vom 19.6.1984 in der Süddeutschen Zeitung vom 6.9.1984, S. 34

100 Vgl. dazu P. Petersen, Manipulierte Fruchtbarkeit. Psychosomatisch-psychologischer Aspekt der In-vitro-Fertilisation und anderer Fertilisationstechniken, vorgelegt der Arbeitsgruppe »IVF, Genomanalyse und Gentherapie«, Bonn, als Vorbereitung für die Sitzung des Justizministeriums vom 7.9.1984

101 Gentechnologie (Anm. 55), S. 74

102 Vgl. H. B. Wuermeling, Verbrauchende Experimente mit menschlichen Embryonen, in: Münchener Medizinische Wochenschrift Nr. 51 (1983), S. 1189–1191 sowie ders., Zwischen Fortschritt und Sünde, in: Frankfurter Allgemeine Zeitung vom 1.11.1984, S. 9f.

103 Der Fall der Transplantation eines Affenherzens in einen herzkranken Säugling (1984) hat nach den ersten Zustimmungen auch aus moralischer Sicht mittlerweile einen üblen Beigeschmack bekommen: Es war keineswegs eine

dringende Notlösung – seit Monaten suchte der verantwortliche Chirurg nach einem »Fall« – und ein Menschenherz hätte zur Verfügung gestanden; als letzten Akt des Dramas haben die Eltern des Kindes ihre Geschichte für eine Millionensumme an eine Illustrierte verkauft.

104 Zit. nach: F. Wagner (Anm. 91), S. 119

105 Ebenda, S. 46

106 Vgl. dazu die ausführliche Darstellung der Prioritäten staatlicher Förderung durch N. Binder, Chancen und Risiken der Biotechnologie – eine forschungspolitische Bewertung, in: TU-Magazin der Techn. Univ. Berlin (im Druck)

107 Vgl. dazu Süddeutsche Zeitung vom 3.4.1984, Leitartikel von Martin Urban, S. 4

108 Zit. nach: A. Eser, Recht und Humangenetik. Juristische Überlegungen im Umgang mit menschlichem Erbgut, in: Die Verführung durch das Machbare. Ethische Konflikte in der modernen Medizin und Biologie (hrsg. von P. Koslowski u. a.), Stuttgart 1983, S. 49–69

109 Vgl. dazu die Darstellung durch den beteiligten Bürgermeister von Cambridge, J. Sullivan, in: Chancen (Anm. 48), S. 241–246

110 In einem Fall hat es bereits ein solches »Rundumschlag-Patent« gegeben, bei welchem später Zweifel an der Rechtmäßigkeit auftauchten; es beschäftigt heute noch die Gerichte. Vgl. dazu den Bericht von R. A. Zell/T. Ewe in: Bild der Wissenschaft, Nr. 21 (1984), Heft 4, S. 109ff.

111 Ebenda, S. 111

112 Vgl. J. Dahl, Das patentierte Bakterium, in: ders., Der unbegreifliche Garten und seine Verwüstung, Stuttgart 1984, S. 101–104

113 J. Herbig, Stand und Aussichten gentechnischer Forschung, in: Probleme und Perspektiven der Gentechnologie. Dokumentation der Tagung der Friedrich-Ebert-Stiftung vom 20. März 1984, S. 52

114 R. Spaemann (Anm. 78)

115 Vgl. dazu den Beitrag von E. Deutsch in: Chancen (Anm. 48), S. 111f.

116 Ebenda, S. 112

117 Vgl. dazu W. Fuchs, Medizinische Ethik – weltweit in Gefahr, in: Deutsches Ärzteblatt, H. 51 vom 17. Dezember 1981, S. 2447–2498

118 Vgl. dazu A. Eser, Genetik, Gen-Ethik, Gen-Recht? Rechtspolitische Überlegungen zum Umgang mit menschlichem Erbgut, in: Süddeutsche Zeitung vom 23./24. Juni 1984 und vom 14./15. Juli 1984. Aus Zeitgründen konnte ich leider die beiden ausgezeichneten Aufsätze von Chr. Fläming und E. Benda nicht mehr berücksichtigen (in: Aus Politik und Zeitgeschichte Nr. 3 [1985] vom 19.1.1985)

119 In Schweden wurde 1984 ein Gesetz eingebracht, nach welchem es in Zukunft keine anonymen Heterologenseminationen mehr geben soll, weil die Kinder ein Recht darauf haben, ihren leiblichen Vater zu kennen. Das setzt nun die schwedischen Juristen allerdings unter den Druck, das Verhältnis von Rechten und Pflichten zwischen den beiden Vätern juristisch klar zu regeln, und man darf annehmen, daß die Juristen aller Länder mit Aufmerksamkeit auf deren Vorschläge warten.

120 Zit. nach: Chancen (Anm. 48), S. 240

121 Ebenda, S. 237

122 Vgl. dazu das mutige Buch von P. Koslowski, Ethik des Kapitalismus, Tübingen, 2. Aufl. 1984

123 R. Spaemann: »Philosophie hat im Grunde nichts anderes zu tun, als das, was die Gemüsefrau schon immer wußte, in Schutz zu nehmen gegen den fortgesetzten Versuch einer gigantischen Sophistik, es ihr auszureden.« Aus: Philosophie als institutionalisierte Naivität, in: Philos. Jahrbuch 81 (1974), S. 139–142

Glossar

Aminosäure
Baustein des Eiweißes (Proteins), das aus »Aminosäureketten« zusammengesetzt ist. Die Reihenfolge in der Kette bestimmt die Natur und Funktion des Eiweißes

Chimäre
Lebewesen, das aus Zellen zweier (oder mehrerer) verschiedener Organismen zusammengesetzt ist

Chromosomen
Mikroskopisch sichtbare, fadenartige Strukturen, die das Erbgut (Genom) enthalten

DNS
Desoxyribonukleinsäure: die chemische Grundsubstanz aller Gene, bestehend aus (→) Nukleotiden. Deren Reihenfolge bestimmt die Reihenfolge der von der DNS produzierten (→) Aminosäure und damit Eiweiße

Diploid
»doppelt« (beim Chromosomensatz der Körperzelle); der einfache Satz heißt haploid (bei den Keimzellen)

Doppelhelix
die »Wendeltreppen«-Struktur zweier paralleler DNS-Stränge

Embryo
Der aus der befruchteten Eizelle sich entwickelnde Organismus bis zum Abschluß der Organanlage

Enzyme
Genprodukte (Proteine), die Stoffwechselreaktionen katalysieren

Escherichia coli
(E. coli) Bakterienart, die mit vielen Tierarten (auch mit dem Menschen) im Darm in Symbiose lebt

Eugenik
Versuch, durch züchterische (oder gentechnische) Maßnahmen das Erbgut der Bevölkerung zu verbessern – »negativ« durch Ausmerzen von genetischen Schäden (Abtreibung, Sterilisation o. ä.), »positiv« durch Bevorzugung oder Herstellung gewünschter Eigenschaften

Gen
Eine funktionelle Untereinheit des Erbguts, das die »Bauanweisung« für ein spezifisches Produkt enthält

Genexpression
Prozeß der Umsetzung einer Erbinformation aus dem Gen in ein Produkt

Genkarte
Reihenfolge der Orte auf einem Chromosom, an denen die verschiedenen Gene sitzen

Genom
Gesamtheit der in einer Zelle vorhandenen Erbinformation

Gentherapie
Heilung von Erbkrankheiten durch Eingriffe in das Erbgut

Gentransfer
Einführung von Genen in andere (Wirts-)Zellen

Globin
Eiweißmolekül, Bestandteil des Hämoglobins im Blut (des »Sauerstofftransporters«)

Hormone
Organische Verbindungen, welche – entfernt von ihrem Entstehungsort (Drüsen)-Stoffwechselprozesse regulieren

Hyperzyklus
Ringförmige Anordnung von Aminosäuren und anderen organischen Molekülen, die sich selbst reproduzieren kann – in der Theorie von Manfred Eigen die Schlüsselstelle bei der Entstehung des Lebens

Insulin
Hormon der Bauchspeicheldrüse, dessen Fehlen die Zuckerkrankheit hervorruft

in vitro
»im Reagenzglas«. Bezeichnung für biologische Manipulationen außerhalb von lebenden Wesen

Keimbahn
Zellen des Organismus, die Geschlechtszellen (Sperma, Eizellen) produzieren

Klon
Eine Anzahl genetisch identischer Individuen

Klonierung
Prozeß der ungeschlechtlichen Vermehrung zur Herstellung identischer Nachkommen in beliebiger Anzahl

Mem
Informationseinheit bei immateriellen Strukturen von Bedeutsamkeit für Lebewesen

Mutation
Spontane Veränderung des Erbguts

Nukleotide
Bausteine der DNS, bestehend aus Zucker, Phosphat und einer organischen Base

Omnipotente Zellen
Zellen mit der Entwicklungsfähigkeit der befruchteten Eizelle (aus dieser durch die ersten Teilungen hervorgehend)

Ontogenese
Prozeß der Entwicklung eines mehrzelligen Organismus von der Befruchtung der Eizelle ab bis zum fortpflanzungsfähigen Individuum

Peptid
Kleines Eiweißmolekül, das nur aus wenigen Aminosäuren besteht

Photosynthese
Durch Chlorophyll katalysierter Prozeß der Nahrungs- und Energiegewinnung in grünen Pflanzen

Protein
Eiweiß, bestehend aus längeren Ketten von Aminosäuren, zugleich Träger von Funktionen und Strukturen innerhalb von Zellen

Resistenz
Widerstandsfähigkeit

Restriktionsenzym
Enzym, das Erbmaterial an bestimmten Stellen zerschneiden kann

Selektion
Auslese. S. ist der Motor der natürlichen Auslese gemäß der Evolutionstheorie Darwins (»Kampf ums Dasein«)

Somatische Zellen
Alle Zellen des Organismus außer denen der Keimbahn

Anhang 1

Der Bundesminister
für Forschung und Technologie

Bekanntmachung der Neufassung der Richtlinien zum Schutz vor Gefahren durch in-vitro neukombinierte Nukleinsäuren

Vom 7. August 1981

Die Bundesregierung hat am 7. August 1981 einer Neufassung (4. überarbeitete Fassung) der Richtlinien zum Schutz vor Gefahren durch in-vitro neukombinierte Nukleinsäuren des Bundesministers für Forschung und Technologie zugestimmt. Die Richtlinien sind für die unmittelbar oder mittelbar vom Bund geförderten Forschungs- und Entwicklungsarbeiten verbindlich eingeführt worden. Die Anwendung der Richtlinien wird damit zur Bedingung für die institutionelle und die Projektförderung des Bundes gemacht. Da die Richtlinien den Stand von Wissenschaft und Technik widerspiegeln, wird darüber hinaus erwartet, daß sie auch bei allen übrigen Einrichtungen, in denen Nukleinsäuren neukombiniert werden oder von denen entsprechende Forschungsarbeiten gefördert werden, Anwendung finden. Im Hochschulbereich können die Richtlinien durch die Kultusministerien der Länder eingeführt werden. Es wird davon ausgegangen, daß die Richtlinien im Bereich der Industrieforschung und in den sonstigen betroffenen Bereichen im Wege der erklärten freiwilligen Selbstbindung eingeführt werden. Durch eine entsprechende umfassende Anwendung der Richtlinien soll ein System ausreichender Sicherheitsvorkehrungen eingerichtet werden.

Bonn, den 7. August 1981
524-7221-1-16/81

Der Bundesminister für
Forschung und Technologie
Im Auftrag
Dr. Binder

(Auszüge)

A. Einführung

Die Technik zur künstlichen Herstellung neuartiger Nukleinsäurekombinationen

- erlaubt die Gewinnung wichtiger Erkenntnisse über Lebensvoränge und
- läßt auf längere Sicht praktische Anwendungen, vor allem in Medizin und Landwirtschaft, erhoffen.

Deshalb wird diese neue Technik in der Bundesrepublik Deutschland, wie auch in anderen Ländern, benutzt und fortentwickelt.

Bei der Anwendung dieser Technik sind Risiken aber nicht mit Sicherheit auszuschließen. Risiken entstehen, wenn Organismen, die Träger neukombinierter Nukleinsäuren sind, das mit den Versuchen betraute Personal infizieren oder aus dem Labor entkommen und sich unkontrolliert verbreiten. Da noch nicht vorausgesehen werden kann, wie sich die neuen Nukleinsäurekombinationen verhalten werden, wenn sie in den menschlichen Organismus, in Tiere oder in Pflanzen gelangen, ist es notwendig, daß die Experimente unter sorgfältigen Sicherheitsvorkehrungen durchgeführt werden, um die beteiligten Menschen und die Allgemeinheit vor unerwünschten Folgen zu schützen.

Die Richtlinien sollen in angemessenen Zeitabständen dem jeweiligen Stand von Wissenschaft und Technik neu angepaßt werden.

Rechtsvorschriften, insbesondere solche über Arbeiten und Umgang mit Krankheitserregern, bleiben von diesen Richtlinien unberührt.

B. Zweckbestimmung

1. Zweck dieser Richtlinien ist,
   (1) Leben und Gesundheit von Menschen, Tieren und Pflanzen vor Gefahren zu schützen, die von neukombinierten Nukleinsäuren sowie von Spender- und Empfängerorganismen ausgehen können,
   (2) die Erforschung, Entwicklung und Nutzung der wissenschaftlichen und technischen Möglichkeiten der Neukombination von Nukleinsäuren zu fördern,
   (3) die Erfüllung internationaler Verpflichtungen der Bundesrepublik Deutschland auf dem Gebiet der Neukombination von Nukleinsäuren zu gewährleisten.

C. Geltungsbereich

2. (1) Diese Richtlinien gelten für die vom Bund geförderten Forschungsarbeiten. Ihre Anwendung ist Bedingung für die institutionelle und die Projektförderung.
   (2) Die Richtlinien geben den Stand von Wissenschaft und Technik wieder. Sie sollen daher darüber hinaus bei allen übrigen Einrichtungen, in denen Nukleinsäuren im Sinne der Nummer 3 (1) neukombiniert werden oder die Forschungsarbeiten im Sinne der Nummer 3 (2) durchführen, Anwendung finden.

D. Begriffsbestimmungen

3. (1) Neukombination im Sinne dieser Richtlinien ist die in-vitro-Verknüpfung von Nukleinsäure-Molekülen zu einem neuen vermehrbaren Molekül.
   (2) Ein gentechnologisches Experiment ist die Einführung solcher Moleküle mittels geeigneter Vektoren (Plasmide oder Viren) in einen geeigneten Empfängerorganismus, welcher in der Lage ist, solche Nukleinsäure-Moleküle nach Vermehrung an seine Nachkommen weiterzugeben. Auch das Arbeiten mit Organismen, die durch ein gentechnologisches Experiment Träger heterologer Nukleinsäuren geworden sind, ist als gentechnologisches Experiment anzusehen.
   (3) Als pathogen im Sinne dieser Richtlinien gelten Spender- und Empfängerorganismen sowie Vektoren, von denen erwiesen ist oder die im Verdacht stehen, daß sie bei Menschen, Tieren oder Pflanzen Krankheiten oder Schäden hervorrufen können.

(4) Gen-Laboratorien im Sinne dieser Richtlinien sind Laboratorien und Einrichtungen, in denen Neukombinationen im Sinne der Nummer 3 (1) und/oder gentechnologische Experimente im Sinne der Nummer 3 (2) durchgeführt werden.

(5) Projektleiter im Sinne dieser Richtlinien sind die mit der Planung, Leitung bzw. Beaufsichtigung von Arbeiten im Sinne der Nummer 3 (1) und (2) beauftragten Personen.

(6) Laborsicherheitsmaßnahmen (L) im Sinne dieser Richtlinien umfassen bestimmte experimentelle Techniken und eine festgelegte Ausstattung von Arbeitsräumen. Es werden vier verschiedene Stufen von Laborsicherheitsmaßnahmen (L 1, 2, 3, 4) angewendet, wobei die auf L folgende ansteigende Zahlenreihe den ansteigenden Grad der Sicherheitsvorkehrungen anzeigt.

(7) Biologische Sicherheitsmaßnahmen (B) im Sinne dieser Richtlinien umfassen die Verwendung besonders ausgewählter Empfängerorganismen und Vektoren. Es dürfen nur solche Empfängerorganismen verwendet werden, die sich nur unter Bedingungen vermehren können, die außerhalb des Laboratoriums kaum oder überhaupt nicht angetroffen werden, die nicht pathogen sind, und von denen experimentell erwiesen ist, daß sie nicht im Austausch mit tier- oder pflanzenassoziierten Organismen stehen.
Ausnahmen sind bei Selbstklonierungsexperimenten im Sinne der Nummer 9 möglich.
Es werden bei den Empfängerorganismen zur Zeit drei biologische Sicherheitsmaßnahmen (B 0, 1, 2) angewendet, wobei die auf B folgende ansteigende Zahlenreihe den ansteigenden Grad der biologischen Sicherheit anzeigt.

(8) Sicherheitsstufen im Sinne dieser Richtlinien sind unterschiedliche Kombinationen von Labor- und biologischen Sicherheitsmaßnahmen. Die Skala der Sicherheitsstufen reicht von L 1 B 0 bis L 4 B 2.

(...)

II. Biologische Sicherheitsmaßnahmen

8. Kriterien für die Auswahl von Empfängerorganismen und Vektoren

(1) Für gentechnologische Experimente dürfen nur Empfängerorganismen ausgewählt werden, deren Eigenschaften, biologisches Verhalten und Stellung in verschiedenen Ökosystemen zureichend bekannt sind. Darüber hinaus sind folgende Sicherheitskriterien zu berücksichtigen:
- Unschädlichkeit des Organismus für Menschen, Tiere und Pflanzen,
- phylogenetischer Abstand zu pathogenen oder sonst schädlichen Mikroorganismen,
- Eignung, unter natürlichen Bedingungen als Spender oder Empfänger von Nukleinsäuren zu fungieren,
- Vorkommen und Wahrscheinlichkeit des Überlebens im umgebenden natürlichen Ökosystem (z. B. bestimmt durch die Reversionsrate bei Defektmutationen $< 10^{-7}$).

(2) Bei der Auswahl der bei gentechnologischen Experimenten verwendeten Vektoren sollen folgende Sicherheitskriterien beachtet werden:
- eine zureichende Charakterisierung ihrer Genome,
- eine möglichst hohe Wirtsspezifität,

– das Fehlen eines eigenen Transfer-Systems,
– eine geringe Co-transfer-Rate,
– eine geringe Mobilisierbarkeit.

(...)

F. Klassifikation von Experimenten

16. Zur Neukombination und für gentechnologische Experimente sollen nur Nukleinsäuren verwendet werden, die aus Spenderorganismen stammen, die nicht pathogen sind.

17. (1) Nukleinsäuren aus pathogenen Spenderorganismen dürfen nur verwendet werden, wenn die ZKBS anerkennt, daß alle Maßnahmen getroffen werden, die es ermöglichen, die denkbaren Gefahren (z. B. durch Einschleppen unbekannter Gene, erhöhte Virulenz, erweiterter Erreger-Wirt-Bereich, Verbreitung von Resistenzgenen) eindeutig zu beherrschen.

(2) Folgende Experimente dürfen nicht durchgeführt werden:

a) die Herstellung von neukombinierten Nukleinsäuren für die Biosynthese von hochwirksamen bakteriellen Exotoxinen wie Botulinustoxin, Tetanustoxin, Diphterietoxin sowie Schlangengiften,
b) die Verwendung von Genomen hochpathogener Viren wie z. B. Lassa, Pocken, Herpes B,
c) die Übertragung von Genen, die Resistenz gegen ein Antibiotikum hervorrufen, gegen das Resistenz in dem Empfängerstamm bisher noch nicht nachgewiesen wurde, und zwar zwischen Mikroorganismen, die natürlicherweise keinen genetischen Austausch durchführen,
d) die Durchführung von gentechnologischen Experimenten in Einzelvolumina von mehr als 10 Litern,
e) die Freisetzung von Organismen, die neukombinierte Nukleinsäuren enthalten.

(3) Das Bundesgesundheitsamt kann auf Antrag und nach Anhörung der ZKBS Ausnahmen zulassen und den Katalog der Experimente, die nicht durchgeführt werden dürfen, nach der Entwicklung des Standes von Wissenschaft und Technik erweitern oder verringern.
Im Falle einer Abweichung von der Empfehlung der ZKBS hat das Bundesgesundheitsamt die Abweichung schriftlich zu begründen.

(...)

G. Überprüfung der Durchführung von Forschungsarbeiten

20. Verantwortlichkeiten des Projektleiters

(1) Der Projektleiter muß

a) ausreichende Erfahrungen im Umgang mit Mikroorganismen, über das Arbeiten im mikrobiologischen Labor und die erforderlichen Kenntnisse über die notwendige Ausstattung von mikrobiologischen Laboratorien besitzen,
b) die seuchenrechtlichen, tierseuchenrechtlichen und pflanzenschutzrechtlichen Vorschriften beachten,
c) ab der Sicherheitsstufe L 2 B 2 die Sachkenntnis haben, wie sie in § 22 Abs. 3 des Bundes-Seuchengesetzes als Voraussetzung für die Erteilung der Erlaubnis zum Arbeiten mit Krankheitserregern genannt ist,

d) eine Erlaubnis zum Arbeiten mit Krankheitserregern nach § 19ff. Bundes-Seuchengesetz bzw. § 77 der Ausführungsbestimmungen des Bundesrates zum Viehseuchengesetze bzw. der pflanzenschutzrechtlichen Vorschriften haben, falls in seinem Zuständigkeitsbereich mit human-, tier- oder pflanzenpathogenen Spenderorganismen, bzw. Vektoren oder toxinbildenden Spenderorganismen gearbeitet wird.

(2) Der Projektleiter ist verantwortlich

a) für die Planung und Durchführung der Forschungsarbeiten, die Festlegung ihrer tatsächlichen oder die Abschätzung ihrer potentiellen Risiken und die Auswahl der diesen Risiken entsprechenden Sicherheitsmaßnahmen,

b) für die Durchführung der notwendigen medizinischen Vorsorge- und regelmäßigen sowie eventuell vorzeitigen Nachuntersuchungen sowie für die sachgerechte Belehrung des beschäftigten Personals,

c) für die ausführliche Unterrichtung des BBS und ggf. des Ausschusses für die biologische Sicherheit (ABS) sowie der ZKBS über den Inhalt der Forschungsarbeiten und die vorgesehenen Sicherheitsmaßnahmen,

d) für die Umsetzung von Empfehlungen und Auflagen der ZKBS und für die regelmäßige Berichterstattung an die ZKBS,

e) dafür, daß Experimente der Sicherheitsstufen L2 B 1/L 1 B 2 bei Einspruch der ZKBS nach Nummer 22 (5) unverzüglich bis nach der Begutachtung in der ZKBS eingestellt werden und ggf. die Auflagen der ZKBS vor Wiederaufnahme der Experimente erfüllt sind,

f) dafür, daß mit Experimenten ab der Sicherheitsstufe L 2 B 2 erst dann begonnen wird, wenn die Zustimmung der ZKBS vorliegt und ggf. die Auflagen der ZKBS erfüllt sind.

g) für die Protokollierung der durchgeführten Sicherheitsbelehrungen für das Laborpersonal, der eventuell eingetretenen Laborunfälle sowie der durchgeführten medizinischen Vorsorgemaßnahmen,

h) für die ausreichende Ausbildung des Laborpersonals,

i) dafür, daß die ZKBS und der BBS unverzüglich davon in Kenntnis gesetzt werden, wenn während des Verlaufs der Arbeiten angereicherte oder gereinigte Nukleinsäurefragmente verwendet werden, die für hochwirksame Genprodukte oder solche mit pathogenem Potential kodieren.

21. Verantwortlichkeiten des Beauftragten für die biologische Sicherheit (BBS) und des Ausschusses für die biologische Sicherheit (ABS).

(1) Der Inhaber eines Genlaboratoriums muß bei Experimenten ab der Sicherheitsstufe L 1 B 2/L 2 B 1 einen BBS benennen, soweit er nicht nach Absatz 3 und 4 einen ABS errichtet bzw. errichten muß. Der BBS soll Erfahrungen im Umgang mit Mikroorganismen und über das Arbeiten in mikrobiologischen Laboratorien sowie die erforderlichen Kenntnisse über die Ausstattung mikrobiologischer Laboratorien besitzen.
Falls im Zuständigkeitsbereich des BBS mit human-, tier- oder pflanzenpathogenen Spenderorganismen bzw. Vektoren oder mit toxinbildenden Spenderorganismen gearbeitet wird, soll der BBS eine Erlaubnis zum Arbeiten mit Krankheitserregern nach § 19ff. Bundes-Seuchengesetzt bzw. § 77 der Ausführungsvorschriften des Bundesrats zum Viehseuchengesetze bzw. der pflanzenschutzrechtlichen Vorschriften besitzen.

(2) Der BBS überprüft die Erfüllung der Aufgaben des Projektleiters.

(3) Der Inhaber eines Genlaboratoriums kann bei Forschungsarbeiten der Si-

cherheitsstufe L 3 B 1 und L 3 B 2 an Stelle eines BBS einen ABS einsetzen, der die Erfüllung der Aufgaben des Projektleiters überprüft.
Die Mitglieder des ABS sollen die in Absatz 1 geforderten fachlichen Voraussetzungen erfüllen.
Falls im Zuständigkeitsbereich des ABS mit human-, tier- oder pflanzenpathogenen Spenderorganismen bzw. Vektoren oder mit toxinbildenden Spenderorganismen gearbeitet wird, soll mindestens 1 Mitglied des ABS eine Erlaubnis zum Arbeiten mit Krankheitserregern nach § 19ff. Bundes-Seuchengesetz bzw. § 77 der Ausführungsvorschriften des Bundesrats zum Viehseuchengesetze bzw. der pflanzenschutzrechtlichen Vorschriften besitzen.

(4) Der Inhaber eines Genlaboratoriums muß bei Forschungsarbeiten ab der Sicherheitsstufe L 4 B 1 einen ABS einsetzen, der die Erfüllung der Aufgaben des Projektleiters überprüft. Die Mitglieder des ABS sollen die in Absatz 1 geforderten fachlichen Voraussetzungen erfüllen.
Falls im Zuständigkeitsbereich des ABS mit human-, tier- oder pflanzenpathogenen Spenderorganismen bzw. Vektoren oder mit toxinbildenden Spenderorganismen gearbeitet wird, sollte mindestens 1 Mitglied des ABS eine Erlaubnis zum Arbeiten mit Krankheitserregern nach § 19ff. Bundes-Seuchengesetz bzw. § 77 der Ausführungsvorschriften des Bundesrats zum Viehseuchengesetze bzw. der pflanzenschutzrechtlichen Vorschriften besitzen.

22. Zentrale Kommission für die biologische Sicherheit (ZKBS)

(1) Es wird eine ZKBS für die Beurteilung von Sicherheitsfragen bei der in-vitro Neukombination von Nukleinsäuren eingerichtet.

(2) Die ZKBS wird durch den Bundesminister für Forschung und Technologie im Einvernehmen mit den betroffenen Bundesministerien und den Bundesländern berufen.

(3) Die ZKBS
a) berät alle gentechnologisch tätigen Institutionen und Projektleiter bei der Errichtung von Laboratorien, der Bestellung von BBS oder ABS und bei der Einrichtung von Ausbildungskursen,
b) registriert alle Genlaboratorien und deren Forschungsarbeiten ab der Sicherheitsstufe L 1 B 2/L 2 B 1 und alle Selbstklonierungsexperimente sowie alle Informationen dieser Institutionen über die Bestellung von BBS bzw. ABS,
c) begutachtet alle Forschungsvorhaben ab der Sicherheitsstufe L 2 B 2 unter dem Gesichtspunkt der Sicherheit durch Überprüfung der Einordnung dieser Forschungsvorhaben in die in Nummer 18 beschriebenen Sicherheitsstufen und kann weitere Sicherheitsmaßnahmen anregen,
d) kann Vorschläge für die Anpassung der Richtlinien an den jeweiligen Stand von Wissenschaft und Technik machen.

(4) Die ZKBS ermächtigt einzelne ihrer wissenschaftlichen Mitglieder, die Begutachtung von Forschungsvorhaben bis zur Sicherheitsstufe L 2 B 2 für die ZKBS zu übernehmen. Die ZKBS ist hierüber nachträglich zu unterrichten.

(5) Die ZKBS oder ihr wissenschaftliches Sekretariat können die Durchführung eines Forschungsvorhabens der Sicherheitsstufe L 1 B 2/L 2 B 1 innerhalb einer Frist von 30 Tagen nach der Registrierung von einer vorherigen Begutachtung durch die ZKBS abhängig machen.

(6) Besetzung der ZKBS

Die ZKBS soll besetzt werden mit:

a) vier Sachverständigen, die auf dem Gebiet der Neukombination von Nukleinsäuren arbeiten,

b) vier Sachverständigen, die nicht auf diesem Gebiet arbeiten, aber über besondere Erfahrungen in der Durchführung von Sicherheitsmaßnahmen bei biologischen Forschungsarbeiten, namentlich in der Mikrobiologie, Zellbiologie oder Hygiene verfügen, sowie

c) vier weiteren Persönlichkeiten z. B. aus den Bereichen der Gewerkschaften, der Industrie, des Arbeitsschutzes und der forschungsfördernden Organisationen.

(7) Die Mitglieder der ZKBS werden für die Dauer von 3 Jahren berufen.

H. Gesundheitsüberwachung

23. Der Gesundheitszustand der Beschäftigten, die in Gen-Laboratorien ab der Sicherheitsstufe L 2 B 2 tätig sind, ist durch arbeitsmedizinische Vorsorgeuntersuchungen (Erstuntersuchung vor Aufnahme der Beschäftigung und Nachuntersuchungenen während dieser Beschäftigung) zu überwachen.

(. . .)

Anhang II

Empfehlung 934 (1982) der parlamentarischen Versammlung des Europarates vom 26.1.1982 **betr. die Gen-Manipulation**

Die Versammlung

1. ist sich der Besorgnis der Öffentlichkeit über die Anwendung neuer wissenschaftlicher Techniken zur künstlichen Neuverknüpfung genetischen Materials lebender Organismen, bekannt als »Gen-Manipulation«, bewußt;
2. ist der Ansicht, daß es sich dabei um zwei deutlich unterscheidbare Arten von Bedenken handelt:
   - solche, die aus Ungewißheit hinsichtlich der Folgen für Gesundheit, Sicherheit und Umwelt aus experimenteller Forschung erwachsen, und
   - solche, die sich aus den längerfristigen rechtlichen, sozialen und ethischen Fragen ergeben, wie sie durch die Möglichkeit, das genetische Erbe eines Menschen zu entschlüsseln und zu manipulieren, aufgeworfen werden;
3. zieht hinsichtlich der Folgen der experimentellen Forschung für Gesundheit, Sicherheit und Umwelt folgende Gedanken in Erwägung:
   I) die Techniken der Gen-Manipulation bieten ein immenses industrielles und landwirtschaftliches Potential, das in den kommenden Jahrzehnten dazu beitragen könnte, die Weltprobleme der Nahrungsmittelerzeugung, der Energie und der Rohstoffe zu lösen;
   II) mit der Entdeckung und Entwicklung dieser Techniken sind radikale Durchbrüche im wissenschaftlichen und medizinischen Wissen (Allgemeingültigkeit des genetischen Codes) verbunden;
   III) die Freiheit der wissenschaftlichen Forschung – ein Grundwert unserer Gesellschaften und eine Voraussetzung ihrer Anpassungsfähigkeit an die sich verändernden Umweltbedingungen – bringt Pflichten und Verantwortungen mit sich, vor allem hinsichtlich der Gesundheit und der Sicherheit der breiten Öffentlichkeit und der wissenschaftlichen Mitarbeiter und hinsichtlich des Schutzes der Umwelt vor Kontamination;
   IV) angesichts der damaligen wissenschaftlichen Erkenntnisse und Erfahrungen gaben die Ungewißheiten hinsichtlich der Folgen von Experimenten der Gen-Manipulation für Gesundheit, Sicherheit und Umwelt Anfang der siebziger Jahre berechtigten Anlaß zur Besorgnis – dies führte soweit, daß aus dem Bereich der Wissenschaft selbst Forderungen laut wurden, bestimmte Arten von Experimenten nicht durchzuführen;
   V) in Anbetracht der neuen wissenschaftlichen Erkenntnisse und Erfahrungen sind die Ungewißheiten hinsichtlich der experimentellen Forschung in den letzten Jahren weitgehend geklärt und beseitigt worden – so weit, daß die ursprünglich ergriffenen oder vorgesehenen Kontroll- und Begrenzungsmaßnahmen wesentlich gelockert werden konnten;
   VI) angemessene und vergleichbare Schutzvorkehrungen für die breite Öffent-

lichkeit und für Labormitarbeiter gegen Gefahren, die der Umgang mit krankheitserregenden Mikroorganismen im allgemeinen mit sich bringt, sollten in allen Ländern getroffen werden, ganz gleich, ob Techniken der Gen-Manipulation angewendet werden oder nicht;

4. berücksichtigt im Hinblick auf die rechtlichen, sozialen und ethischen Fragen die folgenden Überlegungen, die sich aus dem Siebten öffentlichen parlamentarischen Hearing des Europarates »Gen-Manipulation und Menschenrechte« (Kopenhagen, 25. bis 26. Mai 1981) ergeben haben:
   I) die durch Artikel 2 und 3 der Europäischen Menschenrechtskonvention geschützten Rechte auf Leben und menschliche Würde schließen das Recht auf ein genetisches Erbe ein, in das nicht künstlich eingegriffen worden ist;
   II) dieses Recht sollte im Rahmen der Europäischen Menschenrechtskonvention ausdrücklich festgestellt werden;
   III) die ausdrückliche Anerkennung dieses Rechts darf nicht die Entwicklung der therapeutischen Anwendungen der Gen-Manipulation (Gen-Therapie) behindern, die für die Behandlung und Ausmerzung bestimmter Erbkrankheiten große Aussichten eröffnet;
   IV) Gen-Therapie darf nur dann angewandt oder zu Experimenten genutzt werden, wenn die betreffende Person in voller Kenntnis der Sachlage freiwillig ihr Einverständnis gibt oder wenn – im Falle von Experimenten im Embryonal- und Fetalstadium und mit Minderjährigen – einer der beiden oder beide Elternteile oder der Vormund in voller Kenntnis der Sachlage freiwillig ihr Einverständnis geben;
   V) die Grenzen der legitimen therapeutischen Anwendung von Techniken der Gen-Manipulation müssen klar gezogen, den Forschern und Experimentierern zur Kenntnis gebracht und der periodischen Überprüfung unterworfen werden;
   VI) es sollten Rahmenbestimmungen aufgestellt werden, um das Individuum vor nicht-therapeutischen Anwendungen dieser Techniken zu schützen;

5. bringt den Wunsch zum Ausdruck, daß die Europäische Wissenschaftsstiftung weiterhin folgendes überprüfen sollte:
   a) Verfahren und Kriterien, nach denen die Nutzung von Produkten der DNS-Rekombinationstechniken in Medizin, Landwirtschaft und Industrie zu genehmigen ist;
   b) die Auswirkungen der Kommerzialisierung der DNS-Rekombinationstechniken auf die Finanzierung und Orientierung der Grundlagenforschung in der Molekularbiologie;

6. ersucht die Regierungen der Mitgliedstaaten,
   a) die Neubewertungen zur Kenntnis zu nehmen, die hinsichtlich der in der Erforschung von DNS-Rekombinationstechniken liegenden Risiken in den letzten Jahren in der Wissenschaft stattgefunden haben, und in Anbetracht dieser Neubewertungen ihre Überwachungs- und Kontrollsysteme entsprechend anzupassen;
   b) die periodische Neubewertung der mit der Erforschung vom DNS-Rekombinationstechniken verbundenen Risiken im Rahmen der Bewertung der Risiken, die mit der Erforschung der Manipulation von Mikro-Organismen im allgemeinen verbunden sind, sicherzustellen;

7. empfiehlt dem Ministerkomitee:
   a) ein europäisches Abkommen auszuarbeiten, in dem eine Definition der legitimen Anwendung von Techniken der Gen-Manipulation auf Menschen

(einschließlich künftiger Generationen) gegeben wird, die nationalen Bestimmungen entsprechend abzustimmen und auf ähnliche Abkommen auf weltweiter Ebene hinzuwirken;

b) in der Europäischen Menschenrechtskonvention die ausdrückliche Anerkennung des Rechtes auf ein nicht-manipuliertes genetisches Erbe vorzusehen, ausgenommen Gen-Manipulationen, die in Übereinstimmung mit bestimmten Grundsätzen erfolgen, die als voll vereinbar mit der Achtung der Menschenrechte gelten (wie z. B. im Bereich der therapeutischen Anwendungen);

c) die Aufstellung einer Liste schwerwiegender Krankheiten vorzusehen, die mit Einverständnis der betroffenen Person für eine Behandlung durch Gen-Therapie in Frage kommen (wobei bestimmte Fälle der Anwendung ohne Einverständnis der betroffenen Person analog zur bestehenden Praxis bei anderen Formen der medizinischen Behandlung als vereinbar mit der Achtung der Menschenrechte anerkannt werden können, wenn die Wahrscheinlichkeit besteht, daß eine Person auf ihre Nachkommenschaft eine sehr schwere Krankheit übertragen wird);

d) Prinzipien für die Erfassung, Speicherung, den Schutz und die Nutzung genetischer Informationen für Einzelpersonen festzulegen und dabei insbesondere den Schutz des Rechts der betreffenden Person auf ein Privatleben in Übereinstimmung mit den Übereinkommen und Entschließungen des Europarates über den Datenschutz zu berücksichtigen;

e) zu prüfen, ob die Schutzvorkehrungen für Gesundheit und Sicherheit der breiten Öffentlichkeit und der Laboranten, die an Experimenten oder industriellen Anwendungen, die Mikro-Organismen, auch die durch DNS-Rekombinationstechniken behandelten Mikro-Organismen, einbeziehen, beteiligt sind, überall in Europa ausreichend und vergleichbar sind und ob das geltende Recht und das bestehende institutionelle Instrumentarium einen angemessenen Rahmen für die periodische Überprüfung und entsprechende Anpassung dieser Schutzvorkehrungen bieten;

f) durch periodische Prüfungen in Zusammenarbeit mit der Europäischen Wissenschaftsstiftung sicherzustellen, daß die nationalen Maßnahmen zur Beschränkung der Forschung im Bereich der DNS-Rekombination und die erforderlichen Sicherheitsmaßnahmen für Laborarbeiten weiter vereinheitlicht werden und sich (wenn auch auf unterschiedlichen Wegen) in Anbetracht neuer Forschungsergebnisse und Risikobewertungen auf eine Harmonisierung in Europa zubewegen;

g) den Empfehlungsentwurf des Rates der Europäischen Gemeinschaften, der die Registrierung und Meldung von Experimenten mit DNS-Rekombinationstechniken bei den entsprechenden nationalen und regionalen Behörden vorsieht, im Hinblick darauf zu prüfen, ob die Bestimmungen in den Ländern des Europarates in abgestimmter Weise durchgeführt werden können;

h) die Frage der Patentfähigkeit von Mikro-Organismen, die durch Techniken der DNS-Rekombination genetisch verändert wurden, zu prüfen.